Lineare Algebra

von
Dr. Reiner Staszewski, Prof. Dr. Karl Strambach
und Prof. Dr. Helmut Völklein

Oldenbourg Verlag München

Dr. Reiner Staszewski ist Wissenschaftlicher Mitarbeiter am Institut für Experimentelle Mathematik der Universität GHS Essen. Zuvor arbeitete er unter anderem als Wissenschaftlicher Mitarbeiter am Rechenzentrum der Universität Karlsruhe und hatte die Vertretung einer C3-Professur am Fachbereich Mathematik der Universität Kopenhagen inne.

Prof. Dr. Karl Strambach ist seit 1972 ordentlicher Professor an der Universität Erlangen. Nach seiner Habilitation arbeitete er zunächst als Universitätsdozent und Wissenschaftlicher Rat an der Universität Tübingen sowie als Professor an der Universität Kiel. 2007 wurde ihm von der Universität Debrecen die Ehrendoktorwürde verliehen.

Prof. Dr. Helmut Völklein ist seit 2004 Inhaber einer C4-Professur am Institut für Experimentelle Mathematik der Universität Essen. Nach dem Studium der Mathematik und Informatik an der Universität Erlangen und der University of California, Berkeley, folgten 1983 die Promotion und 1987 die Habilitation. Von 1996 bis 2004 war Helmut Völklein Full Professor an der University of Florida.

Bibliografische Information der Deutschen Nationalbibliothek

Die Deutsche Nationalbibliothek verzeichnet diese Publikation in der Deutschen Nationalbibliografie; detaillierte bibliografische Daten sind im Internet über <http://dnb.d-nb.de> abrufbar.

Rosenheimer Straße 145, D-81671 München
Telefon: (089) 45051-0
oldenbourg.de

Lektorat: Kathrin Mönch
Herstellung: Anna Grosser
Coverentwurf: Kochan & Partner, München
Gedruckt auf säure- und chlorfreiem Papier
Druck: Grafik + Druck, München
Bindung: Thomas Buchbinderei GmbH, Augsburg

ISBN 978-3-486-58681-7

Vorwort

Das Buch gibt eine Einführung in die Lineare Algebra von Grund auf. Der Stoff deckt in etwa eine zweisemestrige Vorlesung für Studienanfänger der Mathematik ab. Das Buch richtet sich aber an jedermann, der die Grundprinzipien der Linearen Algebra kennen lernen will, welche ein grundlegendes und einfaches Gebiet der Mathematik ist, und wegen der universellen Anwendbarkeit auch eines der wichtigsten.

Ziel ist es, die Grundideen klar herauszuarbeiten und nicht durch unnötige Verallgemeinerungen und Abstraktionen zu verschleiern. Jedes Thema wird in dem ihm angemessenen Grad von Abstraktion behandelt, so dass sich eine stufenweise Steigerung der mathematischen Tiefe ergibt. Es ist NICHT Ziel des Buchs, eine umfassende und vollständige Abhandlung aller Aspekte und Verästelungen der Linearen Algebra zu geben. Vertrautheit mit dem Stoff des Mathematikunterrichts in der Schule kann die Lektüre an manchen Stellen erleichtern, wird jedoch nicht explizit vorausgesetzt.

Angesichts der heutigen zeitlichen Beschränkungen des Studiums (z.B. Bachelor-Studiengang) mit einhergehender Ausweitung des Lehrangebots auf neuere Anwendungen und Herausforderungen der Mathematik in Informatik, Kodierungstheorie, Kryptographie etc. erscheinen viele der existierenden Bücher über Lineare Algebra nicht mehr zeitgemäß. Auch deswegen wird hier versucht, eine völlig neuartige Einführung in die Lineare Algebra zu geben ohne irgendwelche Abstriche bei der mathematischen Strenge zu machen. Im Mittelpunkt steht der Begriff der **Gleichung** und des **Gleichungssystems**, Ausgangspunkt und Ursprung der gesamten Algebra. Da wir hier mit der Linearen Algebra befasst sind, kommen vor allem Systeme linearer Gleichungen vor, einschließlich deren Lösungen und Näherungslösungen (Methode der kleinsten Quadrate, siehe 12.4.2). Jedoch werden auch Systeme linearer Differentialgleichungen betrachtet, vor allem zur Motivierung und Illustrierung der Theorie der Eigenwerte, Diagonalisierung und Matrixnormalformen. Via Resultanten wird sogar kurz auf nicht-lineare algebraische Gleichungssysteme eingegangen (siehe 9.7).

Die fortschreitende Entwicklung der Linearen Algebra im Buch wird ständig daran gemessen, was sie für Gleichungssysteme bedeutet. Bei der Lektüre entfaltet sich also die Begriffswelt der Linearen Algebra ganz natürlich, ein blindes Vertrauen auf die „Wichtigkeit“ und „spätere Verwendbarkeit“ des Gelernten ist nicht erforderlich. Es sei hier bemerkt, dass Mathematik nicht, wie weitläufig und irrtümlich angenommen, kompliziert sein muss, sondern im Gegenteil, Mathematik soll dazu dienen, komplizierte Sachverhalte in einfacher Weise darzustellen. Deshalb sind gerade die einfachsten Grundprinzipien und Schlussweisen die wichtigsten in der Mathematik (was auch die besondere Bedeutung der Linearen Algebra ausmacht). Zum Beispiel ist der Gauß-Algorithmus zur Lösung eines linearen Gleichungssystems ob seiner Einfachheit besonders wichtig (und wird gleich am Anfang des Buchs behandelt).

Kommen wir nun zu einer Beschreibung der einzelnen Kapitel. Bevor wir uns den linearen Gleichungssystemen zuwenden, muss ein Skalarenbereich bereitgestellt werden, dem die Koeffizienten der Gleichungen und demzufolge die Einträge der zugehörigen Matrizen und Vektoren entnommen sind. So wird in Kapitel 1 der Begriff des Körpers eingeführt, wobei neben den üblichen algebraischen Identitäten als Körperaxiome nur die eindeutige Lösbarkeit von Gleichungen der Form $a + x = b$ und $cx = b$ (für $c \neq c + c$) gefordert wird. Als Beispiele werden $\mathbb{Q}$, $\mathbb{R}$ und $\mathbb{C}$ genannt, und es werden endliche Primkörper als weitere Beispiele diskutiert. Da Letztere ein gegenüber dem Schulstoff neuartiges Konzept darstellen und in den neueren Anwendungen der Linearen Algebra besonders wichtig sind, wird in Anhang A näher auf die endlichen Primkörper eingegangen (Klassifikation und Konstruktion). In den Aufgaben kommen sie im ganzen Buch immer wieder vor. Wer jedoch etwa nur am Grundkörper $K = \mathbb{R}$ interessiert ist, kann das erste Kapitel überspringen.

Kapitel 2, 3 und 4 bilden den elementarsten Teil des Buchs. Hier findet sich die grundlegende Theorie der linearen Gleichungssysteme. Nach einigen Definitionen und Vorbereitungen in Kapitel 2 kommt in Kapitel 3 das übliche Lösungsverfahren via Transformation auf Treppenform (Gauß-Algorithmus) und daraus abgeleitete Aussagen über die Struktur des Lösungsraums. Die Frage nach eindeutig lösbaren Gleichungssystemen führt zum Begriff der invertierbaren (Koeffizienten-)Matrix. In Kapitel 4 wird die Matrixmultiplikation eingeführt, motiviert durch lineare Substitutionen der Unbekannten eines Gleichungssystems, und durch die resultierende vereinfachte Notation für lineare Gleichungssysteme wird der Zusammenhang mit invertierbaren Matrizen hergestellt.

Der zweite Teil des Buchs, welcher die Kapitel 5 bis 8 umfasst, stellt die nächste Stufe der Abstraktion dar. Um Gleichungen aufzustellen und zu lösen, braucht man **algebraische Operationen**. Im ersten Teil wurden die Addition und Multiplikation des Grundkörpers K in natürlicher Weise zur Addition, Multiplikation und Skalarmultiplikation von Matrizen über K erweitert. Der geeignete Rahmen im Umgang mit solchen algebraischen Operationen sind die algebraischen Grundstrukturen Gruppen, Ringe und Vektorräume, welche in Kapitel 5 eingeführt werden. Die Begriffe Gruppe und Ring dienen uns hauptsächlich als Sprechweise, die Vektorräume sind jedoch zentral für die Lineare Algebra, und deren grundlegende Theorie wird in Kapitel 6 entwickelt. Insbesondere ist der Lösungsraum eines homogenen Gleichungssystems ein Vektorraum, und es wird in Kapitel 7 gezeigt, dass umgekehrt jeder Unterraum von K^n der Lösungsraum eines homogenen Gleichungssystems ist. Kapitel 7 enthält auch die Anwendung der bisher entwickelten Theorie auf die Grundbegriffe der Kodierungstheorie. Lineare Abbildungen erlauben es, verschiedene Vektorräume zueinander in Beziehung zu setzen und lassen Gleichungssysteme sowie die Verwendung von Matrizen in neuem Licht erscheinen (Kapitel 8).

Der dritte Teil des Buchs, welcher die Kapitel 9 bis 11 umfasst, beschäftigt sich mit Invarianten quadratischer Matrizen. Zunächst werden 10 verschiedene Kriterien für die Invertierbarkeit einer solchen Matrix angegeben. Die Frage nach einem direkten numerischen Kriterium führt zum Begriff der Determinante. Am Ende von Kapitel 9 gehen wir kurz auf die Resultante zweier Polynome (= Determinante der Sylvestermatrix) ein, um die universelle Anwendbarkeit der Determinante anhand des unerwarteten Zusammenhangs mit (nicht-linearen) algebraischen Gleichungssystemen zu demonstrieren. In Kapitel 10 folgt die Theorie der Eigenwerte, Eigenräume und Diagonalisierbarkeit. Zur Illustrierung wird skizziert, wie man ein System linearer Differentialgleichungen lösen kann, wenn die Koeffizientenmatrix diagonalisierbar ist. In Kapitel 11 wird die Jordan'sche Normalform einer triangulierbaren Matrix hergeleitet und zur Lösung eines zugehörigen Systems linearer Differentialgleichungen verwendet.

Eingangs des vierten Teils wird gezeigt, wie das Standard-Skalarprodukt in $\mathbb{R}^3$ zur Längen- und Winkelmessung verwendet werden kann. Es folgt die übliche Theorie der Skalarprodukte und allgemeinen Bilinearformen. Die Klassifikation der nichtdegenerierten Bilinearformen über $\mathbb{R}$ wird später zur Klassifikation der Quadriken (= Lösungsmengen einer quadratischen Gleichung in mehreren Variablen) benutzt.

Der abschließende fünfte Teil enthält die Grundbegriffe der affinen und projektiven Geometrie. Zunächst wird festgehalten, dass der Lösungsraum eines (nicht notwendig homogenen) linearen Gleichungssystems ein affiner Unterraum von K^n ist. Die komplizierte Klassifikation der affinen reellen Quadriken wird weggelassen, es wird nur gezeigt, wie sich in der Dimension 2 die Kegelschnitte ergeben. Daran sieht man auch, wie sich alles beim Übergang zur projektiven Geometrie vereinfacht, welche anschließend behandelt wird. Die Klassifikation der projektiven reellen Quadriken folgt aus der Theorie in Teil 4. In Anhang B werden abstrakte projektive Ebenen betrachtet, insbesondere wird eine nicht-klassische Ebene kleinster Ordnung (der Ordnung 9) konstruiert und deren Inzidenzmatrix berechnet.

Durch die Betonung von Gleichungen und Gleichungssystemen rückt der algorithmische Aspekt in den Vordergrund. Anhang C enthält ausführliche Beispielrechnungen zu den im Buch behandelten Algorithmen. Die dortigen Rechnungen können alle von Hand verifiziert werden. Die eigentliche Leistungsfähigkeit der Algorithmen der Linearen Algebra entfaltet sich allerdings erst bei Computereinsatz. Darauf wird in den „Maple-Aufgaben“ Bezug genommen, welche in den Aufgabenteilen der einzelnen Kapitel eingestreut sind und mit der Verwendung des Lineare-Algebra-Pakets des Computeralgebrasystems MAPLE vertraut machen sollen. Eine eher algorithmisch orientierte Nutzung des Buchs ist möglich, wenn man sich von Anhang C und den Maple-Aufgaben leiten lässt.

Das Buch ging aus einer vom letztgenannten Autor gehaltenen Vorlesung an der Universität Essen-Duisburg im akademischen Jahr 2005/2006 hervor. Den Hörern, insbesondere Herrn Björn Raguse, und allen sonstigen Beteiligten sei hiermit gedankt.

Zum Schluss möchten wir uns ganz besonders bei Frau apl. Prof. Dr. Huberta Lausch für das kritische und konstruktive Durcharbeiten des Manuskripts sowie eine verbesserte Version von Anhang B bedanken.

Reiner Staszewski, Karl Strambach und Helmut Völklein

Inhaltsverzeichnis

Teil I

Lineare Gleichungssysteme und Matrizen

1 Der Begriff des Körpers

Die Koeffizienten in den zu betrachtenden linearen Gleichungen werden einem fest gewählten Grundkörper entnommen. Daher wird in diesem Abschnitt zunächst der Begriff des Körpers eingeführt. Ein Körper ist eine Menge mit gewissen algebraischen Operationen.

1.1 Mengen

Wir verwenden hier einen naiven Mengenbegriff und verzichten auf eine axiomatische Einführung. Eine **Menge** ist für uns eine ungeordnete Kollektion von Objekten (ohne Wiederholungen, d. h. die Objekte sind alle verschieden). Diese Objekte heißen die Elemente der Menge. Die Schreibweise $x \in M$ bedeutet, dass x ein Element der Menge M ist. Eine **Teilmenge** N von M ist eine Menge, deren Elemente alle auch Elemente von M sind; in Zeichen: $N \subseteq M$. Offenbar ist M eine Teilmenge von sich selbst. Eine **echte Teilmenge** von M ist eine von M verschiedene Teilmenge. Ist N eine Teilmenge von M, so bezeichnet $M \setminus N$ die Teilmenge von M, die aus allen Elementen von M besteht, die nicht in N sind.

Hat die **Menge** M nur endlich viele Elemente, so kann sie einfach durch Aufzählen dieser Elemente definiert werden. Zum Beispiel wird die Menge der ganzen Zahlen von 1 bis 10 mit $\{1, 2, \ldots, 10\}$ bezeichnet. Beispiele unendlicher Mengen sind die Menge der natürlichen Zahlen $\mathbb{N} = \{1, 2, \ldots\}$ und die Menge der ganzen Zahlen $\mathbb{Z} = \{0, \pm 1, \pm 2, \ldots\}$.

Die Kardinalität einer Menge M, bezeichnet mit $|M|$, ist die Anzahl der Elemente von M, falls diese endlich ist. Zum Beispiel ist $|\{1, 2, \ldots, 10\}| = 10$. Es gibt (genau) eine Menge M mit $|M| = 0$, diese heißt die **leere Menge** und wird mit $M = \emptyset$ bezeichnet. Auch für unendliche Mengen gibt es einen Kardinalitätsbegriff, welcher hier aber nicht benötigt wird. Wir schreiben $|M| = \infty$, falls M unendlich viele Elemente hat. Als abkürzende Schreibweise verwenden wir manchmal Aussagen wie $|M| \geq 2$; das soll natürlich bedeuten, dass entweder $|M| = \infty$ oder M hat endliche Kardinalität $|M| \geq 2$.

1.2 Körperaxiome

Sei K eine Menge mit $|K| \geq 2$ (d. h. K hat mindestens zwei Elemente). Seien + und $\cdot$ Operationen, die jedem Paar (a, b) von Elementen von K eindeutig ein Element $a + b$ bzw. $a \cdot b$ von K zuordnen. Das Tripel $(K, +, \cdot)$ heißt ein **Körper**, falls folgende Bedingungen erfüllt sind:

- **Algebraische Identitäten (oder Rechenregeln):** Für alle $a, b, c \in K$ gilt

$$a+b = b+a \quad \text{und} \quad a \cdot b = b \cdot a \qquad \textbf{(Kommutativgesetz)}$$

$$(a+b)+c = a+(b+c) \quad \text{und} \quad (a \cdot b) \cdot c = a \cdot (b \cdot c) \qquad \textbf{(Assoziativgesetz)}$$

$$a \cdot (b+c) = a \cdot b + a \cdot c \qquad \textbf{(Distributivgesetz)}$$

- **Eindeutige Lösbarkeit von Gleichungen:** Seien $a, b, c \in K$ und $c \neq c + c$. Dann gibt es genau ein $x \in K$ und genau ein $y \in K$ mit

$$x + a = b \quad \text{und} \quad y \cdot c = b$$

Letzteres nennen wir kurz das **Lösbarkeitsaxiom**. Es erlaubt, die Lösbarkeit einzelner Gleichungen in einer Variablen zu entscheiden. Wir benötigen es als Grundlage für die Behandlung von Systemen linearer Gleichungen in mehreren Variablen.

Die Bedingung $c \neq c + c$ im Lösbarkeitsaxiom ist natürlich äquivalent zu $c \neq 0$ (siehe 1.3.2.), kann aber erst nach Einführung des Nullelements so formuliert werden.

Das Assoziativgesetz besagt, dass es bei mehrgliedrigen Produkten nicht auf die Art der Klammersetzung ankommt. Man kann daher überhaupt auf die Klammern verzichten und z. B. statt $(a + b) + c$ einfacher $a + b + c$ schreiben. Diese Möglichkeit der Klammerersparnis wird weiterhin ohne besonderen Hinweis ausgenutzt. Das Assoziativgesetz wird somit nie mehr explizit verwendet, da ja keine Klammern gesetzt werden. Auch auf das Kommutativgesetz wird nicht mehr explizit verwiesen, es besagt ja nur, dass man nicht auf die Reihenfolge der Summanden (bzw. Faktoren) achten muss. Wir werden jedoch bald neue algebraische Operationen (auf anderen Mengen) kennenlernen, welche das Kommutativgesetz *nicht* erfüllen.

Eine weitere Regel zur Klammerersparnis besteht in der üblichen Konvention, dass die Multiplikation stärker bindet als die Addition, dass also z. B. statt $(ab)+c$ einfacher $ab+c$ geschrieben wird. Dies wurde bereits bei der Formulierung des Distributivgesetzes benutzt.

Wie man an der Definition sieht, ist ein Körper eigentlich ein Tripel $(K, +, \cdot)$. Zur Vereinfachung der Notation redet man jedoch üblicherweise nur von dem Körper K (wenn klar ist, welche algebraischen Operationen gemeint sind).

Die Körperaxiome sind offenbar nach den grundlegenden Eigenschaften der Addition und Multiplikation reeller (und auch komplexer) Zahlen modelliert. Somit bilden die reellen (bzw. komplexen) Zahlen in natürlicher Weise einen Körper, den wir mit $\mathbb{R}$ (bzw. $\mathbb{C}$) bezeichnen. Auch die rationalen Zahlen (der Form $\pm\frac{p}{q}$, wo p, q ganze Zahlen mit $q \neq 0$ sind) bilden einen Körper, der üblicherweise mit $\mathbb{Q}$ bezeichnet wird. Es gibt jedoch auch Körper endlicher Kardinalität (siehe Anhang).

Zur Entwicklung der Linearen Algebra werden lediglich die Körperaxiome benötigt. Deshalb ist die Lineare Algebra konzeptionell eine viel einfachere Theorie als z. B. die Analysis, welche tieferliegende Begriffe wie Grenzwerte, Dedekindsche Schnitte etc. benötigt.

Von nun an bezeichnet K stets einen Körper mit den Operationen $+$ und $\cdot$, wobei statt $a \cdot b$ in üblicher Weise oft nur ab geschrieben wird.

1.3 Grundlegende Eigenschaften von Körpern

Nun leiten wir die grundlegenden Eigenschaften von Körpern aus obigen Axiomen ab.

1.3.1. (Existenz des Nullelements) *Es gibt genau ein Element* 0 *von* K, *so dass für alle* $a \in K$ *gilt* $0 + a = a$.

Beweis: Wegen $|K| \geq 2$ gibt es ein Element $b \in K$. Nach dem Lösbarkeitsaxiom gibt es ein $x \in K$ mit $x + b = b$. Für alle $a \in K$ gilt dann $x + b + a = b + a$, also $(x + a) + b = a + b$ (wegen Kommutativ- und Assoziativgesetz). Dies impliziert $x + a = a$ wegen der Eindeutigkeitsbedingung im Lösbarkeitsaxiom.

Wir haben gezeigt, dass es ein $x \in K$ gibt mit $x + a = a$ für alle $a \in K$. Ist x' ein weiteres Element von K mit derselben Eigenschaft (d. h. $x' + a = a$ für alle $a \in K$), so gilt offenbar $x = x' + x = x'$. Somit gibt es *genau ein* Element von K mit dieser Eigenschaft. Aus offensichtlichen Gründen bezeichnen wir dieses Element mit 0. ■

Warnung: Eigentlich sollte man das Nullelement von K mit 0_K bezeichnen (d. h. man sollte die Abhängigkeit von K zum Ausdruck bringen). Dies unterbleibt im Allgemeinen aus Gründen der besseren Lesbarkeit von Formeln. Es sei noch einmal ausdrücklich darauf hingewiesen, dass das Nullelement von K nichts mit der ganzen Zahl „Null" zu tun hat. Das Analoge gilt für das Einselement (siehe unten).

1.3.2. (Charakterisierung des Nullelements) *Es gibt genau ein Element* $c \in K$ *mit* $c = c + c$, *nämlich* $c = 0$.

Beweis: Ist $c \in K$ mit $c = c + c$, so gilt $c + 0 = c + c$, also $c = 0$ nach der Eindeutigkeitsbedingung im Lösbarkeitsaxiom. Umgekehrt gilt offenbar $0 = 0 + 0$. (Verwende 1.3.1. mit $a = 0$). ■

1.3.3. (Kürzungsregel) *Seien* $a, b, c, d \in K$ *und* $c \neq 0$. *Dann gilt* $a \cdot c = b \cdot c$ *(bzw.* $a + d = b + d$*) nur wenn* $a = b$.

Beweis: Folgt aus der Eindeutigkeitsbedingung im Lösbarkeitsaxiom und 1.3.2. ■

1.3.4. (Multiplikation mit null) *Seien* $a, b \in K$. *Es gilt* $a \cdot b = 0$ *dann und nur dann, wenn* $a = 0$ *oder* $b = 0$.

Beweis: Nach dem Distributivgesetz gilt

$$0 \cdot b + 0 \cdot b = (0 + 0) \cdot b = 0 \cdot b = 0 \cdot b \ + \ 0$$

Mit der Kürzungsregel folgt daraus $0 \cdot b = 0$.

Sei nun umgekehrt angenommen, dass $a \cdot b = 0$ und $b \neq 0$. Dann gilt $a \cdot b = 0 \cdot b$ (nach dem eben Gezeigten) und somit $a = 0$ nach der Kürzungsregel. ■

1.3.5. (Existenz des Einselements) *Es gibt genau ein Element* 1 *von* K, *so dass für alle* $a \in K$ *gilt* $1 \cdot a = a$.

Beweis: Wegen $|K| \geq 2$ gibt es ein Element $c \in K$ mit $c \neq 0$. Somit $c \neq c + c$ nach 1.3.2. Wegen der Lösbarkeit von Gleichungen gibt es $y \in K$ mit $yc = c$. Der Rest des Beweises ist genau wie beim Nullelement. ■

1.3.6. Es gilt $1 \neq 0$.
Wäre $1 = 0$, so $a = 1 \cdot a = 0 \cdot a = 0$ für alle $a \in K$, im Widerspruch zu $|K| \geq 2$.

Warnung: Obwohl die Bedingung $1 = 0$ widersinnig erscheint, kann sie nur dadurch ausgeschlossen werden, dass sie zusammen mit den Körperaxiomen einen Widerspruch ergibt. Die Bedingung $|K| \geq 2$ ist nur dazu da, um diesen Fall auszuschließen. Alle anderen Axiome werden auch von der Menge $K = \{0\}$ erfüllt.

Eine auf den ersten Blick ähnlich seltsam anmutende Bedingung ist $1 + 1 = 0$. Dies ist jedoch durch die Körperaxiome *nicht ausgeschlossen* und kommt auch bei wichtigen Klassen von Körpern vor (siehe Aufgaben 1.5.1.4 und 1.5.1.6).

1.3.7. (Potenzrechnung und Existenz des Inversen)
Seien $a \in K$ und $n \in \mathbb{N}$. Wir definieren a^n als n-faches Produkt von a mit sich selbst (wie bei reellen Zahlen). Es sei nochmals darauf hingewiesen, dass dies in K wegen des Assoziativgesetzes wohldefiniert ist.

Im Rest dieses Unterabschnitts setzen wir $a \neq 0$ voraus. Man definiert $a^0 := 1$. (Beachte, dass nun die ganze Zahl „Null" gemeint ist, nicht das Nullelement von K; jedoch ist mit 1 das Einselement von K gemeint).

Weiterhin definieren wir a^{-1} als die eindeutige Lösung der Gleichung $xa = 1$, und $a^{-n} := (a^{-1})^n$. Man zeigt nun leicht (siehe Aufgabe 1.5.1.3), dass die üblichen Regeln der Potenzrechnung gelten: Für alle $a \neq 0$ in K und $m, k \in \mathbb{Z}$ gilt

$$a^{k+m} = a^k a^m \quad \text{und} \quad (a^k)^m = a^{(km)}$$

Insbesondere heißt a^{-1} das **Inverse** von a. Die Tatsache, dass jedes von null verschiedene Element von K ein Inverses besitzt, wird in anderen Zugängen zur Linearen Algebra oft unter die Körperaxiome aufgenommen.

1.3.8. (Subtraktion und Existenz des additiven Inversen)
Sei $a \in K$ und $n \in \mathbb{N}$. Analog zum vorhergehenden Absatz definieren wir $n * a$ als n-fache Summe von a mit sich selbst. Ferner $0 * a := 0_K$. (Links ist hier die ganze Zahl „Null" gemeint, rechts das Nullelement von K. Man beachte, dass wir hier zu der Notation 0_K Zuflucht genommen haben, da andernfalls Verwirrung entstehen könnte.)

Weiterhin definieren wir $-a$ als die eindeutige Lösung der Gleichung $x + a = 0_K$, und $(-n) * a := n * (-a)$. Man zeigt wiederum leicht, dass für alle $m, k \in \mathbb{Z}$ gilt

$$(k + m) * a = k * a + m * a \quad \text{und} \quad (km) * a = k * (m * a)$$

Man beachte die Ähnlichkeit mit dem Distributiv- und Assoziativgesetz. Insbesondere heißt $-a$ das **additive Inverse** von a. (Dessen Existenz wird auch oft unter die Körperaxiome aufgenommen). Weiterhin schreibt man $a - b$ anstatt $a + (-b)$ für $a, b \in K$. Offenbar ist $a - b$ die (eindeutige) Lösung der Gleichung $x + b = a$ (siehe Aufgabe 1.5.1.1).

1.4 Teilkörper

Definition 1.4.1

Ein **Teilkörper** von K ist eine Teilmenge L von K, welche mit den auf L eingeschränkten Operationen von K selbst ein Körper ist.

Diese Bedingung beinhaltet insbesondere, dass die Operationen von K sich tatsächlich zu Operationen auf L einschränken, d. h., dass für alle $a, b \in L$ gilt $a+b \in L$ und $ab \in L$. Man drückt Letzteres dadurch aus, dass man sagt, L ist unter den Operationen von K **abgeschlossen**. Das Nullelement von L erfüllt $0_L + 0_L = 0_L$, fällt also nach 1.3.2. mit dem Nullelement von K zusammen. Dasselbe gilt für das Einselement (Beweis analog). Somit enthält L alle Elemente der Form $n * 1_K$ für $n \in \mathbb{N}$, und dann auch deren additive Inverse (nach dem Lösbarkeitsaxiom). Also enthält L alle Elemente der Form $n * 1_K$ für $n \in \mathbb{Z}$.

Offenbar ist $\mathbb{Q}$ in natürlicher Weise ein Teilkörper von $\mathbb{R}$, und $\mathbb{R}$ ein Teilkörper von $\mathbb{C}$. Jedoch ist $\mathbb{Z}$ kein Teilkörper von $\mathbb{Q}$, da die Gleichung $2x = 1$ keine Lösung in $\mathbb{Z}$ hat.

Tatsächlich hat $\mathbb{Q}$ überhaupt keinen echten Teilkörper. Ist nämlich L ein Teilkörper von $\mathbb{Q}$, so enthält L die Menge $\mathbb{Z}$ (nach dem vorletzten Absatz). Somit enthält L alle Lösungen der Gleichungen $xm = n$ mit $m, n \in \mathbb{Z}$, $n \neq 0$, also alle rationalen Zahlen.

Es stellt sich die Frage, ob es neben $\mathbb{Q}$ noch andere Körper ohne echte Teilkörper gibt. Solche Körper sind in gewissem Sinne minimal. Aus Gründen, die gleich klar werden, heißen solche Körper Primkörper.

Definition 1.4.2

Ein Körper heißt **Primkörper**, falls er keinen echten Teilkörper hat.

Bemerkung 1.4.3

Es folgt direkt aus den Körperaxiomen (siehe Aufgabe 1.5.1.9), dass der Durchschnitt P aller Teilkörper von K wiederum ein Teilkörper von K ist. Offenbar ist dies der kleinste Teilkörper von K, hat also selbst keinen echten Teilkörper. Somit ist P ein Primkörper und wird mit $\mathrm{Prim}(K)$ bezeichnet.

Zum Beispiel gilt $\mathbb{Q} = \mathrm{Prim}(\mathbb{R}) = \mathrm{Prim}(\mathbb{C})$. Sei nun K ein endlicher Körper. Dann ist die Kardinalität von $\mathrm{Prim}(K)$ eine Primzahl p (siehe Satz A.2.1) und die Kardinalität von K ist eine Potenz von p (siehe Korollar 6.2.6).

Um den Leser etwas damit vertraut zu machen, wie man mit Körpern umgeht, wird im Anhang die Klassifikation der Primkörper skizziert. Dies führt in natürlicher Weise zu Beispielen endlicher Körper, welche neben den klassischen Körpern $\mathbb{Q}$, $\mathbb{R}$ und $\mathbb{C}$ die wichtigsten für die Anwendung der Linearen Algebra sind. Dies wird für die weitere Entwicklung der Linearen Algebra nicht benötigt und kann somit übersprungen werden. Man sollte sich nur mit dem Körper $\mathbb{F}_p$ vertraut machen (siehe Anhang A.3), welchen wir oft für Beispiele heranziehen werden.

1.5 Aufgaben

1.5.1 Grundlegende Aufgaben

1. Man zeige, dass $b - a$ bzw. bc^{-1} die eindeutige Lösung der Gleichung $x + a = b$ bzw. $xc = b$ ist (für $c \neq 0$).

2. Man zeige, dass für $k, m \in \mathbb{Z}$ gilt $(k * 1_K) \cdot (m * 1_K) = (km) * 1_K$.

3. Man zeige, dass die in 1.3.7. eingeführte Potenzrechnung die dort aufgeführten üblichen Regeln erfüllt. Desgleichen für das additive Analogon in 1.3.8.

4. Man zeige, dass es genau einen Körper K gibt, der nur aus den Elementen 0_K und 1_K besteht. Dieser Körper wird mit $\mathbb{F}_2$ bezeichnet.

5. Man zeige, dass es genau einen Körper K gibt, der nur aus den 3 (verschiedenen) Elementen 0_K, 1_K und u besteht. Dieser Körper wird mit $\mathbb{F}_3$ bezeichnet.

6. Man zeige, dass es genau einen Körper K gibt, der aus den 4 (verschiedenen) Elementen $0_K, 1_K, u, v$ besteht. Dieser Körper wird mit $\mathbb{F}_4$ bezeichnet. Man zeige, dass $\mathbb{F}_4$ kein Primkörper ist.

7. Eine Teilmenge M von K ist genau dann ein Teilkörper, wenn sie 0_K und 1_K enthält und für alle $a, b, c \in M$ mit $c \neq 0$ gilt $a - b \in M$ und $ac^{-1} \in M$.

8. Wir definieren neue Operationen $\oplus$ und $\otimes$ auf $\mathbb{Q}$ durch $x \oplus y := x + y - 1$ und $x \otimes y := xy - x - y + 2$. Man zeige, dass diese Operationen eine neue Körperstruktur auf der Menge $\mathbb{Q}$ definieren. Was ist das zugehörige Nullelement bzw. Einselement?

9. Man beweise Bemerkung 1.4.3.

1.5.2 Weitergehende Aufgaben

1. Welcher der in 1.5.1 vorkommenden Körper ist ein Teilkörper eines anderen oder von $\mathbb{R}$?

2. Man zeige, dass es keinen Körper mit genau 6 Elementen gibt.

3. Man zeige, dass die reellen Zahlen der Form $a + b\sqrt{2}$ mit $a, b \in \mathbb{Q}$ einen Teilkörper K von $\mathbb{R}$ bilden. Ist $\mathbb{Q}$ ein Teilkörper von K?

1.5.3 Maple

1. Man beschreibe die Funktionsweise des **mod** und **do** Befehls in Maple.

2. Man berechne das additive und multiplikative Inverse des Elements 1 + 1 im Körper $\mathbb{F}_{1013}$.

3. Man löse die Gleichung $(1 + 1)x + (1 + 1) = 1$ im Körper $\mathbb{F}_{1013}$.

4. Man finde alle Lösungen der Gleichungen $x^2 + 1 = 0$ und $x^2 + (1+1) = 0$ in den Körpern $\mathbb{F}_{1013}$ bzw. $\mathbb{F}_{1019}$.

2 Lineare Gleichungssysteme und Matrizen

Die bisherigen Ausführungen waren vorbereitender Natur. Sie dienten dazu, die zur Entwicklung der Linearen Algebra notwendigen Grundbegriffe bereitzustellen und etwas damit vertraut zu werden. Wir kommen nun zum Kern der Linearen Algebra: Lineare Gleichungssysteme.

2.1 Lineare Gleichungssysteme

Das vorhergehende Kapitel ermöglicht uns, Lösbarkeit bzw. Unlösbarkeit von Gleichungen der Form

$$a \cdot x = b \tag{2.1}$$

in einem Körper K zu entscheiden. Im Falle der Lösbarkeit können wir alle Lösungen angeben. (Für $a \neq 0$ gibt es eine eindeutige Lösung nach dem Lösbarkeitsaxiom, für $a = 0 = b$ ist jedes Element von K eine Lösung nach 1.3.4, und für $a = 0 \neq b$ gibt es keine Lösung). Für welche anderen Arten von Gleichungen kann man Ähnliches erreichen?

Will man im Bereich der Algebra bleiben, also nur Gleichungen zulassen, welche neben Koeffizienten und Unbekannten nur die Operationen + und · enthalten, so denkt man zunächst an quadratische Gleichungen $ax^2+bx+c = 0$ und solche höheren Grades. Deren Lösungen liegen im Allgemeinen nicht im selben Körper wie die Koeffizienten, dies führt in die nicht-lineare Algebra (Theorie der Körpererweiterungen, „Adjunktion von Wurzeln"). Die Lineare Algebra beschäftigt sich mit Gleichungen, deren Lösungen nur durch die Operationen + und · aus den Koeffizienten (und gewissen freien Parametern) gewonnen werden können.

Definition 2.1.1

Ein **lineares Gleichungssystem** über dem Körper K mit n Unbekannten $x_1, \dots, x_n$ und m Gleichungen hat folgende Form:

$$\begin{array}{ccccccccc} a_{11} \cdot x_1 & + & a_{12} \cdot x_2 & + & \cdots & + & a_{1n} \cdot x_n & = & b_1 \\ a_{21} \cdot x_1 & + & a_{22} \cdot x_2 & + & \cdots & + & a_{2n} \cdot x_n & = & b_2 \\ \vdots & & & & & & \vdots & & \vdots \\ a_{m1} \cdot x_1 & + & a_{m2} \cdot x_2 & + & \cdots & + & a_{mn} \cdot x_n & = & b_m \end{array} \tag{2.2}$$

wobei die **Koeffizienten** a_{ij} und b_i Elemente von K sind.

Da in diesem Kapitel ausschließlich *lineare* Gleichungssysteme betrachtet werden, wird das Adjektiv „linear“ von nun an weggelassen. Ferner ist der Grundkörper immer K (wenn nicht ausdrücklich anderweitig angegeben).

Das Gleichungssystem ist durch die Angabe der Koeffizienten a_{ij} und b_i bestimmt. Es liegt also nahe, eine abkürzende Schreibweise einzuführen, welche die Koeffizienten in einem zweidimensionalen Schema wie folgt darstellt:

$$\begin{pmatrix} a_{11} & a_{12} & \dots & a_{1n} & b_1 \\ a_{21} & a_{22} & \dots & a_{2n} & b_2 \\ \vdots & \vdots & & \vdots & \vdots \\ a_{m1} & a_{m2} & \dots & a_{mn} & b_m \end{pmatrix}.$$

Dieses Schema heißt die **erweiterte Koeffizientenmatrix** obigen Gleichungssystems. Sie entsteht durch Hinzunahme der b_i's aus der **Koeffizientenmatrix**:

$$\begin{pmatrix} a_{11} & a_{12} & \dots & a_{1n} \\ a_{21} & a_{22} & \dots & a_{2n} \\ \vdots & \vdots & & \vdots \\ a_{m1} & a_{m2} & \dots & a_{mn} \end{pmatrix} \tag{2.3}$$

2.2 Matrizen, Transponierte, Zeilen- und Spaltenvektoren

Unter einer Matrix versteht man üblicherweise ein rechteckiges Schema obiger Art. Streng logisch gesehen, interessieren uns von der Matrix nur die Einträge a_{ij} (nicht aber die Art der Darstellung – rechteckig, kreisförmig etc.). Wir werden aber natürlich der (nützlichen) Konvention folgen, Matrizen immer rechteckig darzustellen, und zwar so, dass das Element a_{ij} in der i-ten Zeile und in der j-ten Spalte der Matrix steht.

Definition 2.2.1

(a) Eine $m \times n$-**Matrix** A über einem Körper K ist eine Regel, die jedem Paar (i, j) ganzer Zahlen mit $1 \le i \le m$, $1 \le j \le n$ ein Element a_{ij} von K zuordnet. Man schreibt $A = (a_{ij})_{1 \le i \le m, 1 \le j \le n}$, kürzer auch $A = (a_{ij})$.
(b) Eine $1 \times n$-Matrix (bzw. $m \times 1$-Matrix) heißt ein **Zeilenvektor** (bzw. **Spaltenvektor**).
(c) Der r-te Zeilenvektor (bzw. s-te Spaltenvektor) der Matrix $A = (a_{ij})$ ist die $1 \times n$-Matrix $(a_{rj})_{1 \le j \le n}$ (bzw. die $m \times 1$-Matrix $(a_{is})_{1 \le i \le m}$).
(d) Elemente von K werden als **Skalare** bezeichnet (zur Unterscheidung von Matrizen und Vektoren).

Im Folgenden ist jede Matrix über K (wenn nicht ausdrücklich anderweitig angegeben).

Das Wechselspiel zwischen Zeilen und Spalten ist ein Grundphänomen der Linearen Algebra. Der folgende Begriff ermöglicht uns, diese zu vertauschen.

Definition 2.2.2

Sei $A = (a_{ij})$ eine $m \times n$-Matrix. Die **Transponierte** A^t von A ist die $n \times m$-Matrix (b_{ij}), wo $b_{ij} = a_{ji}$.

Die Zeilen von A^t sind die Spalten von A und umgekehrt. Ferner gilt $(A^t)^t = A$ (siehe Aufgabe 2.4.3). Insbesondere ist das Transponierte eines Zeilenvektors ein Spaltenvektor und umgekehrt. Ein Zeilenvektor wird üblicherweise in der Form $(u_1, \ldots, u_n)$ angegeben. Somit kann ein Spaltenvektor in der Form $(u_1, \ldots, u_n)^t$ angegeben werden.

Die Transponierte der allgemeinen Matrix (2.3) ist:

$$\begin{pmatrix} a_{11} & a_{21} & \ldots & a_{m1} \\ a_{12} & a_{22} & \ldots & a_{m2} \\ \vdots & \vdots & & \vdots \\ a_{1n} & a_{2n} & \ldots & a_{mn} \end{pmatrix}$$

2.3 Lösungen und Äquivalenz von Gleichungssystemen

Definition 2.3.1

Eine **Lösung** des Gleichungssystems (2.2) ist ein Spaltenvektor $(u_1, \ldots, u_n)^t$ über K mit der folgenden Eigenschaft: Setzt man u_j für x_j $(j = 1, \ldots, n)$ in die Gleichungen (2.2) ein, so sind diese erfüllt. Die Menge aller Lösungen ist der **Lösungsraum** des Gleichungssystems.

Man könnte die Lösungen natürlich auch als Zeilenvektoren betrachten; es ist egal, wie man sich festlegt.

Ein Gleichungssystem heißt **lösbar**, falls es (mindestens) eine Lösung hat.

Definition 2.3.2

Zwei Gleichungssysteme in denselben Unbekannten $x_1, \ldots, x_n$ heißen **äquivalent**, falls sie denselben Lösungsraum haben.

Eine Zeile einer Matrix heißt eine **Nullzeile**, falls sie nur aus Nullen besteht. Hat die Koeffizientenmatrix eines Gleichungssystems eine Nullzeile, und die entsprechende Zeile der erweiterten Koeffizientenmatrix ist keine Nullzeile, so reduziert sich die entsprechende Gleichung des Gleichungssystems auf

$$0 = b_i$$

wo $b_i \neq 0$. In diesem Fall hat das Gleichungssystem offenbar keine Lösung.

Es bleibt somit nur der Fall zu betrachten, dass die Koeffizientenmatrix genauso viele Nullzeilen hat wie die erweiterte Koeffizientenmatrix. Diesen Nullzeilen entspricht die tautologische Gleichung $0 = 0$. Man kann diese Nullzeilen also weglassen, ohne den Lösungsraum des Gleichungssystems zu verändern. Damit ist bewiesen:

Lemma 2.3.3

(a) Jedes lösbare Gleichungssystem hat die Eigenschaft, dass die Koeffizientenmatrix genauso viele Nullzeilen hat wie die erweiterte Koeffizientenmatrix.
(b) Lässt man aus einem Gleichungssystem nur solche Gleichungen weg, welche Nullzeilen der erweiterten Koeffizientenmatrix entsprechen, so erhält man ein äquivalentes Gleichungssystem.

2.4 Aufgaben

1. Man gebe die Koeffizientenmatrix und die erweiterte Koeffizientenmatrix des Gleichungssystems von Aufgabe 4 an.

2. (a) Man gebe alle Lösungen des nur aus einer Gleichung bestehenden Gleichungssystems $x_1 + x_2 = 1$ über dem Körper $\mathbb{F}_3$ an.
(b) Man beschreibe den Lösungsraum des nur aus einer Gleichung bestehenden Gleichungssystems $x_1 + x_2 = 1$ über dem (beliebigen) Körper K.

3. Sei A eine $m \times n$-Matrix. Die Zeilenvektoren von A^t sind die Spaltenvektoren von A und umgekehrt. Ferner gilt $(A^t)^t = A$.

4. Man benutze den **solve** Befehl in Maple zur Lösung der folgenden Gleichungssysteme über $K = \mathbb{Q}$:

$$\begin{array}{rcrcrcrcr} 2x_1 &+& x_2 &-& x_3 &+& 5x_4 &=& 2 \\ 7x_1 &-& 2x_2 &+& 5x_3 &+& 7x_4 &=& 2 \\ 3x_1 &+& x_2 &-& x_3 &+& 9x_4 &=& -1 \\ 2x_1 &+& x_2 &-& 3x_3 &+& 3x_4 &=& -4 \end{array}, \quad \begin{array}{rcrcrcrcr} 2x_1 &+& x_2 &-& x_3 &+& 5x_4 &=& 2 \\ 7x_1 &-& 2x_2 &+& 5x_3 &+& 7x_4 &=& 2 \\ 3x_1 &+& x_2 &-& x_3 &+& 9x_4 &=& -1 \\ 2x_1 &+& x_2 &-& 3x_3 &+& 23x_4 &=& -4 \end{array}$$

$$\text{und} \quad \begin{array}{rcrcrcrcr} 2x_1 &+& x_2 &-& x_3 &+& 5x_4 &=& 2 \\ 7x_1 &-& 2x_2 &+& 5x_3 &+& 7x_4 &=& 2 \\ 3x_1 &+& x_2 &-& x_3 &+& 9x_4 &=& -1 \\ 2x_1 &+& x_2 &-& 3x_3 &+& 23x_4 &=& -24 \end{array}.$$

3 Der Gauß-Algorithmus zur Lösung linearer Gleichungssysteme

Die universelle Anwendbarkeit der Linearen Algebra in sämtlichen Gebieten der Mathematik und anderen Wissenschaften beruht auf der Einfachheit und Effizienz des Gauß'schen Algorithmus zur Lösung linearer Gleichungssysteme. Er erlaubt die Lösung von Gleichungssystemen mit Tausenden von Variablen und Gleichungen mit einem Rechenaufwand, der von Computern ohne weiteres bewältigt werden kann.

Ein Algorithmus ist ein Verfahren zur praktischen Lösung eines mathematischen Problems. Das Problem, das wir nun betrachten wollen, besteht darin, die Lösbarkeit bzw. Unlösbarkeit eines Gleichungssystems zu entscheiden, und im Falle der Lösbarkeit alle Lösungen anzugeben. Dieses Problem wird durch einen grundlegenden, auf Gauß zurückgehenden Algorithmus gelöst. Dessen Grundidee besteht darin, das Gleichungssystem sukzessive abzuändern, bis es schließlich eine so einfache Form annimmt („Treppenform"), dass die Lösungen leicht abgelesen werden können.

3.1 Matrizen in Treppenform

Man sagt, eine $m \times n$-Matrix $A = (a_{ij})$ ist in **Treppenform**, falls folgende Bedingungen gelten:

- Der erste von null verschiedene Eintrag in jeder Zeile ist eine 1.
- Ist $a_{ij} = 1$ für gewisse i, j mit $1 < i \leq m$, $1 \leq j \leq n$, so existiert ein k mit $1 \leq k < j$ und $a_{i-1,k} = 1$.

Die zweite Bedingung besagt, dass die führenden Einsen (d. h. die jeweils erste Eins in der Zeile) mit jeder neuen Zeile nach rechts rücken.

$$\textbf{Treppenform:} \quad \begin{pmatrix} 0 \dots 0 & \mathbf{1} \dots \star & \star \dots \star & \dots & \star \dots \star \\ 0 \dots 0 & 0 \dots 0 & \mathbf{1} \dots \star & \dots & \star \dots \star \\ \dots & \dots & \dots & \dots & \dots \\ 0 \dots 0 & 0 \dots 0 & 0 \dots 0 & \dots & \mathbf{1} \dots \star \\ 0 \dots 0 & 0 \dots 0 & 0 \dots 0 & \dots & 0 \dots 0 \\ \dots & \dots & \dots & \dots & \dots \\ 0 \dots 0 & 0 \dots 0 & 0 \dots 0 & \dots & 0 \dots 0 \end{pmatrix}$$

Sei nun A eine Matrix in Treppenform. Eine Spalte von A heißt **essentiell**, falls sie die führende Eins einer Zeile enthält. Man sagt, A ist in **reduzierter Treppenform**, falls jede essentielle Spalte genau eine Eins und sonst nur Nullen enthält.

$$\textbf{Reduzierte Treppenform:} \qquad \begin{pmatrix} 0 \dots 0\ \mathbf{1} \dots \star\ 0\ \star \dots \star & \dots & 0 \dots \star \\ 0 \dots 0\ 0 \dots 0\ \mathbf{1}\ \star \dots \star & \dots & 0 \dots \star \\ \dots \quad \dots \quad \dots & \dots & \dots \\ 0 \dots 0\ 0 \dots \quad 0\ 0 \dots 0 & \dots & \mathbf{1} \dots \star \\ 0 \dots 0\ 0 \dots \quad 0\ 0 \dots 0 & \dots & 0 \dots 0 \\ \dots \quad \dots \quad \dots & \dots & \dots \\ 0 \dots 0\ 0 \dots \quad 0\ 0 \dots 0 & \dots & 0 \dots 0 \end{pmatrix}$$

Definition 3.1.1

Die **Einheitsmatrix** E_m ist diejenige $m \times m$-Matrix $A = (a_{ij})$ mit $a_{ij} = 1$ für $i = j$ und $a_{ij} = 0$ für $i \neq j$.

$$\textbf{Einheitsmatrix:} \quad E_m = \begin{pmatrix} \mathbf{1}\ 0\ 0 \dots 0\ 0 \\ 0\ \mathbf{1}\ 0 \dots 0\ 0 \\ 0\ 0\ \mathbf{1} \dots 0\ 0 \\ \dots \\ 0\ 0\ 0 \dots 0\ \mathbf{1} \end{pmatrix}$$

Bemerkung 3.1.2

(a) Sei A eine $m \times n$-Matrix in reduzierter Treppenform, welche keine Nullzeile hat. Lässt man alle nicht-essentiellen Spalten weg, so erhält man die Matrix E_m.
(b) Ein Gleichungssystem (2.2) mit Koeffizientenmatrix E_m hat die Form $x_i = b_i$, $i = 1, \dots, m$.
(c) Sei A eine $m \times n$-Matrix in reduzierter Treppenform, wobei $m = n$ (d. h. die Matrix hat gleich viele Zeilen und Spalten). Sei e die Anzahl der essentiellen Spalten und z die Anzahl der Nullzeilen. Dann gilt $e + z = n$.

Aussage (b) ist klar. Auch (a) ist ziemlich offensichtlich, wir geben dennoch einen formalen Beweis. Dieser gibt uns den Anlass, die folgende nützliche Bezeichnung einzuführen.

Definition 3.1.3

Sei $1 \leq j \leq m$. Der Spaltenvektor der Länge m, dessen j-ter Eintrag 1 ist und der ansonsten nur Nullen enthält, heißt **j-ter Einheitsvektor der Länge** m und wird mit $\boldsymbol{e}_j^{(m)}$ bezeichnet.

$$\boldsymbol{e}_1^{(m)} = \begin{pmatrix} 1 \\ 0 \\ \dots \\ 0 \end{pmatrix}, \quad \boldsymbol{e}_2^{(m)} = \begin{pmatrix} 0 \\ 1 \\ \dots \\ 0 \end{pmatrix}, \quad \dots, \quad \boldsymbol{e}_m^{(m)} = \begin{pmatrix} 0 \\ \dots \\ 0 \\ 1 \end{pmatrix}$$

Die Vektoren $\boldsymbol{e}_1^{(m)}, \boldsymbol{e}_2^{(m)}, \ldots, \boldsymbol{e}_m^{(m)}$ sind gerade die Spaltenvektoren der Einheitsmatrix E_m.

Der Beweis von Bemerkung 3.1.2 (a) folgt nun daraus, dass die essentiellen Spalten von A genau die Vektoren $\boldsymbol{e}_1^{(m)}, \boldsymbol{e}_2^{(m)}, \ldots, \boldsymbol{e}_m^{(m)}$ sind.

Für Teil (c) beachte man, dass jede essentielle Spalte genau eine Eins enthält. Also ist e gleich der Anzahl der führenden Einsen, also gleich der Anzahl der von null verschiedenen Zeilen, d. h. $e = n - z$.

3.2 Lösungen eines Gleichungssystems in reduzierter Treppenform

Wir betrachten ein Gleichungssystem (2.2), dessen Koeffizientenmatrix $A = (a_{ij})$ in reduzierter Treppenform ist. Diejenigen Unbekannten x_j, welche den essentiellen Spalten entsprechen, heißen **essentielle Unbekannte**. Die übrigen Unbekannten heißen **freie Unbekannte**.

Satz 3.2.1

Wir betrachten ein Gleichungssystem, dessen Koeffizientenmatrix A in reduzierter Treppenform ist. Das Gleichungssystem ist genau dann lösbar, wenn A genauso viele Nullzeilen hat wie die erweiterte Koeffizientenmatrix. Es sei nun angenommen, dass Letzteres gilt. Weist man den freien Unbekannten beliebige Werte aus K zu, so gibt es genau eine zugehörige Lösung des Gleichungssystems. Bezeichnet also f die Anzahl der freien Unbekannten, so gilt weiterhin:

(a) Ist $q := |K| < \infty$, so gibt es genau q^f Lösungen.

(b) Ist $|K| = \infty$, so gibt es für $f = 0$ genau eine Lösung, andernfalls unendlich viele Lösungen.

Beweis: Nach Lemma 2.3.3(a) ist das Gleichungssystem nicht lösbar, wenn A nicht so viele Nullzeilen hat wie die erweiterte Koeffizientenmatrix.

Nehmen wir also nun an, dass A genau so viele Nullzeilen hat wie die erweiterte Koeffizientenmatrix. Durch Weglassen von Nullzeilen der erweiterten Koeffizientenmatrix ändert sich weder der Lösungsraum noch die Anzahl der freien Unbekannten. Wir können also annehmen, dass A keine Nullzeile hat.

Weisen wir nun den freien Unbekannten x_k beliebige Werte $u_k \in K$ zu, setzen diese in das Gleichungssystem ein und bringen die entsprechenden Terme $a_{ik}u_k$ auf die rechte Seite, so erhalten wir ein Gleichungssystem in den essentiellen Unbekannten. Die Koeffizientenmatrix dieses Gleichungssystems entsteht aus A durch Weglassen der nicht-essentiellen Spalten, ist also die Einheitsmatrix E_m nach Bemerkung 3.1.2(a).

Ist $q := |K| < \infty$, so gibt es genau q^f verschiedene Möglichkeiten, den freien Unbekannten Werte aus K zuzuweisen. Jede solche Möglichkeit ergibt genau eine Lösung des Gleichungssystems nach dem vorhergehenden Absatz und Bemerkung 3.1.2(b). Dies zeigt (a).

Behauptung (b) folgt in ähnlicher Weise. Man beachte, dass es im Fall $|K| = \infty$ und $f > 0$ unendlich viele Möglichkeiten gibt, den freien Unbekannten Werte aus K zuzuweisen. ■

Bemerkung 3.2.2

Der Beweis erlaubt uns, *alle* Lösungen wie folgt zu berechnen: Man betrachte die freien Unbekannten als Parameter und löse das entstehende Gleichungssystem in den essentiellen Unbekannten (mit Koeffizientenmatrix E_m) in der offensichtlichen Weise.

3.3 Elementare Zeilenumformungen

Lemma 3.3.1

Durch die folgenden Umformungen wird ein Gleichungssystem in ein äquivalentes übergeführt:

(ZU1) Vertauschung zweier Gleichungen.

(ZU2) Multiplikation einer Gleichung mit einem von null verschiedenem Skalar.

(ZU3) Ersetzen einer Gleichung durch ihre Summe mit einer von ihr verschiedenen Gleichung.

Beweis: Wir behandeln nur den Fall von (ZU3), die anderen sind noch einfacher. Ist $(u_1, \ldots, u_n)^t$ eine Lösung des ursprünglichen Gleichungssystems, so ist es auch eine Lösung des gemäß (ZU3) transformierten Gleichungssystems (weil alle Gleichungen des ursprünglichen Gleichungssystems nach Einsetzen von $u_1, \ldots, u_n$ für die Variablen erfüllt sind, also auch die Summe von je 2 dieser Gleichungen). Da wir die Zeilenumformung (ZU3) durch Abziehen der vorher aufaddierten Gleichung rückgängig machen können, folgt mit demselben Argument, dass auch jede Lösung des transformierten Gleichungssystems eine Lösung des ursprünglichen Gleichungssystems ist. ■

Durch Kombination von (ZU2) und (ZU3) erhält man:

(ZU4) *Ersetzen einer Gleichung durch ihre Summe mit einem Vielfachen einer von ihr verschiedenen Gleichung.*

Die Operationen (ZU1) bis (ZU4) heißen **elementare Zeilenumformungen** Diese bewirken bei der (erweiterten) Koeffizientenmatrix gewisse Umformungen der Zeilen (daher auch der Name). Um diese Umformungen zu beschreiben, benötigen wir eine neue Definition.

Definition 3.3.2

Seien $A = (a_{ij})$ und $B = (b_{ij})$ Matrizen mit derselben Anzahl m von Zeilen und mit derselben Anzahl n von Spalten. Sei c ein Skalar. Wir definieren $A + B$ (bzw. $c \cdot A$) als die $m \times n$-Matrix $(a_{ij} + b_{ij})$ (bzw. $(c \cdot a_{ij})$).

In anderen Worten: Matrizen gleicher Dimensionen m, n werden komponentenweise addiert und werden dadurch mit einem Skalar multipliziert, dass jeder Eintrag der Matrix mit dem Skalar multipliziert wird. Im Umgang mit diesen **Matrixoperationen** verwenden wir dieselben Konventionen wie bei den Körperoperationen (siehe 1.2), also z. B. schreiben wir $A - B$ für $A + (-1) \cdot B$.

Da Zeilen- und Spaltenvektoren spezielle Matrizen sind, sind damit auch deren Addition und Skalarmultiplikation definiert.

Definition 3.3.3

Die elementaren Zeilenumformungen einer Matrix werden analog zu denen eines Gleichungssystems definiert und wiederum mit (ZU1) bis (ZU4) bezeichnet. Der Addition zweier Gleichungen entspricht dabei die Addition zweier Zeilenvektoren, und der Multiplikation einer Gleichung mit einem Skalar entspricht die Multiplikation eines Zeilenvektors mit dem Skalar.

Offenbar bewirken die elementaren Zeilenumformungen eines Gleichungssystems die entsprechenden Zeilenumformungen bei der (erweiterten) Koeffizientenmatrix.

Wir sagen, eine Matrix (bzw. ein Gleichungssystem) entsteht aus einer (bzw. einem) anderen durch **Zeilenumformungen**, falls dies durch mehrfaches Anwenden von elementaren Zeilenumformungen erreicht wird.

3.4 Transformation auf reduzierte Treppenform

Wir erläutern die einfache Grundidee des Gauß'schen Algorithmus am Beispiel der folgenden Matrix:

$$\begin{pmatrix} a & \star & \star \\ b & \star & \star \\ c & \star & \star \end{pmatrix}$$

Ist $a = b = c = 0$ so bleibt die erste Spalte unverändert. Ist $a = 0$ und etwa $b \neq 0$, so vertausche man die erste mit der zweiten Zeile gemäß (ZU1). Auf diese Weise können wir nun $a \neq 0$ annehmen. Wir können sogar $a = 1$ annehmen nach Anwenden von (ZU2) (Multipliziere die erste Zeile mit a^{-1}).

Nun addiere man das $(-b)$-fache der ersten Zeile zur zweiten Zeile gemäß (ZU4). Dies erlaubt uns, $b = 0$ anzunehmen. Analog kann man erreichen, dass $c = 0$. Damit ist A auf eine der folgenden Formen transformiert:

$$\begin{pmatrix} 1 & \star & \star \\ 0 & \star & \star \\ 0 & \star & \star \end{pmatrix} \quad \text{oder} \quad \begin{pmatrix} 0 & \star & \star \\ 0 & \star & \star \\ 0 & \star & \star \end{pmatrix}$$

Sei nun $A = (a_{ij})$ eine beliebige $m \times n$-Matrix. Ist die erste Spalte von A eine Nullspalte, so lasse man diese weg. Man wiederhole diesen Vorgang, bis die erste Spalte von A mindestens einen von null verschiedenen Eintrag hat. Dann kann man mit der im obigen Beispiel erläuterten Vorgehensweise durch Zeilenumformungen erreichen, dass die erste Zeile von A mit eins beginnt, und jede andere Zeile mit null. Man lasse nun die erste Zeile und Spalte weg, und wiederhole obigen Prozess für die Restmatrix. Der Vorgang endet, wenn die Restmatrix nur noch eine Zeile hat. Wendet man alle dabei verwendeten elementaren Zeilenumformungen auf die ursprüngliche Matrix A an, so befindet sich diese am Ende des Vorgangs in Treppenform.

Durch weiteres Anwenden von (ZU4) kann man dann sogar reduzierte Treppenform erreichen (Über der führenden Eins einer jeden von null verschiedenen Zeile Z kann man Nullen erzeugen, indem man geeignete Vielfache von Z zu den vorhergehenden Zeilen addiert.) Wir haben damit bewiesen:

Satz 3.4.1

Jede Matrix kann durch Zeilenumformungen auf reduzierte Treppenform gebracht werden.

Da sich der Lösungsraum eines Gleichungssystems unter Zeilenumformungen nicht ändert, kann man ihn nach Transformation der Koeffizientenmatrix auf reduzierte Treppenform mit der Methode von Bemerkung 3.2.2 bestimmen. Satz 3.2.1 ergibt somit

Korollar 3.4.2

Für jedes Gleichungssystem gilt eine der folgenden Aussagen:

- Es gibt keine Lösung.
- Es gibt genau eine Lösung.
- Die Anzahl der Lösungen ist unendlich (bzw. ist eine Potenz von $q = |K|$), falls K unendlich (bzw. endlich) ist.

Es fällt auf, dass letztere Aussage im Falle eines endlichen Körpers mehr Information vermittelt als im unendlichen Fall. Dies weist darauf hin, dass die Kardinalität des Lösungsraums nicht der für die Lineare Algebra maßgebliche Begriff ist. Er ist durch den Begriff der **Dimension** zu ersetzen. Um diesen Begriff exakt einzuführen, müssen wir etwas ausholen. Wir können jedoch im nächsten Abschnitt die Grundidee vorstellen.

3.5 Die Struktur des Lösungsraums

Hier wird gezeigt, wie man alle Lösungen eines Gleichungssystems angeben kann. Durch eine einfache Reduktion zieht man sich zunächst auf den homogenen Fall zurück. In diesem Fall kann man endlich viele Lösungen auswählen, so dass sich die allgemeine Lösung in eindeutiger Weise als Linearkombination der ausgewählten Lösungen schreibt.

3.5.1 Reduktion auf homogene Gleichungssysteme

Definition 3.5.1

Das Gleichungssystem (2.2) heißt **homogen**, falls alle Koeffizienten auf der rechten Seite gleich 0 sind, d. h. $b_1 = \cdots = b_m = 0$.

Satz 3.5.2

Sei $\boldsymbol{u}_0$ eine Lösung des Gleichungssystems (2.2). Dann besteht der Lösungsraum aus allen Spaltenvektoren der Form

$$\boldsymbol{u}_0 + \boldsymbol{v}$$

wobei $\boldsymbol{v}$ eine Lösung des homogenen Gleichungssystems mit derselben Koeffizientenmatrix ist.

Beweis: Sei $\boldsymbol{u}_0 = (u_1, \ldots, u_n)^t$ und $\boldsymbol{v} = (v_1, \ldots, v_n)^t$. Setzt man $x_j = u_j + v_j$ in die i-te Gleichung ein, so erhält man auf der linken Seite

$$\begin{aligned} a_{i1}(u_1 + v_1) + \ldots + a_{in}(u_n + v_n) &= (a_{i1}u_1 + \ldots + a_{in}u_n) + (a_{i1}v_1 + \ldots + a_{in}v_n) \\ &= b_i + 0 = b_i \end{aligned}$$

Dies zeigt, dass $\boldsymbol{u}_0 + \boldsymbol{v}$ wiederum eine Lösung ist.

Sei nun umgekehrt $\boldsymbol{u}$ eine beliebige Lösung. Genau wie eben zeigt man, dass dann $\boldsymbol{u} - \boldsymbol{u}_0$ eine Lösung des homogenen Gleichungssystems ist. Also schreibt sich $\boldsymbol{u}$ in der gewünschten Form, da $\boldsymbol{u} = \boldsymbol{u}_0 + (\boldsymbol{u} - \boldsymbol{u}_0)$. ■

Obiges Ergebnis wird oft wie folgt formuliert: Die allgemeine Lösung des Gleichungssystems schreibt sich in der Form $\boldsymbol{u}_0 + \boldsymbol{v}$, wobei $\boldsymbol{u}_0$ eine spezielle Lösung und $\boldsymbol{v}$ die allgemeine Lösung des homogenen Gleichungssystems ist. Somit interessieren wir uns nun für den Lösungsraum eines homogenen Gleichungssystems.

3.5.2 Homogene Gleichungssysteme

Jedes homogene Gleichungssystem ist lösbar, denn es hat die **triviale** Lösung $x_1 = \ldots = x_n = 0$. Die Summe zweier Lösungen eines homogenen Gleichungssystems ist wieder eine Lösung (nach Satz 3.5.2). Analog zeigt man, dass jedes skalare Vielfache einer Lösung wieder eine Lösung ist (siehe Aufgabe 3.7.1.5). Für gegebene Lösungen $\boldsymbol{v}_1, \ldots, \boldsymbol{v}_k$ sind somit alle Ausdrücke der Form

$$c_1\,\boldsymbol{v}_1 + \ldots + c_k\,\boldsymbol{v}_k \tag{3.1}$$

wiederum Lösungen, für beliebige Skalare $c_1, \ldots, c_k$. Ein Ausdruck der Form (3.1) heißt **Linearkombination** von $\boldsymbol{v}_1, \ldots, \boldsymbol{v}_k$.

Satz 3.5.3

(a) Jede Linearkombination von Lösungen eines homogenen Gleichungssystems ist wiederum eine Lösung.

(b) Hat ein homogenes Gleichungssystem nicht-triviale Lösungen, so gibt es Lösungen $\boldsymbol{v}_1, \ldots, \boldsymbol{v}_f$ mit folgender Eigenschaft: Für jede Lösung $\boldsymbol{u}$ existieren eindeutige Skalare $c_1, \ldots, c_f$ mit

$$\boldsymbol{u} \;=\; c_1\,\boldsymbol{v}_1 + \ldots + c_f\,\boldsymbol{v}_f \tag{3.2}$$

(c) Hat ein homogenes Gleichungssystem weniger Gleichungen als Unbekannte, so hat es mindestens eine nicht-triviale Lösung.

Beweis: (a) Folgt aus den Bemerkungen vor dem Satz.

(b) und (c): Da sich der Lösungsraum unter Zeilenumformungen nicht ändert, können wir annehmen, dass die Koeffizientenmatrix A in reduzierter Treppenform ist und keine Nullzeile hat. Man beachte, dass durch Weglassen von Nullzeilen die Voraussetzung $m < n$ von (c) erhalten bleibt. Wir sind also in der Situation von Satz 3.2.1. Da A keine Nullzeile hat, enthält jede Zeile eine führende Eins, also ist die die Anzahl m der Zeilen von A gleich der Anzahl der essentiellen Unbekannten. Für die Anzahl f der freien Unbekannten gilt somit

$$f \;=\; n - m$$

Ist also $m < n$, so $f > 0$ und somit folgt Behauptung (c) aus Satz 3.2.1.

Durch Umnummerieren der Unbekannten $x_1, \ldots, x_n$ können wir annehmen, dass $x_1, \ldots, x_m$ die essentiellen Unbekannten und $x_{m+1}, \ldots, x_n$ die freien Unbekannten sind. Dieses Umnummerieren der Unbekannten bewirkt eine Vertauschung der Spalten der Koeffizientenmatrix. Für praktische Zwecke ist dieses Umnummerieren nicht günstig, da man es am Ende wieder rückgängig machen muss. Deswegen haben wir bisher davon keinen Gebrauch gemacht. In der folgenden Überlegung ist die Umnummerierung aber von Vorteil, da sie die Notation erheblich vereinfacht.

Unter unseren Annahmen sind nun die ersten m Spaltenvektoren von A genau die Einheitsvektoren $\boldsymbol{e}_1^{(m)}, \ldots, \boldsymbol{e}_m^{(m)}$. Wie im Beweis von Satz 3.2.1 weisen wir nun den freien Unbekannten beliebige Werte aus K zu,

$$x_{m+i} \;=\; c_i, \quad i = 1, \ldots, f \tag{3.3}$$

setzen dies in das Gleichungssystem ein und bringen die entsprechenden Terme auf die rechte Seite. Das Gleichungssystem nimmt dann die folgende Form an:

$$\begin{array}{ccccccc} x_1 & = & -a_{1,m+1} \cdot c_1 & - & \cdots & - & a_{1n} \cdot c_f \\ \vdots & & \vdots & & & & \vdots \\ x_m & = & -a_{m,m+1} \cdot c_1 & - & \cdots & - & a_{mn} \cdot c_f \end{array} \tag{3.4}$$

Man setze nun

$$v_1 = \begin{pmatrix} -a_{1,m+1} \\ \vdots \\ -a_{m,m+1} \\ 1 \\ 0 \\ \dots \\ 0 \end{pmatrix}, \quad v_2 = \begin{pmatrix} -a_{1,m+2} \\ \vdots \\ -a_{m,m+2} \\ 0 \\ 1 \\ \dots \\ 0 \end{pmatrix}, \quad \dots \quad v_f = \begin{pmatrix} -a_{1n} \\ \dots \\ -a_{mn} \\ 0 \\ 0 \\ \vdots \\ 1 \end{pmatrix}$$

Die Gleichungen (3.3) und (3.4) ergeben zusammen die allgemeine Lösung des ursprünglichen Systems. Eine einfache Umformung bringt diese allgemeine Lösung in die Form (3.2). Eindeutigkeit von $c_1, \dots, c_f$ folgt aus (3.3). ■

Bemerkung 3.5.4

Der Satz besagt, dass durch (3.2) eine umkehrbar eindeutige Beziehung zwischen Lösungen des homogenen Gleichungssystems und Zeilenvektoren $(c_1, \dots, c_f)$ hergestellt wird. Dies ist die natürliche Verallgemeinerung der Aussage, dass es im Fall $q = |K| < \infty$ genau q^f Lösungen gibt. (Denn q^f ist die Anzahl der Zeilenvektoren $(c_1, \dots, c_f)$ über K).

Teil (b) wird später folgendermaßen ausgedrückt: Die Dimension des Lösungsraums ist f (siehe 6.6).

3.6 Eindeutig lösbare Gleichungssysteme und invertierbare Matrizen

Hier betrachten wir Gleichungssysteme mit genau einer Lösung (Im homogenen Fall bedeutet dies $f = 0$). Dies führt zum Begriff der Invertierbarkeit einer Matrix. Die volle Bedeutung dieses zentralen Begriffs wird sich erst im Kontext der Matrizenmultiplikation erschließen. Jedoch können wir hier bereits verschiedene äquivalente Bedingungen für die Invertierbarkeit einer Matrix angeben, welche durch die zugehörigen Gleichungssysteme formuliert sind.

Satz 3.6.1

Die folgenden Bedingungen an eine $m \times n$-Matrix A sind äquivalent und implizieren $m = n$:

(INV 1) Jedes Gleichungssystem mit Koeffizientenmatrix A hat genau eine Lösung.

(INV 2) A kann durch Zeilenumformungen in die Einheitsmatrix E_n übergeführt werden.

Beweis: Die Implikation (INV 2) $\Rightarrow$ (INV 1) gilt wegen Bemerkung 3.1.2(b) (da sich der Lösungsraum eines Gleichungssystems durch Zeilenumformungen nicht ändert). Offenbar folgt $m = n$ aus (INV 2).

Bedingung (INV 1) bleibt unter Zeilenumformungen von A erhalten (da sich der Lösungsraum nicht ändert). Zum Beweis der Implikation (INV 1) $\Rightarrow$ (INV 2) können wir also annehmen, dass A reduzierte Treppenform hat. Hat A eine Nullzeile, so kann man durch Wahl einer erweiterten Koeffizientenmatrix mit weniger Nullzeilen als A ein Gleichungssystem mit Koeffizientenmatrix A finden, welches keine Lösung hat. Bedingung (INV 1) impliziert somit, dass A keine Nullzeile hat. Bedingung (INV 1) impliziert ferner $f = 0$ nach Theorem 3.2.1. Letzteres bedeutet, dass alle Spalten von A essentiell sind, und somit $A = E_n$ nach Bemerkung 3.1.2 (a). ■

Definition 3.6.2

(a) Eine Matrix heißt **invertierbar**, falls sie die äquivalenten Bedingungen (INV 1) und (INV 2) erfüllt.

(b) Eine Matrix heißt **quadratisch**, falls sie gleich viele Zeilen und Spalten hat (d. h. $m = n$). Ein Gleichungssystem heißt **quadratisch**, falls seine Koeffizientenmatrix quadratisch ist (d. h., falls es gleich viele Gleichungen und Unbekannte gibt).

Nach dem vorhergehenden Satz ist jede invertierbare Matrix quadratisch.

Korollar 3.6.3

Die folgenden weiteren Bedingungen an eine **quadratische** $n \times n$-Matrix A sind zu (INV 1) und (INV 2) äquivalent:

(INV 3) Jedes Gleichungssystem mit Koeffizientenmatrix A hat mindestens eine Lösung.

(INV 4) Jedes Gleichungssystem mit Koeffizientenmatrix A hat höchstens eine Lösung.

(INV 5) Das homogene Gleichungssystem mit Koeffizientenmatrix A hat nur die triviale Lösung.

Beweis: Offenbar impliziert (INV 1) jede der Bedingungen (INV 3)–(INV 5). Ferner impliziert (INV 4) die Bedingung (INV 5). Es bleibt zu zeigen, dass sowohl (INV 3) als auch (INV 5) die Bedingung (INV 2) impliziert. Dazu können wir wieder annehmen, dass A reduzierte Treppenform hat. Es genügt zu zeigen, dass A keine Nullzeile besitzt. Denn dann sind alle Spalten von A essentiell (Bemerkung 3.1.2 (c)) und somit $A = E_n$ nach Bemerkung 3.1.2 (a).

Hat A eine Nullzeile, so kann man durch Wahl einer erweiterten Koeffizientenmatrix mit weniger Nullzeilen als A ein Gleichungssystem mit Koeffizientenmatrix A finden, welches keine Lösung hat. Dies widerspricht (INV 3). Das homogene Gleichungssystem mit Koeffizientenmatrix A hat nach Weglassen der Nullzeilen dieselben Lösungen wie vorher. Hat also A eine Nullzeile, so hat das homogene Gleichungssystem eine nicht-triviale Lösung nach Satz 3.5.3(c). Dies widerspricht (INV 5). ■

Bemerkung 3.6.4

Betrachten wir nun ein Gleichungssystem mit invertierbarer Koeffizientenmatrix. Die eindeutige Lösung kann algorithmisch mit Zeilenumformungen gefunden werden. Vom theoretischen Standpunkt aus stellt sich die Frage nach einer „allgemeinen Lösungsformel“, d. h., kann man die Lösung explizit durch die Koeffizienten a_{ij} und b_i ausdrücken? Eine solche Formel existiert (die Cramer'sche Regel), erfordert aber den Begriff der Determinante. Wir werden später darauf zurückkommen (siehe Korollar 9.5.2).

3.7 Aufgaben

3.7.1 Grundlegende Aufgaben

1. Man finde alle quadratischen Matrizen in reduzierter Treppenform, welche keine Nullzeile haben.

2. Warum muss in (ZU3) (siehe Lemma 3.3.1) von einer „verschiedenen Gleichung" gesprochen werden?

3. Man zeige, dass die Addition von Matrizen (gleicher Dimensionen, siehe Definition 3.3.2) das Kommutativ- und Assoziativgesetz erfüllt. Ferner zeige man eindeutige Lösbarkeit von Gleichungen der Form $X + A = B$.

4. Seien A, B beides $m \times n$-Matrizen und c ein Skalar. Man zeige: $(A + B)^t = A^t + B^t$ und $(cA)^t = c(A^t)$.

5. Man zeige, dass für jedes homogene Gleichungssystem gilt: Jedes skalare Vielfache einer Lösung ist wieder eine Lösung. Gilt dies auch für inhomogene Gleichungssysteme?

6. Man transformiere die folgende Matrix über $\mathbb{Q}$ auf reduzierte Treppenform. Man gebe ferner alle Lösungen des homogenen Gleichungssystems mit dieser Koeffizientenmatrix an. Welches sind die essentiellen bzw. freien Unbekannten?

$$\begin{pmatrix} 1 & 5 & 7 & 3 \\ 2 & 1 & 3 & 4 \\ 2 & 4 & 2 & 4 \end{pmatrix}$$

7. Man reduziere alle Einträge der Matrix aus der vorhergehenden Aufgabe modulo 2. Sodann transformiere man die erhaltene Matrix über $\mathbb{F}_2$ auf reduzierte Treppenform und verfahre weiter wie in der vorhergehenden Aufgabe.

8. Sei $a \in \mathbb{Q}$. Berechnen Sie in Abhängigkeit von a die Anzahl der Lösungen des folgenden Gleichungssystems über $\mathbb{Q}$.

$$\begin{aligned} x_1 + (a+1)x_2 + (a+1)x_3 &= -1 \\ x_1 + x_2 + ax_3 &= -2 \\ x_1 + ax_2 + x_3 &= -2 \end{aligned}$$

9. Ist der Spaltenvektor $(1, 2, 3, 4)$ eine Linearkombination von $(1, -1, 0, 3)$, $(1, 0, 2, 0)$ und $(0, 1, 2, -1)$ über $K = \mathbb{Q}$?

10. Man zeige, dass jeder Spaltenvektor $\boldsymbol{u}$ der Länge n eine Linearkombination der Einheitsvektoren $\boldsymbol{e}_1^{(n)}, \ldots, \boldsymbol{e}_n^{(n)}$ ist. Sind die Koeffizienten eindeutig durch $\boldsymbol{u}$ bestimmt?

3.7.2 Weitergehende Aufgaben

1. Man zeige: Eine invertierbare Matrix hat keine Nullzeile und keine Nullspalte. Allgemeiner: Keine Zeile (bzw. Spalte) einer invertierbaren Matrix ist skalares Vielfaches einer davon verschiedenen Zeile (bzw. Spalte).

2. Man zeige, dass eine 2×2-Matrix $\binom{a\,b}{c\,d}$ genau dann invertierbar ist, wenn $ad - bc \neq 0$. Wie lautet das entsprechende Kriterium für 1×1-Matrizen?

3.7.3 Maple

1. Man mache sich mit dem **RowOperation** Befehl vertraut, welcher die elementaren Zeilenumformungen in Maple bewirkt.

2. Man erzeuge eine zufällige 4×3 Matrix über $\mathbb{Z}$ und transformiere sie über $\mathbb{Q}$ mit dem **RowOperation** Befehl auf reduzierte Treppenform.

3. Seien $A = \begin{pmatrix} 1 & 2 & 3 & 4 & 5 & 6 \\ 4 & 5 & 6 & 7 & 8 & 9 \\ 7 & 8 & 9 & 10 & 11 & 12 \\ 10 & 11 & 12 & 13 & 14 & 15 \end{pmatrix}$ und $B = \begin{pmatrix} 1 & -3 & 3^2 & -3^3 & 3^4 & -3^5 & -5 \\ 1 & -2 & 2^2 & -2^3 & 2^4 & -2^5 & -5 \\ 1 & -1 & 1 & -1 & 1 & -1 & -7 \\ 1 & 1 & 1 & 1 & 1 & 1 & -5 \\ 1 & 2 & 2^2 & 2^3 & 2^4 & 2^5 & 5 \\ 1 & 3 & 3^2 & 3^3 & 3^4 & 3^5 & 25 \end{pmatrix}$ die erweiterten Koeffizientenmatrizen zweier Gleichungssysteme. Bringen Sie beide Matrizen durch mehrfache Anwendung des Befehls **RowOperation** in Treppenform und in reduzierte Treppenform. Vergleichen Sie Ihre Ergebnisse mit den Ergebnissen der Befehle **gausselim** bzw. **gaussjord**. Bestimmen Sie die Lösungsmengen der zugehörigen Gleichungsysteme.

4 Multiplikation von Matrizen

Die Multiplikation von Matrizen und ihre geometrische Deutung eröffnen eine neue Betrachtungsweise für lineare Gleichungssysteme, wodurch sich viele damit zusammenhängende Sachverhalte viel einfacher und klarer darstellen lassen.

4.1 Multiplikation einer Matrix mit einem Spaltenvektor

Für $n = m = 1$ reduziert sich ein lineares Gleichungssystem auf die einfache Form

$$a_{11} \cdot x_1 \quad = \quad b_1$$

Mit der folgenden Notation schreibt sich der allgemeine Fall in ähnlicher Form. Was zunächst nur wie eine abkürzende Schreibweise aussieht, führt zu grundlegenden Konzepten der Linearen Algebra.

Definition 4.1.1

Sei $A = (a_{ij})$ eine $m \times n$-Matrix und $\boldsymbol{u} = (u_1, \ldots, u_n)^t$ ein Spaltenvektor der Länge n. Das Produkt

$$A \cdot \boldsymbol{u}$$

ist der Spaltenvektor $\boldsymbol{v} = (v_1, \ldots, v_m)^t$ der Länge m mit

$$\begin{array}{ccccccccc} a_{11} \cdot u_1 & + & a_{12} \cdot u_2 & + & \cdots & + & a_{1n} \cdot u_n & = & v_1 \\ a_{21} \cdot u_1 & + & a_{22} \cdot u_2 & + & \cdots & + & a_{2n} \cdot u_n & = & v_2 \\ \vdots & & & & & & \vdots & & \vdots \\ a_{m1} \cdot u_1 & + & a_{m2} \cdot u_2 & + & \cdots & + & a_{mn} \cdot u_n & = & v_m \end{array} \tag{4.1}$$

Damit schreibt sich nun das allgemeine Gleichungssystem (2.2) in der Form

$$A \cdot \boldsymbol{x} \quad = \quad \boldsymbol{b}$$

wobei

$$\boldsymbol{x} = \begin{pmatrix} x_1 \\ \vdots \\ x_n \end{pmatrix} \quad \text{und} \quad \boldsymbol{b} = \begin{pmatrix} b_1 \\ \vdots \\ b_m \end{pmatrix}$$

Der Lösungsraum des Gleichungssystems (siehe Abschnitt 2.3) besteht aus den Spaltenvektoren $\boldsymbol{u} = (u_1, \ldots, u_n)^t$ mit $A \cdot \boldsymbol{u} = \boldsymbol{b}$.

Lemma 4.1.2

Seien A, B beide $m \times n$-Matrizen.
(a) Der j-te Spaltenvektor von A ist gleich dem Produkt $A \cdot \boldsymbol{e}_j^{(n)}$ (für $j = 1, \ldots, n$).
(b) Ist $A \cdot \boldsymbol{u} = B \cdot \boldsymbol{u}$ für jeden Spaltenvektor $\boldsymbol{u}$ der Länge n, so folgt $A = B$.

Beweis: (a) Folgt leicht aus den Definitionen 4.1.1 und 3.1.3 (siehe Aufgabe 4.6.1.4).
(b) Setzt man $\boldsymbol{u} = \boldsymbol{e}_j^{(n)}$, so folgt aus Teil (a), dass der j-te Spaltenvektor von A gleich dem von B ist, für $j = 1, \ldots, n$. Also $A = B$. ■

Bemerkung 4.1.3

Teil (b) des vorigen Lemmas erinnert an die Kürzungsregel. Man beachte jedoch, dass die Quantoren unterschiedlich sind; d. h. die Beziehung $A \cdot \boldsymbol{u} = B \cdot \boldsymbol{u}$ muss für jeden Spaltenvektor $\boldsymbol{u}$ gefordert werden, um $A = B$ folgern zu können.

4.2 Iterierte Multiplikationen und lineare Substitutionen

Wir gehen von folgender Frage aus: Nimmt man in dem allgemeinen Gleichungssystem (2.2) eine lineare Substitution der Unbekannten vor, d. h. eine Substitution der Form

$$x_j = b_{j1}\, y_1 + \ldots + b_{jk}\, y_k,$$

erhält man dann wiederum ein lineares Gleichungssystem in den y_j? Wenn ja, wie berechnet sich die Koeffizientenmatrix dieses Gleichungssystems aus A und B? Die erstere Frage ist durch einfaches Einsetzen und Zusammenfassen nach den y_j mit ja zu beantworten. Der zweiten Frage wollen wir nun nachgehen. Wir verwenden die übliche Summationsnotation

Definition 4.2.1

$$\sum_{i=1}^{k} \alpha_i = \alpha_1 + \ldots + \alpha_k$$

falls $k \geq 1$. Ist $k < 1$, so wird obige Summe als 0 definiert.

Sei $A = (a_{i\ell})$ eine $m \times n$-Matrix und $B = (b_{\ell j})$ eine $n \times k$-Matrix. Sei $\boldsymbol{w} = (w_1, \ldots, w_k)^t$ ein Spaltenvektor der Länge k und

$$\boldsymbol{v} = A \cdot (B \cdot \boldsymbol{w})$$

Nach Definition 4.1.1 kann man die Einträge von $\boldsymbol{v} = (v_1, \ldots, v_m)^t$ durch die von A, B und $\boldsymbol{w}$ ausdrücken:

$$v_i = \sum_{\ell=1}^{n} (a_{i\ell} \sum_{j=1}^{k} b_{\ell j}\, w_j) = \sum_{\ell=1}^{n} \sum_{j=1}^{k} (a_{i\ell}\, b_{\ell j}\, w_j) = \sum_{j=1}^{k} \sum_{\ell=1}^{n} (a_{i\ell}\, b_{\ell j}\, w_j)$$

$$= \sum_{j=1}^{k} (w_j \sum_{\ell=1}^{n} a_{i\ell}\, b_{\ell j})$$

Setzt man also

$$d_{ij} \quad = \quad \sum_{\ell=1}^{n} a_{i\ell}\, b_{\ell j}$$

so gilt

$$\boldsymbol{v} \quad = \quad D \cdot \boldsymbol{w}$$

wobei D die $m \times k$-Matrix $D = (d_{ij})$ ist. In anderen Worten: Der (i, j)-Eintrag von D ist gleich dem Produkt des i-ten Zeilenvektors von A mit dem j-ten Spaltenvektor von B. Letzteres Produkt ist als Spezialfall von Definition 4.1.1 zu sehen (da ein Zeilenvektor der Länge n eine $1 \times n$-Matrix ist). Es liegt nun nahe, das Produkt von A und B als die Matrix D zu definieren.

4.3 Allgemeine Definition der Matrizenmultiplikation

Definition 4.3.1

Sei A eine $m \times n$-Matrix und B eine $n \times k$-Matrix. Das **Produkt** $A \cdot B$ ist die $m \times k$-Matrix, deren (i, j)-Eintrag gleich dem Produkt des i-ten Zeilenvektors von A mit dem j-ten Spaltenvektor von B ist.

Ist also $A = (a_{i\ell})$ und $B = (b_{\ell j})$ so gilt $A \cdot B = (d_{ij})$ mit

$$d_{ij} \quad = \quad \sum_{\ell=1}^{n} a_{i\ell}\, b_{\ell j} \tag{4.2}$$

Die vorher definierte Multiplikation einer Matrix mit einem Spaltenvektor ist als der Spezialfall $k = 1$ in Definition 4.3.1 enthalten. Man beachte, dass das Produkt zweier Matrizen A, B *nur dann definiert ist*, wenn die Anzahl der Spalten von A gleich der Anzahl der Zeilen von B ist. Insbesondere ist das **Produkt zweier quadratischer Matrizen** immer definiert, wenn sie beide $n \times n$-Matrizen zu demselben Parameter n sind.

Lemma 4.3.2

Sei A eine $m \times n$-Matrix und B eine $n \times k$-Matrix.
(a) Für jeden Spaltenvektor $\boldsymbol{w}$ der Länge k gilt

$$A \cdot (B \cdot \boldsymbol{w}) \quad = \quad (A \cdot B) \cdot \boldsymbol{w}$$

(b) Der j-te Spaltenvektor von $A \cdot B$ ist gleich dem Produkt von A mit dem j-ten Spaltenvektor von B (für $j = 1, \ldots, k$).

Beweis: Die Matrizenmultiplikation wurde gerade so definiert, dass (a) gilt (siehe den vorhergehenden Unterabschnitt). Behauptung (b) folgt nun durch Einsetzen von $\boldsymbol{e}_j^{(n)}$ für w und Lemma 4.1.2(a). ■

Die Multiplikation von Matrizen ist eine grundlegend neue algebraische Operation. Sie erfüllt z. B. das *Kommutativgesetz nicht* (siehe Aufgabe 4.6.1.5). Jedoch gelten Assoziativ- und Distributivgesetz. Die Einheitsmatrix fungiert als neutrales Element der Matrizenmultiplikation.

Satz 4.3.3

Seien A, A' beide $m \times n$-Matrizen, B, B' beide $n \times k$-Matrizen, sei C eine $k \times h$-Matrix und $c \in K$. Dann gilt:

$$A \cdot E_n = E_m \cdot A = A \qquad \textbf{(Einheitsmatrizen als neutrale Elemente)}$$

$$A \cdot (B \cdot C) = (A \cdot B) \cdot C \qquad \textbf{(Assoziativgesetz)}$$

$$(A + A') \cdot B = A \cdot B + A' \cdot B, \quad A \cdot (B + B') = A \cdot B + A \cdot B' \qquad \textbf{(Distributivgesetze)}$$

$$A \cdot (c\,B) = (c\,A) \cdot B = c\,(A \cdot B)$$

Beweis: Die erste Behauptung folgt durch Einsetzen in die Definition (siehe Aufgabe 4.6.1.4). Sei nun $\boldsymbol{v}$ ein Spaltenvektor der Länge h. Dann gilt nach Lemma 4.3.2(a):

$$(A(BC)) \cdot \boldsymbol{v} = A((BC)\boldsymbol{v}) = A(B(C\boldsymbol{v})) = (AB)(C\boldsymbol{v}) = ((AB)C) \cdot \boldsymbol{v}$$

Die zweite Behauptung folgt nun aus Lemma 4.1.2(b). Die dritte und vierte Behauptung folgen wieder durch eine einfache Rechnung aus der Definition (siehe Aufgabe 4.6.1.7). ■

4.4 Die Inverse einer Matrix

Wir können nun die in Abschnitt 3.6 eingeführte Bezeichnung „invertierbare Matrix" rechtfertigen.

Satz 4.4.1

Die Bedingungen (INV 1)-(INV 5) an eine $n \times n$-Matrix A sind äquivalent zu der weiteren Bedingung:

(INV 6) Es gibt genau eine $n \times n$-Matrix B mit $A \cdot B = B \cdot A = E_n$.

Beweis: Zum Beweis der Implikation (INV 6) $\Rightarrow$ (INV 1) betrachten wir ein Gleichungssystem mit Koeffizientenmatrix A:

$$A \cdot \boldsymbol{x} = \boldsymbol{b}$$

Multipliziert man auf beiden Seiten mit B, so erhält man

$$B \cdot (A \cdot \boldsymbol{x}) = B \cdot \boldsymbol{b}$$

Wegen $B(A\boldsymbol{x}) = (BA)\boldsymbol{x} = E_n\boldsymbol{x} = \boldsymbol{x}$ (nach Satz 4.3.3) folgt, dass das Gleichungssystem $A \cdot \boldsymbol{x} = \boldsymbol{b}$ höchstens eine Lösung, nämlich $\boldsymbol{x} = B\boldsymbol{b}$ hat. Man beachte, dass dies tatsächlich eine Lösung ist, da $A(B\boldsymbol{b}) = (AB)\boldsymbol{b} = E_n\boldsymbol{b} = \boldsymbol{b}$. Also hat das Gleichungssystem genau eine Lösung und die Bedingung (INV 1) ist nachgewiesen.

Zum Beweis der Implikation (INV 1) $\Rightarrow$ (INV 6) nehmen wir nun an, dass A Bedingung (INV 1) erfüllt. Sei X eine $n \times n$-Matrix von Unbekannten. Ihre Spaltenvektoren bezeichnen wir mit $\boldsymbol{x}^{(j)}$, $j = 1, \ldots, n$. Die Matrixgleichung

$$A \cdot X = E_n$$

ist dann äquivalent zu den Gleichungssystemen

$$A \cdot \boldsymbol{x}^{(j)} = \boldsymbol{e}_j^{(n)} \tag{4.3}$$

für $j = 1, \ldots, n$ nach Lemma 4.3.2(b). Nach Annahme haben letztere Gleichungssysteme eindeutige Lösungen $\boldsymbol{u}^{(j)}$. Somit existiert genau eine $n \times n$-Matrix B mit $A \cdot B = E_n$. (Die Spalten von B sind nämlich die $\boldsymbol{u}^{(j)}$).

Nach Satz 3.6.1 kann A durch Zeilenumformungen in die Einheitsmatrix E_n übergeführt werden. Wendet man diese Zeilenumformungen auf das Gleichungssystem (4.3) an, so wird es in die folgende Form transformiert: $\boldsymbol{x}^{(j)}$ = der Spaltenvektor, der aus $\boldsymbol{e}_j^{(n)}$ durch diese Zeilenumformungen entsteht. Dieser Spaltenvektor ist dann die eindeutige Lösung $\boldsymbol{u}^{(j)}$ von (4.3), also die j-te Spalte von B. Wendet man nun die gleichen Zeilenumformungen auf E_n an, so werden alle Spalten $\boldsymbol{e}_j^{(n)}$ von E_n gleichzeitig diesen Zeilenumformungen unterworfen, es entsteht also die Matrix mit Spalten $\boldsymbol{u}^{(j)}$, d. h. die Matrix B. Indem man diese Zeilenumformungen rückgängig macht (in umgekehrter Reihenfolge), wird dann B in E_n übergeführt. Somit erfüllt auch B die Bedingung (INV 1) nach Theorem 3.6.1. Nach dem vorhergehenden Absatz existiert also genau eine $n \times n$-Matrix A' mit $B \cdot A' = E_n$. Schließlich folgt

$$B \cdot A = (B \cdot A) \cdot E_n = (B \cdot A) \cdot (B \cdot A') = B \cdot (A \cdot B) \cdot A' = B \cdot E_n \cdot A' = B \cdot A' = E_n.$$

∎

Definition 4.4.2

Sei A eine invertierbare $n \times n$-Matrix. Die eindeutige Matrix B mit $A \cdot B = B \cdot A = E_n$ heißt die **Inverse** von A und wird mit A^{-1} bezeichnet.

Bemerkung 4.4.3

Der obige Beweis gibt einen Algorithmus zur Berechnung der Inversen einer invertierbaren $n \times n$-Matrix A. Man beginne mit der Matrix

$$\begin{pmatrix} a_{11} & a_{12} & \dots & a_{1n} & | & \mathbf{1} & 0 & 0 & \dots & 0 \\ a_{21} & a_{22} & \dots & a_{2n} & | & 0 & \mathbf{1} & 0 & \dots & 0 \\ \vdots & \vdots & & \vdots & | & & & & \dots & \\ a_{n1} & a_{n2} & \dots & a_{nn} & | & 0 & 0 & 0 & \dots & \mathbf{1} \end{pmatrix}$$

welche durch Nebeneinandersetzen von A und E_n entsteht. Diese Matrix transformiere man durch Zeilenumformungen auf die Form

$$\begin{pmatrix} \mathbf{1} & 0 & 0 & \dots & 0 & | & b_{11} & b_{12} & \dots & b_{1n} \\ 0 & \mathbf{1} & 0 & \dots & 0 & | & b_{21} & b_{22} & \dots & b_{2n} \\ & & & \dots & & | & \vdots & \vdots & & \vdots \\ 0 & 0 & 0 & \dots & \mathbf{1} & | & b_{n1} & b_{n2} & \dots & b_{nn} \end{pmatrix},$$

wobei links die Einheitsmatrix E_n entsteht. Dann ist die rechts stehende Matrix (b_{ij}) gleich A^{-1}.

Lemma 4.4.4

Seien A, B invertierbare $n \times n$-Matrizen. Dann sind auch $A \cdot B$ und A^{-1} invertierbar. Es gilt $(A^{-1})^{-1} = A$ und $(AB)^{-1} = B^{-1}A^{-1}$.

Beweis: Es gilt offenbar $(AB)(B^{-1}A^{-1}) = E_n = (B^{-1}A^{-1})(AB)$. Somit ist die Matrix $A \cdot B$ invertierbar und ihre Inverse ist $B^{-1}A^{-1}$. Die Behauptung über A^{-1} folgt daraus, dass Bedingung $(INV\ 4)$ symmetrisch in A und B ist. ■

4.5 Geometrische Interpretation

Alle Sachverhalte der Linearen Algebra lassen eine geometrische Deutung zu. Dies kommt daher, dass man Zeilen- bzw. Spaltenvektoren mit „Punkten des affinen Raums“ identifizieren kann. Wir werden später (siehe Kapitel 14) in allgemeinerem Rahmen darauf eingehen. Hier betrachten wir nur ein einführendes Beispiel, welches die geometrische Interpretation der Matrizenmultiplikation in schöner Weise illustriert. Dies dient nur der Motivation und wird in der weiteren formalen Entwicklung der Linearen Algebra nicht verwendet.

Im Rest dieses Unterabschnitts ist $K = \mathbb{R}$. Wir betrachten ein rechtwinkliges Koordinatensystem in der Anschauungsebene. Dies erlaubt uns, die Punkte der Anschauungsebene in der von der Schule vertrauten Weise mit Spaltenvektoren $\boldsymbol{u} = (u_1, u_2)^t$ zu identifizieren (wo $u_1, u_2 \in \mathbb{R}$). Wir nennen den zu einem Punkt U gehörigen Spaltenvektor $\boldsymbol{u}$ den „Koordinatenvektor“ des Punkts. Der Ursprung O des Koordinatensystems entspricht dem Vektor $(0, 0)^t$. Ist $\boldsymbol{v} = (v_1, v_2)^t$ der Koordinatenvektor eines weiteren Punktes V, so entspricht dem Summenvektor $\boldsymbol{u} + \boldsymbol{v}$ der Punkt W, der sich aus folgendem wohlbekannten Bild ergibt:

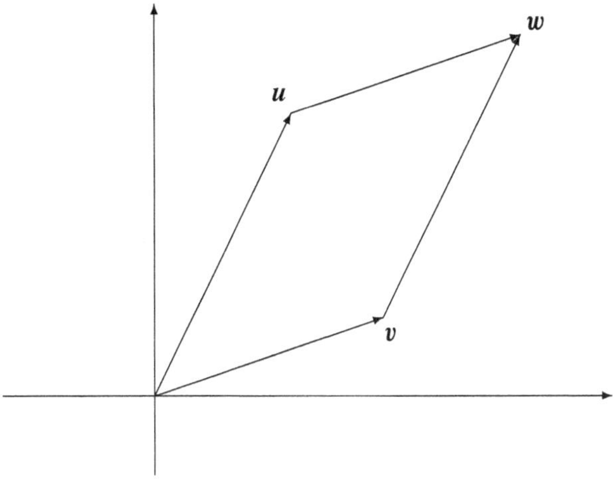

Man betrachte nun Drehungen der Ebene um O entgegen dem Uhrzeigersinn. Dreht man den zu $\boldsymbol{u} = (u_1, u_2)^t$ gehörigen Punkt um den Winkel α, so erhalten wir einen Punkt, dessen Koordinatenvektor wir mit $D_\alpha(\boldsymbol{u})$ bezeichnen. Da die Drehung eine Kongruenzabbildung ist, geht obiges Bild durch Drehung in das entsprechende Bild über, welches die Addition von $D_\alpha(\boldsymbol{u})$ und $D_\alpha(\boldsymbol{v})$ beschreibt. Wir bekommen somit folgende Aussage:

$$D_\alpha(\boldsymbol{u}) + D_\alpha(\boldsymbol{v}) = D_\alpha(\boldsymbol{u} + \boldsymbol{v}) \tag{4.4}$$

Auch die folgende Aussage kann man sich leicht geometrisch veranschaulichen:

$$D_\alpha(c \cdot \boldsymbol{u}) = c \cdot D_\alpha(\boldsymbol{u}) \tag{4.5}$$

für jeden Skalar c. Die Eigenschaften (4.4) und (4.5) besagen, dass D_α eine „lineare Abbildung“ ist (siehe Abschnitt 8).

Wir wollen die Drehung nun in Koordinaten beschreiben. Zunächst betrachten wir die Einheitsvektoren:

$$\boldsymbol{e}_1^{(2)} = \begin{pmatrix} 1 \\ 0 \end{pmatrix}, \quad \boldsymbol{e}_2^{(2)} = \begin{pmatrix} 0 \\ 1 \end{pmatrix}$$

Nach Definition der Winkelfunktionen gilt

$$D_\alpha(\boldsymbol{e}_1^{(2)}) = \begin{pmatrix} \cos(\alpha) \\ \sin(\alpha) \end{pmatrix}, \quad D_\alpha(\boldsymbol{e}_2^{(2)}) = \begin{pmatrix} -\sin(\alpha) \\ \cos(\alpha) \end{pmatrix}.$$

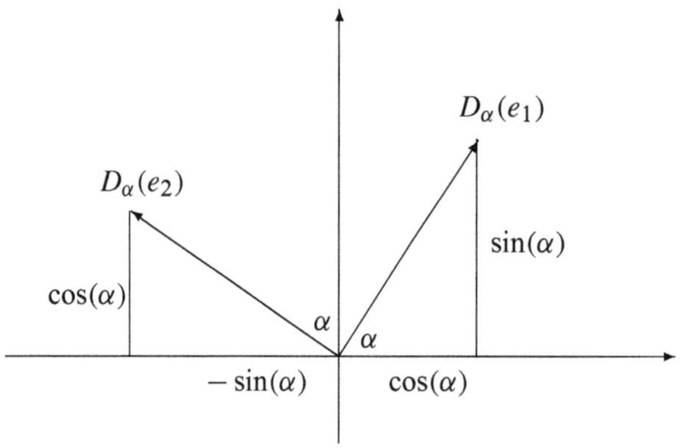

Mit Hilfe der Linearitätseigenschaften (4.4) und (4.5) folgt:

$$D_\alpha(\boldsymbol{u}) = D_\alpha(u_1 \cdot \boldsymbol{e}_1^{(2)} + u_2 \cdot \boldsymbol{e}_2^{(2)}) = u_1 \cdot D_\alpha(\boldsymbol{e}_1^{(2)}) + u_2 \cdot D_\alpha(\boldsymbol{e}_2^{(2)})$$

$$= \begin{pmatrix} u_1 \cos(\alpha) - u_2 \sin(\alpha) \\ u_1 \sin(\alpha) + u_2 \cos(\alpha) \end{pmatrix}$$

Also

$$D_\alpha(\boldsymbol{u}) = \begin{pmatrix} \cos(\alpha) & -\sin(\alpha) \\ \sin(\alpha) & \cos(\alpha) \end{pmatrix} \cdot \boldsymbol{u}$$

Der Koordinatenvektor des gedrehten Punktes entsteht somit aus dem Koordinatenvektor des urspünglichen Punktes durch Multiplikation mit der Matrix

$$\Delta_\alpha = \begin{pmatrix} \cos(\alpha) & -\sin(\alpha) \\ \sin(\alpha) & \cos(\alpha) \end{pmatrix}. \tag{4.6}$$

Auch die Multiplikation solcher Matrizen lässt eine geometrische Deutung zu. Dreht man nämlich zuerst um den Winkel α_2 und dann nochmals um den Winkel α_1, so hat dies denselben Effekt wie die Drehung um den Winkel $\alpha_1 + \alpha_2$:

$$D_{\alpha_1+\alpha_2}(\boldsymbol{u}) = D_{\alpha_1}(D_{\alpha_2}(\boldsymbol{u})) = \Delta_{\alpha_1}(\Delta_{\alpha_2} \cdot \boldsymbol{u}) = (\Delta_{\alpha_1} \cdot \Delta_{\alpha_2}) \cdot \boldsymbol{u}$$

Also

$$\Delta_{\alpha_1+\alpha_2} = \Delta_{\alpha_1} \cdot \Delta_{\alpha_2} \tag{4.7}$$

Der Hintereinanderschaltung von Drehungen entspricht also die Multiplikation der zugehörigen Matrizen.

Aus (4.6) und (4.7) erhält man die Additionstheoreme für Sinus und Cosinus (siehe Aufgabe 4.6.1.8).

4.6 Aufgaben

4.6.1 Grundlegende Aufgaben

1. Ist die folgende Matrix über $\mathbb{Q}$ invertierbar? Falls ja, berechne man die Inverse. Was ändert sich, wenn man die Einträge der Matrix modulo 2 reduziert und dieselbe Frage über $\mathbb{F}_2$ betrachtet?

$$\begin{pmatrix} 1 & 5 & 7 & 3 \\ 2 & 1 & 3 & 4 \\ 2 & 4 & 2 & 4 \\ 1 & 0 & 7 & 3 \end{pmatrix}$$

2. Wie viele 2×2-Matrizen gibt es über $\mathbb{F}_2$? Wie viele davon sind invertierbar?

3. Sei $\boldsymbol{v}$ ein Zeilenvektor der Länge n und $\boldsymbol{u}$ ein Spaltenvektor der Länge n. Welche der Produkte $\boldsymbol{v} \cdot \boldsymbol{u}$ und $\boldsymbol{u} \cdot \boldsymbol{v}$ sind definiert, und was für eine Matrix ist das Produkt, falls definiert?

4. Man beweise Lemma 4.1.2(a).

5. Man zeige, dass die Matrizenmultiplikation das Kommutativgesetz *nicht* erfüllt. Genauer zeige man, dass für jedes $n > 1$ und für jeden Körper K zwei nicht kommutierende $n \times n$-Matrizen über K existieren.

6. Man zeige, dass für jede $m \times n$-Matrix A gilt: $AE_n = E_m A = A$

7. Man zeige das Distributivgesetz in Lemma 4.3.3.

8. Man finde Matrizen mit $A \cdot B = E_n$, welche *nicht* invertierbar sind.

9. Man leite die Additionstheoreme für Sinus und Cosinus aus (4.6) und (4.7) her.

10. Man finde zwei $n \times n$-Matrizen $A, B \neq 0$ mit $A \cdot B = 0$. Kann man dabei $A = B$ wählen?

4.6.2 Weitergehende Aufgaben

1. Gilt für quadratische Matrizen A, B, dass $A \cdot B = E_n$, so sind A und B invertierbar und $B = A^{-1}$. Für jede $n \times n$-Matrix A sind also die Bedingungen (INV 1) – (INV 6) zu der weiteren Bedingung äquivalent:
(INV 7) Es gibt eine $n \times n$-Matrix B mit $A \cdot B = E_n$.

2. Seien A, B beide $n \times n$-Matrizen. Man zeige, dass $A \cdot B$ genau dann invertierbar ist, wenn sowohl A als auch B invertierbar ist.

3. Sei A eine $m \times n$-Matrix und B eine $n \times k$-Matrix. Dann gilt $(AB)^t = B^t A^t$. In Worten: Transponieren kehrt die Reihenfolge der Faktoren eines Produkts um.

4. Die Matrizen der Form

$$\begin{pmatrix} a & -b \\ b & a \end{pmatrix}$$

mit $a, b \in \mathbb{R}$ bilden einen Körper bzgl. Matrizenaddition und -multiplikation. Dieser Körper kann mit dem Körper der komplexen Zahlen identifiziert werden.

4.6.3 Maple

1. Sei $B = \begin{pmatrix} 1 & -3 & 3^2 & -3^3 & 3^4 & -3^5 \\ 1 & -2 & 2^2 & -2^3 & 2^4 & -2^5 \\ 1 & -1 & 1 & -1 & 1 & -1 \\ 1 & 1 & 1 & 1 & 1 & 1 \\ 1 & 2 & 2^2 & 2^3 & 2^4 & 2^5 \\ 1 & 3 & 3^2 & 3^3 & 3^4 & 3^5 \end{pmatrix}$ die Koeffizientenmatrix aus Aufgabe 3.7.3.3. Berechnen Sie die inverse Matrix gemäß (4.4.3).
2. Man erzeuge zwei zufällige 10×10-Matrizen über $\mathbb{Z}$ und berechne ihr Produkt. Ferner teste man, ob sie über $\mathbb{Q}$ invertierbar sind; falls ja, berechne man die Inversen.
3. Wie viele 4×4-Matrizen gibt es über $\mathbb{F}_2$? Wie viele davon sind invertierbar? Wie viele davon sind gleich ihrer Inversen?

Teil II

Vektorräume und lineare Abbildungen

5 Gruppen, Ringe und Vektorräume

Wir haben verschiedene algebraische Operationen für Matrizen (und Vektoren, als Spezialfall von Matrizen) kennen gelernt: Addition und Multiplikation von Matrizen sowie skalare Multiplikation. Die algebraischen Grundstrukturen Gruppen, Ringe und Vektorräume erlauben eine einheitliche Behandlung solcher Beispiele und die Einordnung in größere Zusammenhänge.

5.1 Gruppen

Eine **Gruppe** besteht aus einer Menge G und einer Operation $\circ$, die jedem geordneten Paar (a, b) von Elementen aus G eindeutig ein mit $a \circ b$ bezeichnetes Element von G so zuordnet, dass folgende Axiome erfüllt sind:

- **(Assoziativgesetz)** $(a \circ b) \circ c \;=\; a \circ (b \circ c)$ für alle $a, b, c \in G$.
- **(Existenz des neutralen Elements)**
  Es gibt ein Element $e \in G$ mit $e \circ a = a \circ e = a$ für alle $a \in G$. (Dann gibt es *genau ein* solches Element, siehe den Schluss in 1.3.1).
- **(Existenz des Inversen)** Zu jedem $a \in G$ existiert ein $b \in G$ mit

$$a \circ b \;=\; b \circ a \;=\; e$$

Gilt $a \circ b = e = a \circ b'$, so $b = b \circ e = b \circ (a \circ b') = (b \circ a) \circ b' = e \circ b' = b'$. Also ist b durch a eindeutig bestimmt. Man nennt b das **inverse Element** von a und bezeichnet es meistens mit a^{-1}. Wenn allerdings die Gruppenverknüpfung als Addition geschrieben wird, so bezeichnet man das neutrale Element mit 0 und das zu a inverse Element mit $-a$.

Die Gruppe heißt **abelsch**, wenn außerdem gilt

$$a \circ b \;=\; b \circ a$$

für alle $a, b \in G$ **(Kommutativgesetz)**.

Wie bei Körpern bezeichnet man eine Gruppe $(G, \circ)$ oft nur mit dem Symbol G, wenn es klar ist, welche Gruppenoperation gemeint ist.

Beispiele:

1. Ist $(K, +, \cdot)$ ein Körper, so sind $(K, +)$ und $(K \setminus \{0\}, \cdot)$ abelsche Gruppen (die additive bzw. multiplikative Gruppe des Körpers). Kommutativ- und Assoziativgesetz kommen

unter den Körperaxiomen vor. Existenz des neutralen Elements gilt nach 1.3.1 bzw. 1.3.5, die Existenz des Inversen folgt aus dem Lösbarkeitsaxiom. Offenbar ist $(K, \cdot)$ *keine* Gruppe, da das Nullelement kein multiplikatives Inverses hat.

2. Die Menge $M_{m,n}(K)$ der $m \times n$-Matrizen über K mit der üblichen Addition (Definition 3.3.2) ist eine abelsche Gruppe. Das neutrale Element ist die **Nullmatrix**, also die nur aus Nullen bestehende $m \times n$-Matrix, die mit 0_{mn} oder abkürzend auch nur mit 0 bezeichnet wird. Die Gruppenaxiome leiten sich unmittelbar aus denen für $(K, +)$ her (siehe Aufgabe 3.7.1.3). Im Spezialfall $m = n = 1$ erhalten wir die Gruppe $(K, +)$ zurück.

3. Die Menge $GL_n(K)$ der invertierbaren $n \times n$-Matrizen über K mit der Matrizenmultiplikation ist eine Gruppe nach Satz 4.3.3, Satz 4.4.1 und Lemma 4.4.4. Neutrales Element ist die Einheitsmatrix E_n.

Definition 5.1.1

Eine **Untergruppe** von G ist eine nicht-leere Teilmenge H von G, so dass $ab^{-1} \in H$ für alle $a, b \in H$.

Da H nicht-leer ist, gibt es ein $a \in H$. Dann gilt auch $e = a \circ a^{-1} \in H$. Also ist H selbst eine Gruppe (mit der auf H eingeschränkten Operation von G).

Beispiele:

1. Der Lösungsraum L eines homogenen Gleichungssystems in n Unbekannten ist eine Untergruppe von $(M_{n,1}(K), +)$. Dies folgt aus Satz 3.5.3(a). Man beachte ferner, dass L immer die 0 enthält (die triviale Lösung), also ist L nicht-leer.

2. Ist F ein Teilkörper von K, so ist $(M_{m,n}(F), +)$ eine Untergruppe von $(M_{m,n}(K), +)$ und $GL_n(F)$ eine Untergruppe von $GL_n(K)$.

3. Die Menge $\mathbb{Z}$ der ganzen Zahlen ist eine Untergruppe der additiven Gruppe von $\mathbb{Q}$.

Im Anschluss an das letztere Beispiel ist zu bemerken, dass $\mathbb{Z}$ auch unter Multiplikation abgeschlossen ist, also die zwei Operationen + und $\cdot$ zulässt. Jedoch erfüllen diese Operationen auf $\mathbb{Z}$ *nicht* die Körperaxiome (wie schon vorher festgestellt), da nicht jedes von 0 verschiedene Element ein Inverses in $\mathbb{Z}$ hat. Dies legt nahe, die Axiome eines Körpers zu denen eines Rings abzuschwächen.

5.2 Ringe

Sei R eine Menge mit zwei Operationen + und $\cdot$, die jedem geordneten Paar (a, b) von Elementen von R eindeutig ein Element $a + b$ bzw. $a \cdot b$ von R zuordnen. Das Tripel $(R, +, \cdot)$ heißt ein **Ring**, falls folgende Bedingungen erfüllt sind:

– $(R, +)$ ist eine abelsche Gruppe.

– **(Assoziativgesetz der Multiplikation)** $(a \cdot b) \cdot c = a \cdot (b \cdot c)$ für alle $a, b, c \in R$.

– **(Existenz des neutralen Elements der Multiplikation)**
Es gibt ein Element $1 \neq 0$ in R mit $1 \cdot a = a \cdot 1 = a$ für alle $a \in R$.

– **(Distributivgesetze)** $a \cdot (b + c) = a \cdot b + a \cdot c$ und $(b + c) \cdot a = b \cdot a + c \cdot a$ für alle $a, b, c \in R$.

Beispiele:

1. Jeder Körper ist offenbar ein Ring.

2. Die Menge $\mathbb{Z}$ ist ein Ring mit der üblichen Addition und Multiplikation ganzer Zahlen. Dieser Ring ist kein Körper.

3. **Der Matrixring** $M_n(K)$: Für je zwei $n \times n$-Matrizen sind deren Summe und Produkt definiert (Definition 3.3.2 und 4.3.1). Dadurch wird die Menge $M_n(K)$ der $n \times n$-Matrizen über K zu einem Ring. Dieser Ring ist kein Körper, da nicht jede von 0 verschiedene Matrix ein Inverses hat.

4. **Der Polynomring** $K[X]$: Ein **Polynom** über K vom **Grad** $d \geq 0$ ist ein Ausdruck der Form
$$a_0 + a_1 X + \ldots + a_d X^d$$
mit $a_i \in K$ und $a_d \neq 0$ (und X eine Unbekannte). Zwei solche Polynome sind gleich genau dann, wenn sie in allen Koeffizienten a_i übereinstimmen. Zudem definiert man das **Nullpolynom** als das Polynom (vom Grad $-\infty$), dessen Koeffizienten alle 0 sind. Addition und Multiplikation von Polynomen sind in der üblichen Weise definiert: Ist $f = \sum_{i=0}^{k} a_i X^i$ und $g = \sum_{i=0}^{k} b_i X^i$, so ist
$$f + g := \sum_{i=0}^{k} (a_i + b_i) X^i \quad \text{und} \quad fg := \sum_{i=0}^{2k} (\sum_{j=0}^{i} a_j b_{i-j}) X^i$$
(Bei dieser Definition konnten wir durch eventuelle Hinzunahme von Termen der Form $0 \cdot X^i$ annehmen, dass f und g gleich viele Terme haben). Damit bilden diese Polynome einen Ring, den **Polynomring** $K[X]$.

5. Die Menge der stetigen (bzw. differenzierbaren bzw. unendlich oft differenzierbaren) Funktionen $\mathbb{R} \to \mathbb{R}$ bildet einen Ring bezüglich punktweiser Addition und Multiplikation: $(f + g)(x) := f(x) + g(x)$ und $(fg)(x) := f(x)g(x)$. Neutrales Element der Addition bzw. Multiplikation ist die konstante Funktion 0 bzw. 1, additives Inverses von f ist die Funktion $-f$ mit $(-f)(x) := -f(x)$. Man beachte, dass Summe und Produkt stetiger (bzw. differenzierbarer bzw. unendlich oft differenzierbarer) Funktionen wieder dieselbe Eigenschaft haben. Welche Elemente dieses Rings haben ein multiplikatives Inverses?

Definition 5.2.1

Ein **Unterring** eines Rings R ist eine Untergruppe S von $(R, +)$, so dass $1 \in S$ und $ab \in S$ für alle $a, b \in S$.

S ist dann selbst ein Ring (mit den auf S eingeschränkten Operationen von R).

Beispiele:

1. $\mathbb{Z}$ ist ein Unterring von $\mathbb{Q}$.
2. Ist F ein Teilkörper von K, so ist F auch ein Unterring von K. Ferner ist $M_n(F)$ ein Unterring von $M_n(K)$.

5.3 Vektorräume

Definition 5.3.1

Sei K ein Körper. Ein K**-Vektorraum** (oder **Vektorraum über** K) besteht aus einer additiv geschriebenen, abelschen Gruppe V und einer Multiplikation, die jedem Paar $(c, \boldsymbol{v})$ mit $c \in K$ und $\boldsymbol{v} \in V$ eindeutig ein Element $c\boldsymbol{v}$ von V zuordnet, so dass für alle $\boldsymbol{v}_1, \boldsymbol{v}_2 \in V$, $c_1, c_2 \in K$ gilt:

$$(c_1\, c_2)\, \boldsymbol{v} = c_1\, (c_2\, \boldsymbol{v})$$

$$1\boldsymbol{v} = \boldsymbol{v}$$

$$(c_1 + c_2)\, \boldsymbol{v} = c_1\boldsymbol{v} + c_2\boldsymbol{v}$$

$$c(\boldsymbol{v}_1 + \boldsymbol{v}_2) = c\boldsymbol{v}_1 + c\boldsymbol{v}_2$$

Der Leser erkennt Ähnlichkeiten mit dem Assoziativ- bzw. Distributivgesetz. Wir werden diese Axiome im Weiteren stillschweigend verwenden, Rechnungen ergeben sich in natürlicher Weise in der bisher gewohnten Notation.

Die Elemente von V (bzw. K) werden auch als Vektoren (bzw. Skalare) bezeichnet. Vektoren werden durch Fettdruck gekennzeichnet (in Fortführung früherer Konvention). Für verschiedene bisher betrachtete Multiplikationsoperationen wurde der Punkt $\cdot$ verwendet. Wie allgemein üblich werden wir von nun man den Punkt weglassen und alle Produkte nur durch Nebeneinandersetzen bezeichnen; d. h. das Produkt von a und b wird nur mit ab bezeichnet, egal ob es sich um das Produkt zweier Skalare oder um die Multiplikation eines Vektors mit einem Skalar handelt.

Ähnliches gilt für die Addition: Die Summe zweier Skalare bzw. Vektoren wird mit demselben Symbol „+“ bezeichnet. Verschiedene Symbole für alle diese Operationen zu verwenden, würde zu einer hoffnungslos komplizierten Notation führen. Deshalb werden wir dies nicht versuchen. Es wird sich immer aus dem Kontext zweifelsfrei ergeben, welche Operation gemeint ist.

Um Klammern zu sparen, verwenden wir ferner die Konvention, dass die Multiplikation mit Skalaren stärker bindet als die Vektoraddition. Ebenso wie bei Gruppen, Ringen und Körpern pflegt man auch einen Vektorraum nur mit dem einen Buchstaben V zu bezeichnen.

Es sei jetzt V ein beliebiger Vektorraum. Das neutrale Element der abelschen Gruppe $(V, +)$ wird der **Nullvektor** genannt und mit 0 bezeichnet. Ebenso existiert zu jedem Vektor $\boldsymbol{v}$ ein eindeutig bestimmtes additives Inverses $-\boldsymbol{v}$ (definiert durch $\boldsymbol{v} + (-\boldsymbol{v}) = 0$). Statt $\boldsymbol{v} + (-\boldsymbol{w})$ wird wieder kürzer $\boldsymbol{v} - \boldsymbol{w}$ geschrieben.

Hier noch einige Regeln für das Rechnen in Vektorräumen, die weiterhin ohne besondere Hinweise benutzt werden. Man beachte, dass der Nullvektor von V und die Null von K mit demselben Symbol 0 bezeichnet werden.

Lemma 5.3.2

Sei V ein K-Vektorraum. Dann gilt für alle $\boldsymbol{v} \in V$, $c \in K$:

$$(-1)\boldsymbol{v} = -\boldsymbol{v}, \qquad 0\boldsymbol{v} = 0 = c\,0, \tag{5.1}$$

$$\text{Aus } c\boldsymbol{v} = 0 \text{ folgt } c = 0 \text{ oder } \boldsymbol{v} = 0 \tag{5.2}$$

Beweis: Nach den Vektorraum- und Körperaxiomen gilt

$$0\boldsymbol{v} + 0\boldsymbol{v} = (0 + 0)\boldsymbol{v} = 0\boldsymbol{v}$$

Durch Addition des additiven Inversen von $0\boldsymbol{v}$ auf beiden Seiten folgt $0\boldsymbol{v} = 0$. Der Beweis von $c\,0 = 0$ ist analog. (Man verwende das andere Distributivgesetz). Es folgt

$$\boldsymbol{v} + (-1)\boldsymbol{v} = 1\boldsymbol{v} + (-1)\boldsymbol{v} = (1 + (-1))\boldsymbol{v} = 0\boldsymbol{v} = 0$$

und somit $(-1)\boldsymbol{v} = -\boldsymbol{v}$.

Zum Beweis der letzten Behauptung sei angenommen, dass $c\boldsymbol{v} = 0$, aber $c \neq 0$. Dann folgt

$$\boldsymbol{v} = 1\boldsymbol{v} = (c^{-1}c)\boldsymbol{v} = c^{-1}(c\boldsymbol{v}) = c^{-1}0 = 0$$

■

Beispiele für Vektorräume:

1. Die Menge $M_{m,n}(K)$ der $m \times n$-Matrizen über K mit der üblichen Addition und Skalarmultiplikation (Definition 3.3.2) ist ein K-Vektorraum. Die Struktur als abelsche Gruppe wurde in 5.1 untersucht. Die übrigen Vektorraumaxiome sind leicht nachzuprüfen (siehe Aufgabe 5.4.1.4). Insbesondere haben wir damit den **Vektorraum der Spalten- bzw. Zeilenvektoren** der Länge n über K. Wir bezeichnen diesen Vektorraum mit $V_n(K)$ bzw. $W_n(K)$. Diese Vektorräume werden im Weiteren eine besondere Rolle spielen.
2. Sei der Körper K ein Unterring eines Rings R. Die Ringstruktur definiert dann insbesondere eine Multiplikation von Elementen von K mit Elementen von R. Zusammen mit der gegebenen Struktur von R als abelsche Gruppe macht dies R zu einem K-Vektorraum. Dies folgt unmittelbar durch Vergleichen der Ring - und Vektorraumaxiome.

3. Die konstanten Polynome (d. h. Polynome vom Grad 0) im Polynomring $K[X]$ bilden einen Unterring, welcher mit K identifiziert werden kann. Dadurch wird $K[X]$ in natürlicher Weise zu einem K-Vektorraum.

4. Die konstanten Funktionen bilden einen Unterring im Ring der stetigen (bzw. differenzierbaren bzw. unendlich oft differenzierbaren) Funktionen, siehe Beispiel 5 in 5.2. Wie im Fall der Polynome kann dieser Unterring mit $\mathbb{R}$ identifiziert werden und macht somit den Ring zu einem $\mathbb{R}$-Vektorraum.

Definition 5.3.3

Ein **Unterraum** eines K-Vektorraums V ist eine nicht-leere Teilmenge W von V, so dass $\boldsymbol{w}_1 + \boldsymbol{w}_2 \in W$ und $c\boldsymbol{w}_1 \in W$ für alle $\boldsymbol{w}_1, \boldsymbol{w}_2 \in W, c \in K$.

W ist dann selbst ein K-Vektorraum. Man beachte dazu, dass $-\boldsymbol{w}_1 = (-1)\boldsymbol{w}_1 \in W$, also ist W eine Untergruppe von $(V, +)$.

Beispiele:

– Der Lösungsraum L eines homogenen Gleichungssystems in n Unbekannten ist ein Unterraum von $V_n(K)$. Dies folgt aus Satz 3.5.3(a) (siehe Beispiel 1 in 5.1).

– Sei $d \geq 0$. Die Polynome vom Grad $\leq d$ bilden einen Unterraum des K-Vektorraums $K[x]$.

Eine **Familie** von Elementen einer Menge M besteht aus Elementen $a_i \in M$, wobei i durch eine beliebige Indexmenge I läuft. Die Familie wird mit dem Symbol $(a_i)_{i \in I}$, oder auch nur als (a_i) bezeichnet. Ist $I = \{1, \ldots, k\}$, so wird die Familie einfach durch Angeben von $a_1, \ldots, a_k$ gegeben.

Sei nun V ein K-Vektorraum und $(\boldsymbol{v}_i)_{i \in I}$ eine Familie von Elementen von V. Eine **Linearkombination** dieser Familie ist ein Ausdruck der Form

$$\sum_{i \in I} c_i \, \boldsymbol{v}_i$$

wobei die c_i Elemente von K sind und $c_i = 0$ bis auf endlich viele i. In obiger Summe sind also nur endlich viele Summanden von null verschieden, deshalb ist alles wohldefiniert.

Lemma 5.3.4

Sei V ein K-Vektorraum und $(\boldsymbol{v}_i)_{i \in I}$ eine Familie von Elementen von V, wobei I nicht-leer ist. Die Menge aller Linearkombinationen der $\boldsymbol{v}_i$ ist ein Unterraum von V. Dieser Unterraum W heißt der von der Familie **erzeugte Unterraum**, und die Familie $(\boldsymbol{v}_i)$ heißt ein **Erzeugendensystem** von W. Ist $I = \{1, \ldots, k\}$, so sagen wir auch, dass $\boldsymbol{v}_1, \ldots, \boldsymbol{v}_k$ den Vektorraum W erzeugen.

Beweis: Die Behauptung folgt daraus, dass Summen und skalare Vielfache von solchen Linearkombinationen wieder Linearkombinationen der $\boldsymbol{v}_i$ sind. ■

Beispiele:
Die Beziehung

$$\begin{pmatrix} c_1 \\ \vdots \\ c_n \end{pmatrix} = c_1\, \boldsymbol{e}_1^{(n)} + \ldots + c_n\, \boldsymbol{e}_n^{(n)} \tag{5.3}$$

zeigt, dass die Einheitsvektoren $\boldsymbol{e}_1^{(n)}, \ldots, \boldsymbol{e}_n^{(n)}$ den K-Vektorraum $V_n(K)$ erzeugen.

Offenbar bilden die Monome $1, X, X^2, X^3, \ldots$ ein (unendliches) Erzeugendensystem des K-Vektorraums $K[X]$. In Aufgabe 5.4.1.3 ist zu zeigen, dass dieser Vektorraum kein endliches Erzeugendensystem hat.

Lemma 5.3.5

Die Spaltenvektoren einer $n \times n$-Matrix A erzeugen den Vektorraum $V_n(K)$ genau dann, wenn A invertierbar ist.

Beweis: Sei W der von den Spaltenvektoren von A erzeugte Unterraum von $V_n(K)$. Ein Vektor $\boldsymbol{v}$ aus $V_n(K)$ liegt genau dann in W, wenn $\boldsymbol{v}$ eine Linearkombination der Spaltenvektoren ist. Letzteres gilt genau dann, wenn das Gleichungssystem $A\boldsymbol{x} = \boldsymbol{v}$ eine Lösung hat. Somit gilt $W = V$ genau dann, wenn *jedes* Gleichungssystem mit Koeffizientenmatrix A eine Lösung hat. Letzteres ist gerade Bedingung (INV 3). ■

5.4 Aufgaben

5.4.1 Grundlegende Aufgaben

1. Ist der Zeilenvektor $(1, 2, 3, 4)$ in dem von $(1, -1, 0, 3)$, $(1, 0, 2, 0)$ und $(0, 1, 2, -1)$ erzeugten Unterraum des $\mathbb{Q}$-Vektorraums $W_4(\mathbb{Q})$?

2. Zwei Vektoren aus $V_2(K)$ erzeugen $V_2(K)$ genau dann, wenn keiner der beiden ein skalares Vielfaches des anderen ist.

3. Man zeige, dass der K-Vektorraum $K[X]$ kein endliches Erzeugendensystem hat.

4. Man zeige, dass die skalaren Vielfachen der Einheitsmatrix E_n einen Unterring von $M_n(K)$ bilden, welcher in natürlicher Weise mit K identifiziert werden kann. Man zeige, dass die durch diesen Körper induzierte Vektorraumstruktur auf $M_n(K)$ (siehe Beispiel 2 in 5.3) mit der üblichen Vektorraumstruktur (siehe Beispiel 1 in 5.3) zusammenfällt.

5. Man finde ein Element U von $M_2(\mathbb{F}_2)$ mit $U^3 = E_2$, $U \neq E_2$, und zeige, dass die Elemente $0, E_2, U, U^2$ einen Unterring F von $M_2(\mathbb{F}_2)$ bilden. Man zeige, dass F ein Körper mit genau 4 Elementen ist.

6. Sei $d \geq 0$. Bilden die Polynome vom Grad $\leq d$ einen Unterring von $K[x]$?

7. Man zeige, dass ein Ring R genau dann ein Körper ist, wenn er das Kommutativgesetz (der Multiplikation) erfüllt und jedes von 0 verschiedene Element ein multiplikatives Inverses hat.

8. Man zeige, dass die Matrizen $A = (a_{ij})$ mit $a_{ij} = 0$ für $i > j$ eine Untergruppe von $GL_n(K)$ bilden.

9. Man zeige für $f, g \neq 0$ in $K[X]$, dass der Grad von fg die Summe der Grade von f und g ist. Daraus leite man die Gültigkeit der Kürzungsregel in $K[X]$ ab. Welche Elemente im Polynomring $K[X]$ haben ein multiplikatives Inverses?

10. Welche Elemente im Ring der stetigen (bzw. differenzierbaren bzw. unendlich oft differenzierbaren) Funktionen haben ein multiplikatives Inverses? Man vergleiche die Antwort mit der in der vorhergehenden Aufgabe und erkläre den Unterschied.

11. Sei M eine Menge. Die Menge K^M aller Funktionen $f : M \to K$ bildet einen Ring bezüglich punktweiser Addition und Multiplikation: $(f+g)(x) := f(x)+g(x)$ und $(fg)(x) := f(x)g(x)$. Neutrales Element der Addition bzw. Multiplikation ist die konstante Funktion 0 bzw. 1, additives Inverses von f ist die Funktion $-f$ mit $(-f)(x) := -f(x)$. Wiederum bilden die konstanten Funktionen einen Unterring, der mit K identifiziert werden kann und somit K^M zu einem K-Vektorraum macht. Die Skalarmultiplikation ist explizit wie folgt zu beschreiben: $(cf)(x) = cf(x)$ für $c \in K$.

5.4.2 Weitergehende Aufgaben

1. In Fortsetzung der vorigen Aufgabe definieren wir für jedes $m \in M$ die Funktion $f_m \in K^M$ durch $f_m(x) = 1$ für $x = m$ und $f_m(x) = 0$ für $x \neq m$. Man zeige, dass diese Funktionen f_m genau dann ein Erzeugendensystem des K-Vektorraums K^M bilden, wenn M endlich ist.

2. Man finde einen Unterring von $M_2(\mathbb{F}_3)$, welcher ein Körper mit genau 9 Elementen ist.

3. Sei G eine endliche Gruppe und H eine Untergruppe. Für $g \in G$ definieren wir die **Rechtsnebenklasse** gH als die Menge aller gh mit $h \in H$. Man zeige, dass G die disjunkte Vereinigung der (verschiedenen) Rechtsnebenklassen von H ist. Ferner $|gH| = |H|$. Somit ist $|H|$ ein Teiler von $|G|$.

4. Sei p eine Primzahl, so dass $p + 1$ durch 4 teilbar ist. Sei $\mathbb{F}_p$ der Körper der Restklassen modulo p (siehe Anhang A). Man zeige, dass die Gleichung $x^2 + 1 = 0$ keine Lösung in $\mathbb{F}_p$ hat. (Hinweis: Man wende die vorhergehende Aufgabe auf die multiplikative Gruppe von $\mathbb{F}_p$ an).

6 Lineare Unabhängigkeit, Basis und Dimension

In diesem Abschnitt werden die fundamentalen Begriffe der Theorie der Vektorräume eingeführt, durch welche sich diese von der Theorie der Gruppen, Ringe und Körper unterscheidet.

6.1 Lineare Unabhängigkeit und Basen für allgemeine Vektorräume

Definition 6.1.1

Sei V ein K-Vektorraum. Eine **Familie** $(\boldsymbol{v}_i)_{i\in I}$ von Elementen von V heißt **linear unabhängig**, falls für jede Familie $(c_i)_{i\in I}$ mit $c_i \in K$ und $c_i = 0$ bis auf endlich viele i das Folgende gilt: Ist

$$\sum_{i\in I} c_i\, \boldsymbol{v}_i \quad = \quad 0 \tag{6.1}$$

so sind alle $c_i = 0$. Ist die Familie nicht linear unabhängig, so heißt sie **linear abhängig**.

Beispiele:

1. Die Einheitsvektoren $\boldsymbol{e}_1^{(n)}, \ldots, \boldsymbol{e}_n^{(n)}$ sind linear unabhängig in $V_n(K)$. Dies folgt aus (5.3).
2. Die Monome $1, X, X^2, X^3, \ldots$ sind linear unabhängig in $K[X]$. Dies folgt daraus, dass ein Polynom genau dann das Nullpolynom ist, wenn alle Koeffizienten null sind.
3. Je $n+1$ Elemente in $V_n(K)$ bilden eine linear abhängige Familie. Dies folgt daraus, dass die Beziehung (6.1) ein homogenes Gleichungssystem für $c_1, \ldots, c_{n+1}$ mit weniger Gleichungen als Unbekannten ergibt. Somit gibt es eine nicht-triviale Lösung $c_1, \ldots, c_{n+1}$ nach Satz 3.5.3(c).
4. Eine Teilfamilie von $(\boldsymbol{v}_i)_{i\in I}$ ist eine Familie der Form $(\boldsymbol{v}_i)_{i\in J}$ für eine Teilmenge J von I. Damit gilt offenbar: Jede Teilfamilie einer linear unabhängigen Familie ist linear unabhängig.

Satz 6.1.2

Sei $V \neq \{0\}$ ein K-Vektorraum und $(\boldsymbol{v}_i)_{i \in I}$ eine Familie von Elementen von V. Die folgenden Bedingungen sind äquivalent:

(B1) Die Familie $(\boldsymbol{v}_i)$ ist ein linear unabhängiges Erzeugendensystem von V.

(B2) Die Familie $(\boldsymbol{v}_i)$ ist ein minimales Erzeugendensystem von V, d. h. lässt man irgendein $\boldsymbol{v}_i$ aus der Familie weg, so bilden die restlichen Elemente der Familie kein Erzeugendensystem von V.

(B3) Die Familie $(\boldsymbol{v}_i)$ ist eine maximal linear unabhängige Familie in V, d. h. fügt man irgendein Element von V zu der Familie hinzu, so ist die erweiterte Familie linear abhängig.

(B4) Für jedes $\boldsymbol{v} \in V$ existiert genau eine Familie $(c_i)_{i \in I}$ mit $c_i \in K$ und $c_i = 0$ bis auf endlich viele i, so dass gilt

$$\boldsymbol{v} = \sum_{i \in I} c_i \, \boldsymbol{v}_i \tag{6.2}$$

Beweis: Schritt 1: (B1) impliziert (B2)–(B4).
Wir nehmen zunächst an, dass (B1) gilt. Würde dann (B2) nicht gelten, so wäre ein $\boldsymbol{v}_i$ eine Linearkombination der $\boldsymbol{v}_j$ mit $j \neq i$, d. h. $\boldsymbol{v}_i$ minus dieser Linearkombination ergäbe 0. Dies führt aber zu einer Relation der Form (6.1) mit $c_i = 1$, im Widerspruch zur Unabhängigkeit der Familie. Damit ist gezeigt (B1) $\Rightarrow$ (B2).

(B1) impliziert, dass jedes $\boldsymbol{v} \in V$ eine Linearkombination der $\boldsymbol{v}_i$ ist. Wie eben zeigt man, dass die um den Vektor $\boldsymbol{v}$ erweiterte Familie nicht mehr linear unabhängig ist. Also gilt (B3).

Zum Beweis von (B4) ist nur noch die Eindeutigkeit der c_i in (6.2) zu zeigen. Hätte man eine weitere Beziehung

$$\boldsymbol{v} = \sum_{i \in I} c_i' \, \boldsymbol{v}_i \tag{6.3}$$

mit $c_i' \in K$, so ergibt die Differenz von (6.2) und (6.3) eine Beziehung der Form (6.1) mit Koeffizienten $c_i - c_i'$. Wegen der Unabhängigkeit gilt $c_i - c_i' = 0$ für alle i. Dies zeigt die Eindeutigkeit der c_i.

Schritt 2: Jede der Bedingungen (B2)–(B4) impliziert (B1).
Die Implikation (B4) $\Rightarrow$ (B1) ist klar. Es bleibt zu zeigen, dass jedes minimale Erzeugendensystem linear unabhängig ist und jede maximal linear unabhängige Familie erzeugt.

Wir betrachten eine Beziehung der Form (6.1). Ist dabei ein $c_j \neq 0$, so kann man nach $\boldsymbol{v}_j$ auflösen und erhält $\boldsymbol{v}_j$ als Linearkombination der $\boldsymbol{v}_i$ mit $i \neq j$. Somit liegt $\boldsymbol{v}_j$ in dem von den $\boldsymbol{v}_i$ mit $i \neq j$ erzeugten Unterraum W. Dann enthält aber W alle $\boldsymbol{v}_i$. War also $(\boldsymbol{v}_i)$ ein minimales Erzeugendensystem von W, so müssen alle $c_i = 0$ sein. Dies zeigt die Unabhängigkeit.

Sei nun angenommen, dass $(\boldsymbol{v}_i)$ eine maximal linear unabhängige Familie in V ist. Nimmt man also einen weiteres $\boldsymbol{v} \in V$ zu der Familie dazu, so gibt es $c_i, c \in K$ mit

$$c\,\boldsymbol{v} + \sum_{i \in I} c_i\,\boldsymbol{v}_i \;=\; 0$$

mit $c \neq 0$. (Wäre nämlich $c = 0$, so auch alle $c_i = 0$ wegen der Unabhängigkeit von $(\boldsymbol{v}_i)$). Nun kann man wieder nach $\boldsymbol{v}$ auflösen und und erhält $\boldsymbol{v}$ als Linearkombination der $\boldsymbol{v}_i$. Somit ist $(\boldsymbol{v}_i)$ ein Erzeugendensystem von V. ∎

Definition 6.1.3

Sei $V \neq \{0\}$ ein K-Vektorraum. Eine **Basis** von V ist eine Familie von Elementen von V, welche die äquivalenten Bedingungen **(B1)–(B4)** erfüllt. Der Vollständigkeit halber definieren wir die leere Familie $(\boldsymbol{v}_i)_{i \in \emptyset}$ als Basis des K-Vektorraums $V = \{0\}$.

Die Einheitsvektoren $\boldsymbol{e}_1^{(n)}, \ldots, \boldsymbol{e}_n^{(n)}$ bilden eine Basis von $V_n(K)$, und die Monome $1, X, X^2, X^3, \ldots$ bilden eine Basis von $K[X]$. (Unabhängigkeit und Erzeugung wurden beide schon gezeigt). Diese Basen nennt man auch die kanonischen Basen des jeweiligen Vektorraums, denn die natürliche Darstellung des allgemeinen Elements als Spaltenvektor bzw. Polynom liefert direkt die Darstellung (B4) als Linearkombination der Basiselemente. Es gibt jedoch Vektorräume, deren Elemente keine solche natürliche Darstellung haben: Z.B. der Vektorraum, der durch einen Teilkörper eines Rings entsteht (siehe Beispiel 2 in 5.3). Nach Auszeichnung einer Basis liefert dann (B4) eine Darstellung des allgemeinen Elements als Linearkombination der Basiselemente, d. h. jedem Element $\boldsymbol{v}$ des Vektorraums werden durch (B4) eindeutige **Koordinaten** $c_i \in K$ zugeordnet.

6.2 Endlich-dimensionale Vektorräume

Die klassische Lineare Algebra betrachtet hauptsächlich Vektorräume V, welche eine endliche Basis $\boldsymbol{v}_1, \ldots, \boldsymbol{v}_n$ haben. Zufolge (B4) schreibt sich dann jedes $\boldsymbol{v} \in V$ eindeutig als

$$\boldsymbol{v} \;=\; c_1\,\boldsymbol{v}_1 + \ldots + c_n\,\boldsymbol{v}_n \tag{6.4}$$

Der Spaltenvektor $(c_1, \ldots, c_n)^t$ heißt der **Koordinatenvektor** von $\boldsymbol{v}$ bzgl. der Basis $\boldsymbol{v}_1, \ldots, \boldsymbol{v}_n$. Die Auszeichnung einer solchen Basis erlaubt es also, jedem Vektor $\boldsymbol{v} \in V$ einen eindeutigen Koordinatenvektor zuzuordnen. In gewisser Weise wird damit der abstrakte Vektorraum V mit dem Vektorraum $V_n(K)$ der Spaltenvektoren identifiziert. Diese Aussage werden wir später mit Hilfe des Isomorphiebegriffs präzisieren.

Lemma 6.2.1

Sei $\boldsymbol{v}_1, \ldots, \boldsymbol{v}_n$ eine Basis des K-Vektorraums V. Dann sind je $n+1$ Elemente von V linear abhängig.

Beweis: Seien $\boldsymbol{w}_1, \ldots, \boldsymbol{w}_{n+1} \in V$. Dann gilt

$$\boldsymbol{w}_i = \sum_{j=1}^{n} a_{ij} \, \boldsymbol{v}_j$$

für gewisse $a_{ij} \in K$. Setzt man das in die linke Seite der Gleichung

$$\sum_{i=1}^{n+1} c_i \, \boldsymbol{w}_i = 0 \qquad (6.5)$$

ein, so erhält man

$$\sum_{i=1}^{n+1} \sum_{j=1}^{n} (a_{ij} c_i \, \boldsymbol{v}_j) = \sum_{j=1}^{n} \Big(\sum_{i=1}^{n+1} a_{ij} c_i \Big) \, \boldsymbol{v}_j$$

Wegen der Unabhängigkeit der $\boldsymbol{v}_j$ ist das Verschwinden dieses Ausdrucks gleichbedeutend mit dem Gleichungssystem

$$\sum_{i=1}^{n+1} a_{ij} c_i = 0$$

für $j = 1, \ldots, n$. Dies ist ein homogenes Gleichungssystem in $c_1, \ldots, c_{n+1}$ mit weniger Gleichungen als Unbekannten und hat somit eine nicht-triviale Lösung $c_1, \ldots, c_{n+1}$ nach Satz 3.5.3(c). Es folgt nun aus (6.5), dass $\boldsymbol{w}_1, \ldots, \boldsymbol{w}_{n+1}$ linear abhängig sind. ■

Bemerkung 6.2.2

Obiger Beweis ist nach dem Spezialfall $V = V_n(K)$ modelliert (Beispiel 3 in 6.1). Identifiziert man V mit $V_n(K)$ in der eingangs dieses Abschnitts erwähnten Weise, so geht der allgemeine Fall in den Spezialfall $V = V_n(K)$ über.

Satz 6.2.3

Sei $V \neq 0$ ein K-Vektorraum, welcher ein endliches Erzeugendensystem hat. Dann gilt:
(a) Der Vektorraum V hat eine endliche Basis. Genauer gesagt, jedes Erzeugendensystem von V enthält eine endliche Basis.
(b) Alle Basen von V sind endlich und haben dieselbe Anzahl n von Elementen, wo $n \geq 1$.
(c) Jede linear unabhängige Familie von Elementen von V kann zu einer Basis erweitert werden.
(d) Je n linear unabhängige Elemente von V bilden eine Basis, und jedes Erzeugendensystem mit genau n Elementen ist eine Basis.

Beweis: (a) Hat V ein endliches Erzeugendensystem, welches nicht minimal ist, so erhält man nach Weglassen eines geeigneten Elements ein Erzeugendensystem mit weniger Elementen. Ist dieses wiederum nicht minimal, so verfahre man wie eben. Nach endlich vielen solchen Schritten erreicht man ein minimales Erzeugendensystem, also eine Basis. Diese ist wiederum endlich.

Es bleibt zu zeigen, dass jedes Erzeugendensystem $(\boldsymbol{w}_j)_{j\in J}$ ein endliches Erzeugendensystem enthält. Sei $\boldsymbol{v}_1, \dots, \boldsymbol{v}_n$ eine Basis von V. Jedes $\boldsymbol{v}_i$ ist eine Linearkombination endlich vieler $\boldsymbol{w}_j$. Nimmt man alle dieser endlich vielen $\boldsymbol{w}_j$ zusammen, so enthält der davon erzeugte Unterraum W alle $\boldsymbol{v}_i$, also $W = V$. Somit bilden diese endlich vielen $\boldsymbol{w}_j$ ein Erzeugendensystem von V.

(b) Nach Teil (a) und dem Lemma ist jede Basis von V endlich. Seien $\boldsymbol{v}_1, \dots, \boldsymbol{v}_n$ und $\boldsymbol{w}_1, \dots, \boldsymbol{w}_m$ Basen von V. Nach dem Lemma gilt $m \leq n$ und $n \leq m$, also $m = n$.

(c) Sei $\boldsymbol{v}_1, \dots, \boldsymbol{v}_n$ eine Basis von V. Nach dem Lemma ist jede linear unabhängige Familie in V endlich und hat $\leq n$ Elemente. Ist die Familie nicht maximal linear unabhängig, so erhält man nach Hinzufügen eines geeigneten Elements eine linear unabhängige Familie mit mehr Elementen. Ist diese wiederum nicht maximal, so verfahre man wie eben. Dieser Prozess endet nach endlich vielen Schritten, da eine linear unabhängige Familie nicht mehr als n Elemente haben kann. Man hat dann eine maximal linear unabhängige Familie, also eine Basis, erreicht.

(d) Je n linear unabhängige Elemente bilden eine maximal linear unabhängige Familie (nach dem Lemma), also eine Basis. Jedes Erzeugendensystem mit genau n Elementen enthält eine Basis nach Teil (a), ist also schon selbst eine Basis nach Teil (b). ■

Definition 6.2.4

Sei V ein K-Vektorraum, welcher ein endliches Erzeugendensystem hat. Wir wissen, dass jede Basis von V dieselbe (endliche) Anzahl n von Elementen hat. Dieses n heißt die **Dimension** von V, geschrieben $n = \dim V$. (Man beachte $\dim V = 0$ genau dann, wenn $V = \{0\}$). Man schreibt auch $n = \dim_K V$, wenn man den Grundkörper explizit erwähnen will. Ferner heißt V ein **endlich-dimensionaler** Vektorraum. Hat ein Vektorraum W kein endliches Erzeugendensystem, so heißt er **unendlich-dimensional**, geschrieben $\dim W = \infty$.

Beispiele:

1. Die Einheitsvektoren $\boldsymbol{e}_1^{(n)}, \dots, \boldsymbol{e}_n^{(n)}$ bilden eine Basis von $V_n(K)$ (siehe 6.1), also

$$\dim V_n(K) \quad = \quad n$$

2. Der Lösungsraum L eines homogenen Gleichungssystems in n Unbekannten ist ein Unterraum von $V_n(K)$ (siehe Beispiel in 5.3). Eine konkrete Basis von L erhält man nach Transformation auf reduzierte Treppenform (siehe den Beweis von Satz 3.5.3). Die Anzahl der Basiselemente ist gleich der Anzahl f der freien Unbekannten. Also

$$\dim L \quad = \quad f \tag{6.6}$$

3. Nach Definition gilt $\dim V = 0$ genau dann, wenn $V = \{0\}$. Sei nun $\dim V = 1$ angenommen. Dann enthält V ein $\boldsymbol{v} \neq 0$. Der Vektor $\boldsymbol{v}$ bildet eine linear unabhängige Familie, also eine Basis von V nach Satz 6.2.3(d). Somit besteht V aus allen skalaren Vielfachen von $\boldsymbol{v}$. Wir bezeichnen die **Menge aller skalaren Vielfachen** von $\boldsymbol{v}$ mit $K\boldsymbol{v}$. Somit haben wir gezeigt, dass die 1-dimensionalen Vektorräume genau die von der Form $K\boldsymbol{v}$ sind (mit $\boldsymbol{v} \neq 0$).

Bemerkung 6.2.5

Hat ein Vektorraum W eine unendliche Basis, so kann er nach Satz 6.2.3(b) keine endliche Basis haben, also $\dim W = \infty$.

Die Monome $1, X, X^2, X^3, \ldots$ bilden eine unendliche Basis von $K[X]$ (siehe 6.1). Also

$$\dim_K K[X] \;=\; \infty\,.$$

Will man entscheiden, ob **jeder Vektorraum** eine Basis hat, muss man zu den üblichen Axiomen der Mengenlehre ein weiteres dazunehmen. Das sogenannte **Auswahlaxiom** impliziert in der Tat, dass jeder Vektorraum eine Basis hat. Darauf wird hier nicht eingegangen.

Korollar 6.2.6

(a) Sei V ein Vektorraum endlicher Dimension $n \geq 1$ über einem endlichen Körper mit genau q Elementen. Dann hat V genau q^n Elemente.
(b) Die Anzahl der Elemente eines endlichen Körpers ist eine Primzahlpotenz.

Beweis: (a) Sei $\boldsymbol{v}_1, \ldots, \boldsymbol{v}_n$ eine Basis von V. Jedem $\boldsymbol{v} \in V$ entspricht dann genau ein Koordinatenvektor $(c_1, \ldots, c_n)^t$, und umgekehrt. Die Anzahl der Elemente von V ist demnach gleich der Anzahl dieser Koordinatenvektoren, also q^n.

(b) Sei F ein endlicher Körper. Nach Bemerkung 1.4.3 und Satz A.2.1 ist $\mathrm{Prim}(F)$ ein Körper von Primzahlkardinalität p.

Nach Beispiel 2 in 5.3 ist F ein Vektorraum über $\mathrm{Prim}(F)$. Dieser Vektorraum hat ein endliches Erzeugendensystem (z. B. alle Elemente von F). Wegen $0_F \neq 1_F$ gilt $F \neq \{0\}$. Also hat dieser Vektorraum endliche Dimension $n \geq 1$. Nach (a) gilt dann $|F| = p^n$. ∎

Bemerkung 6.2.7

Das Resultat, dass die Anzahl der Elemente eines endlichen Körpers eine Primzahlpotenz ist, ist eine erste Anwendung der Theorie endlich-dimensionaler Vektorräume. (Man beachte, dass diese Theorie nur im Beweis des Resultats vorkommt, nicht aber in der Aussage selbst – das ist eine echte Anwendung). Mit Hilfe der Theorie der Polynomringe und ihrer Ideale zeigt man, dass es tatsächlich zu jeder Primzahlpotenz einen Körper mit dieser Kardinalität gibt (und bis auf „Isomorphie“ genau einen).

6.3 Aufgaben

6.3.1 Grundlegende Aufgaben

1. Man finde eine Basis für den Lösungsraum des homogenen Gleichungssystems mit der folgenden Koeffizientenmatrix:

$$\begin{pmatrix} 1 & 5 & 7 & 3 & 0 \\ 2 & 1 & 3 & 4 & -1 \\ 2 & 4 & 2 & 4 & -2 \end{pmatrix}$$

2. Man zeige: Jede linear unabhängige Familie in einem K-Vektorraums V ist eine Basis des von ihr erzeugten Unterraums.

3. Eine linear unabhängige Familie kann den Nullvektor nicht enthalten. Allgemeiner: Kein Element einer linear unabhängigen Familie ist ein skalares Vielfaches eines anderen.

4. Man gebe eine Basis des Vektorraums $M_{n,m}(K)$ der $m \times n$-Matrizen an. Was ist die Dimension dieses Vektorraums?

5. In Fortsetzung von Aufgabe 5.4.2.1 zeige man, dass die Familie $(f_m)_{m \in M}$ linear unabhängig in dem K-Vektorraum K^M ist. Sie ist genau dann eine Basis von K^M, wenn M endlich ist.

6. Zwei Vektoren aus $V_2(K)$ bilden genau dann eine Basis von $V_2(K)$, wenn keiner der beiden ein skalares Vielfaches des anderen ist.

7. In Aufgabe 5.4.1.5 wurde ein Unterring F von $M_2(\mathbb{F}_2)$ konstruiert, welcher ein Körper mit genau 4 Elementen ist. Man finde eine Basis von $M_2(\mathbb{F}_2)$ als Vektorraum über diesem Körper F, sowie eine Basis von F als Vektorraum über Prim(F).

8. Sei $f_i \in K[X]$ vom Grad i für $i = 0, \ldots, n$. Man zeige, dass $f_0, \ldots, f_n$ linear unabhängig sind. Was ist der von $f_0, \ldots, f_n$ erzeugte Unterraum?

9. Man zeige, dass der K-Vektorraum $K[X]$ kein endliches Erzeugendensystem hat. Sei $d \geq 0$. Man zeige, dass die Polynome vom Grad $\leq d$ einen Unterraum von $K[X]$ der endlichen Dimension $d + 1$ bilden.

10. Man zeige, dass die Spaltenvektoren einer invertierbaren Matrix in $M_n(K)$ eine Basis von $V_n(K)$ bilden.

11. Man zeige, dass die Funktionen $\sin(x)$, $\cos(x)$, e^x im Vektorraum der stetigen Funktionen $\mathbb{R} \to \mathbb{R}$ linear unabhängig sind.

6.3.2 Weitergehende Aufgaben

Sei K ein Teilkörper des Körpers F und F ein Unterring des Rings R, so dass $\dim_K(R) < \infty$. Dann gilt

$$\dim_K(R) = \dim_K(F) \dim_F(R)$$

7 Unterräume von endlich-dimensionalen Vektorräumen

Wir behandeln Operationen mit Unterräumen und skizzieren geometrische Deutung und Anwendung in der Kodierungstheorie.

7.1 Summe und Durchschnitt von Unterräumen

Sei V ein K-Vektorraum. Seien U, W Unterräume von V. Insbesondere sind dann U und W Teilmengen von V, somit auch der Durchschnitt $U \cap W$ (= die Menge aller Elemente von V, welche sowohl in U als auch in W liegen) und die Vereinigung $U \cup W$ (= die Menge aller Elemente von V, welche in U oder in W liegen). Der Durchschnitt $U \cap W$ ist wieder ein Unterraum, und es ist offenbar der „größte" Unterraum, welcher sowohl in U als auch in W enthalten ist. Jedoch ist die Vereinigung $U \cup W$ im Allgemeinen kein Unterraum (siehe Aufgabe 7.4.1.5). Es stellt sich also die Frage nach dem kleinsten Unterraum, der sowohl U als auch W enthält.

Lemma 7.1.1

Seien U, W Unterräume des Vektorraums V.
(a) Der Durchschnitt $U \cap W$ ist ein Unterraum von V, welcher in U und in W enthalten ist. Jeder Unterraum von V, welcher in U und in W enthalten ist, ist auch in $U \cap W$ enthalten.
(b) Die Menge aller $\boldsymbol{u} + \boldsymbol{w}$ mit $\boldsymbol{u} \in U$, $\boldsymbol{w} \in W$, ist ein Unterraum von V, welcher als $U + W$ bezeichnet wird. Dieser Unterraum enthält U und W. Jeder Unterraum von V, welcher U und W enthält, enthält auch $U + W$.

Beweis: (a) Folgt sofort aus den Definitionen. (Man beachte, dass $0 \in U$ und $0 \in W$, also auch $0 \in U \cap W$).
(b) Sind $\boldsymbol{u}_1, \boldsymbol{u}_2 \in U$, $\boldsymbol{w}_1, \boldsymbol{w}_2 \in W$, so gilt $(\boldsymbol{u}_1 + \boldsymbol{w}_1) + (\boldsymbol{u}_2 + \boldsymbol{w}_2) = (\boldsymbol{u}_1 + \boldsymbol{u}_2) + (\boldsymbol{w}_1 + \boldsymbol{w}_2) \in U + W$. Dies zeigt Abgeschlossenheit unter Addition. Abgeschlossenheit unter Skalarmultiplikation ist noch einfacher. Also ist $U + W$ ein Unterraum. Wegen $\boldsymbol{u} = \boldsymbol{u} + 0 \in U + W$ gilt $U \subseteq U + W$, und dann analog auch $W \subseteq U + W$. Die letzte Behauptung in (b) folgt aus der Abgeschlossenheit unter Addition eines Unterraums. ■

Satz 7.1.2

Seien U, W Unterräume des endlich-dimensionalen Vektorraums V. Dann sind auch U, W endlich-dimensional, und $\dim U$, $\dim W \leq \dim V$. Ferner gilt:

$$\dim(U+W) = \dim U + \dim W - \dim(U \cap W) \tag{7.1}$$

Beweis: Sei $n = \dim V$. Wir beweisen zunächst, dass U endlich-dimensional ist und $\dim U \leq n$. Dies stimmt sicher, falls $U = \{0\}$. Wir können also annehmen, dass ein $\boldsymbol{u}_1 \neq 0$ in U existiert. Gibt es kein $\boldsymbol{u}_2 \in U$, so dass $\boldsymbol{u}_1, \boldsymbol{u}_2$ linear unabhängig sind, so ist $\boldsymbol{u}_1$ eine Basis von U (ein maximal linear unabhängiges System, siehe (B3)). Gibt es so ein $\boldsymbol{u}_2$, so bilden entweder $\boldsymbol{u}_1, \boldsymbol{u}_2$ eine Basis von U oder es gibt ein $\boldsymbol{u}_3 \in U$, so dass $\boldsymbol{u}_1, \boldsymbol{u}_2, \boldsymbol{u}_3$ linear unabhängig sind. Fährt man so fort, erreicht man nach endlich vielen Schritten eine (endliche) Basis von U, da je $n+1$ Elemente von U linear abhängig sind (Lemma 6.2.1). Letzteres zeigt auch die Beziehung $\dim U \leq n$.

Wir müssen noch die Dimensionsformel (7.1) zeigen. Dazu wählen wir eine Basis $\boldsymbol{v}_1, \ldots, \boldsymbol{v}_k$ von $U \cap W$. Also $\dim(U \cap W) = k$. Nach Satz 6.2.3(c) kann diese Basis zu einer Basis $\boldsymbol{v}_1, \ldots, \boldsymbol{v}_k, \boldsymbol{u}_1, \ldots, \boldsymbol{u}_s$ von U erweitert werden. (War $U \cap W = \{0\}$, also $k = 0$, so ist die Basis von U nur von der Form $\boldsymbol{u}_1, \ldots, \boldsymbol{u}_s$). Es gilt dann $\dim U = k + s$. Analog gibt es auch eine Basis $\boldsymbol{v}_1, \ldots, \boldsymbol{v}_k, \boldsymbol{w}_1, \ldots, \boldsymbol{w}_r$ von W, und es gilt dann $\dim W = k + r$.

Es genügt zu zeigen, dass $\boldsymbol{v}_1, \ldots, \boldsymbol{v}_k, \boldsymbol{u}_1, \ldots, \boldsymbol{u}_s, \boldsymbol{w}_1, \ldots, \boldsymbol{w}_r$ eine Basis von $U+W$ ist. Denn dann gilt $\dim(U+W) = k+s+r = k+(-k+\dim U)+(-k+\dim W) = -k+\dim U + \dim W = \dim U + \dim W - \dim(U \cap W)$.

Sei Z der von $\boldsymbol{v}_1, \ldots, \boldsymbol{v}_k, \boldsymbol{u}_1, \ldots, \boldsymbol{u}_s, \boldsymbol{w}_1, \ldots, \boldsymbol{w}_r$ erzeugte Unterraum von V. Da alle diese Elemente in $U+W$ liegen, gilt $Z \subseteq U+W$. Offenbar enthält Z sowohl U als auch W (da Z eine Basis von U und eine Basis von W enthält). Daraus folgt $U+W \subseteq Z$ nach Lemma 7.1.1(b). Zusammengenommen folgt nun $Z = U+W$, d. h. $\boldsymbol{v}_1, \ldots, \boldsymbol{v}_k, \boldsymbol{u}_1, \ldots, \boldsymbol{u}_s, \boldsymbol{w}_1, \ldots, \boldsymbol{w}_r$ erzeugen $U+W$.

Zum Beweis der Unabhängigkeit betrachten wir nun eine Beziehung der Form

$$\boldsymbol{v} + \boldsymbol{u} + \boldsymbol{w} = 0$$

wo $\boldsymbol{v} = \sum_{i=1}^{k} c_i \boldsymbol{v}_i$, $\boldsymbol{u} = \sum_{j=1}^{s} d_j \boldsymbol{u}_j$, $\boldsymbol{w} = \sum_{\ell=1}^{r} e_\ell \boldsymbol{w}_\ell$ mit $c_i, d_j, e_\ell \in K$. Es folgt $\boldsymbol{w} = -\boldsymbol{u} - \boldsymbol{v} \in U$, also $\boldsymbol{w} \in U \cap W$. Da $\boldsymbol{v}_1, \ldots, \boldsymbol{v}_k$ eine Basis von $U \cap W$ ist, gilt $\boldsymbol{w} = \sum_{i=1}^{k} c_i' \boldsymbol{v}_i$ für gewisse $c_i' \in K$. Die Beziehung

$$\sum_{i=1}^{k} c_i' \boldsymbol{v}_i - \sum_{\ell=1}^{r} e_\ell \boldsymbol{w}_\ell = 0$$

impliziert nun, dass alle c_i' und e_ℓ gleich null sind (wegen der linearen Unabhängigkeit von $\boldsymbol{v}_1, \ldots, \boldsymbol{v}_k, \boldsymbol{w}_1, \ldots, \boldsymbol{w}_r$). Also $\boldsymbol{w} = 0$. Somit $\boldsymbol{v} + \boldsymbol{u} = 0$, und wegen der Unabhängigkeit von $\boldsymbol{v}_1, \ldots, \boldsymbol{v}_k, \boldsymbol{u}_1, \ldots, \boldsymbol{u}_s$ folgt schließlich, dass alle c_i und d_j gleich null sind. ■

Bemerkung 7.1.3

Die eben definierte Summe $U + W$ kann als algebraische Operation auf der Menge der Unterräume des Vektorraums V aufgefasst werden. Das Assoziativgesetz $(U + W) + Z = U + (W + Z)$ folgt sofort aus dem Assoziativgesetz in V. Wir brauchen also bei mehrfachen Summen wieder keine Klammern zu setzen. Neutrales Element ist der **Nullraum** $\{0\}$. (Außer dem Nullraum hat aber kein Element ein Inverses).

Die **Dimensionsformel** (7.1) verallgemeinert sich nicht auf Summen von mehr als zwei Unterräumen. Wir betrachten nur den folgenden Spezialfall.

Satz 7.1.4

Seien $U_1, \ldots, U_r \neq \{0\}$ Unterräume des endlich-dimensionalen Vektorraums V, so dass $V = U_1 + \ldots + U_r$. Dann gilt $\dim V \leq \dim U_1 + \ldots + \dim U_r$. Die folgenden Bedingungen sind äquivalent:

(DS1) $\dim V = \dim U_1 + \ldots + \dim U_r$

(DS2) Für jedes $\boldsymbol{v} \in V$ existieren eindeutige $\boldsymbol{u}_i \in U_i$ mit

$$\boldsymbol{v} = \boldsymbol{u}_1 + \ldots + \boldsymbol{u}_r$$

(DS3) Sind $\boldsymbol{u}_i \in U_i$ mit $\boldsymbol{u}_1 + \ldots + \boldsymbol{u}_r = 0$, so folgt $\boldsymbol{u}_1 = \ldots = \boldsymbol{u}_r = 0$.

(DS4) Wählt man beliebige Basen von $U_1, \ldots, U_r$, so ergeben diese zusammengenommen eine Basis von V.

Für $r = 2$ sind diese Bedingungen zu der weiteren Bedingung $U_1 \cap U_2 = \{0\}$ äquivalent.

Beweis: Nach der Dimensionsformel (7.1) ist die Bedingung $U_1 \cap U_2 = \{0\}$ äquivalent zu $\dim(U_1 + U_2) = \dim U_1 + \dim U_2$, also Bedingung (DS1) (für $r = 2$).

(DS2) impliziert (DS3) (für $\boldsymbol{v} = 0$). Die Implikation (DS3) $\Rightarrow$ (DS2) folgt analog wie die Implikation (B1) $\Rightarrow$ (B4) im Beweis von Satz 6.1.2. Die Implikation (DS4) $\Rightarrow$ (DS1) ist klar.

Sei $\dim U_i = d_i$. Wähle eine Basis $\boldsymbol{u}_1^{(i)}, \ldots, \boldsymbol{u}_{d_i}^{(i)}$ von U_i für $i = 1, \ldots, r$. Der von allen $\boldsymbol{u}_j^{(i)}$ erzeugte Unterraum enthält alle U_i, ist also ganz V. Somit bilden die $\boldsymbol{u}_j^{(i)}$ ein Erzeugendensystem von V der Länge $d := d_1 + \ldots + d_r$. Da jedes Erzeugendensystem eine Basis enthält (Satz 6.2.3(a)), folgt $\dim V \leq d$ $(= \dim U_1 + \ldots + \dim U_r)$. Sei nun angenommen, dass (DS3) gilt,

und

$$\sum_{i=1}^{r} \sum_{j=1}^{d_i} c_{ij}\, \boldsymbol{u}_j^{(i)} = 0$$

für gewisse Skalare c_{ij}. Man setze

$$\boldsymbol{u}_i := \sum_{j=1}^{d_i} c_{ij}\, \boldsymbol{u}_j^{(i)}$$

Aus (DS3) folgt dann $u_1 = \ldots = u_r = 0$. Wegen der linearen Unabhängigkeit von $u_1^{(i)}, \ldots, u_{d_i}^{(i)}$ folgt daraus, dass alle c_{ij} null sind. Damit ist gezeigt, dass unter der Bedingung (DS3) die $u_j^{(i)}$ $(i = 1, \ldots, r,\ j = 1, \ldots, d_i)$ linear unabhängig sind, also eine Basis von V bilden. Damit ist die Implikation (DS3) $\Rightarrow$ (DS4) gezeigt.

Es bleibt nur zu zeigen: (DS1) $\Rightarrow$ (DS3). Sei also $\dim V = d$ angenommen. Wir verwenden Induktion nach r. Für $r = 1$ ist $V = U_1$, also gilt (DS3) trivialerweise. Sei nun $r > 1$ angenommen. Setze $W := U_1 + \ldots + U_{r-1}$. Die Dimensionsformel (7.1) und der schon bewiesene Teil der Behauptung ergeben

$$d = \dim V = \dim(W + U_r) = \dim W + \dim U_r - \dim(W \cap U_r)$$
$$\leq (\dim U_1 + \ldots + \dim U_{r-1}) + \dim U_r - \dim(W \cap U_r) \leq d$$

Also sind alle Ungleichungen in letzterer Abschätzung tatsächlich Gleichungen, d. h. $\dim W = \dim U_1 + \ldots + \dim U_{r-1}$ und $W \cap U_r = \{0\}$.

Zum Beweis von (DS3) seien nun $u_i \in U_i$ mit $u_1 + \ldots + u_r = 0$. Dann gilt $u_r = -u_1 - \ldots - u_{r-1} \in W \cap U_r = \{0\}$. Also $u_r = 0$ und $u_1 + \ldots + u_{r-1} = 0$. Die Induktionsvoraussetzung liefert dann $u_1 = \ldots = u_r = 0$ (da $\dim W = \dim U_1 + \ldots + \dim U_{r-1}$). Dies zeigt (DS3). ■

Definition 7.1.5

Sei $(U_i)_{i \in I}$ eine Familie von Unterräumen des Vektorraums V. Man sagt, V ist die **direkte Summe** der Familie $(U_i)_{i \in I}$, geschrieben als

$$V = \bigoplus_{i \in I} U_i$$

falls für jedes $v \in V$ eindeutige $u_i \in U_i$ existieren mit folgender Eigenschaft: Nur endlich viele der $u_i \in U_i$ sind von null verschieden, und $v = \sum_{i \in I} u_i$.

Unter der Voraussetzung des Satzes ist also V die direkte Summe von $U_1, \ldots, U_r$ genau dann, wenn die äquivalenten Bedingungen (DS1)–(DS3) gelten. Wir schreiben dann $V = U_1 \oplus \ldots \oplus U_r$. Wir haben die Definition gleich für beliebige (nicht notwendig endlich-dimensionale) Vektorräume formuliert. Im allgemeinen Fall gibt es aber keine Äquivalenz mit einer zu (DS1) analogen Bedingung.

Korollar 7.1.6

Sei U ein Unterraum des endlich-dimensionalen Vektorraums V. Dann gibt es einen Unterraum W von V mit $V = U \oplus W$.

Beweis: Man wähle eine Basis $u_1, \ldots, u_k$ von U und setze sie zu einer Basis $u_1, \ldots, u_k, u_{k+1}, \ldots, u_n$ von V fort (siehe Satz 6.2.3(c)). Sei W der von $u_{k+1}, \ldots, u_n$ erzeugte Unterraum von V. Dann gilt $U + W = V$, da der Unterraum $U + W$ eine Basis von V enthält. Ferner gilt $\dim V = n = k + (n - k) = \dim U + \dim W$, also $V = U \oplus W$ nach Satz 7.1.4. ■

7.2 Geometrische Interpretation

In diesem Unterabschnitt ist $K = \mathbb{R}$ und $V := V_3(\mathbb{R})$. Wir betrachten ein rechtwinkliges Koordinatensystem im Anschauungsraum. Wie im Fall der Ebene (siehe 4.5) erlaubt uns dies, die Punkte des Anschauungsraums mit Spaltenvektoren $\boldsymbol{u} = (u_1, u_2, u_3)^t \in V$ zu identifizieren. Wir nennen den zu einem Punkt gehörigen Spaltenvektor den „Koordinatenvektor" des Punkts. Der Ursprung O des Koordinatensystems entspricht dem Vektor $(0, 0, 0)^t$.

7.2.1 Geometrische Interpretation der Unterräume für $K = \mathbb{R}$

Sei nun U ein Unterraum von V. Die Punkte, die den Vektoren aus U entsprechen, bilden dann eine Teilmenge $\mathcal{U}$ aller Punkte des Anschauungsraums. Die Menge $\mathcal{U}$ enthält den Ursprung O (da U den Nullvektor enthält).

Wir wissen $\dim U \leq \dim V = 3$ (nach Satz 7.1.2 und Beispiel 1 in 6.2). Ist $\dim U = 0$, so besteht $\mathcal{U}$ nur aus dem Ursprung O. Ist $\dim U = 1$, so besteht U aus den skalaren Vielfachen eines Vektors $\boldsymbol{u} \neq 0$ (siehe Beispiel 3 in 6.2). Die zugehörige Punktmenge $\mathcal{U}$ ist also eine **Gerade durch** O.

Sei nun $\dim U = 2$ angenommen. Dann hat U eine Basis $\boldsymbol{u}_1, \boldsymbol{u}_2$, und besteht somit aus allen Linearkombinationen von $\boldsymbol{u}_1, \boldsymbol{u}_2$. Keiner der zwei Vektoren $\boldsymbol{u}_1, \boldsymbol{u}_2$ ist ein skalares Vielfaches des anderen (siehe Aufgabe 6.3.1.6). Somit ist $\mathcal{U}$ die **Ebene durch** O, welche von $\boldsymbol{u}_1, \boldsymbol{u}_2$ „aufgespannt wird". (Siehe dazu die geometrische Interpretation der Vektoraddition in 4.5; die geometrische Interpretation der Skalarmultiplikation ist offenbar Skalierung um den entsprechenden Faktor $c \in \mathbb{R}$).

Ist schließlich $\dim U = 3$, so hat U eine Basis der Länge 3. Dies ist dann auch eine Basis von V nach Satz 6.2.3(d). In diesem Fall besteht also $\mathcal{U}$ aus allen Punkten des Anschauungsraums.

7.2.2 Veranschaulichung der Dimensionsformel

Seien U und W beide 2-dimensionale Unterräume von V. Dann gilt $\dim U + \dim W = 4$, also $\dim(U \cap W) \geq 1$ nach der Dimensionsformel (7.1). Dies entspricht dem geometrischen Sachverhalt, dass der Durchschnitt zweier Ebenen durch O eine Gerade enthält.

7.2.3 Höherdimensionale Räume

Zur Beschreibung eines Systems von k Punkten im Anschauungsraum werden $3k$ Koordinaten benötigt. Man kann den Zustand eines solchen Systems also durch ein Element von $V_{3k}(\mathbb{R})$ beschreiben. Die Unterteilung des Systems in die k Punkte gibt eine Darstellung von $V_{3k}(\mathbb{R})$ als direkte Summe von k Unterräumen der Dimension 3.

7.3 Anwendungen in der Kodierungstheorie (im Fall $|K| < \infty$)

7.3.1 Codes, Fehlererkennung und Hamming-Abstand

Die Aufgabe der Kodierungstheorie ist die Fehlererkennung bei der Datenübertragung. Die zu übertragende Information wird in Wörter der Länge n aufgeteilt. Jedes solche Wort besteht aus n Symbolen, welche einer zunächst beliebigen endlichen Menge (dem sogenannten „Alphabet") entnommen sind. Üblicherweise wählt man als Alphabet die Elemente eines **endlichen Körpers** K. Die Wörter können wir dann als Spaltenvektoren $(u_1, \dots, u_n)^t \in V_n(K)$ auffassen.

Um eine Fehlererkennung zu ermöglichen, lässt man nicht alle Wörter bei der Kodierung der zu übertragenden Information zu. Die Menge der zugelassenen Wörter ist der verwendete **Code**. Ein Code ist also zunächst eine beliebige Teilmenge von $V_n(K)$. Die Elemente des Codes heißen **Codewörter**.

Bei der Übertragung eines Codeworts $(u_1, \dots, u_n)^t$ können Fehler auftreten, d. h. das empfangene Wort $(u'_1, \dots, u'_n)^t \in V_n(K)$ unterscheidet sich von $(u_1, \dots, u_n)^t$. Macht man keine einschränkenden Annahmen über die möglichen Fehler, so ist keine Fehlererkennung möglich. Deshalb nimmt man an, dass sich $(u'_1, \dots, u'_n)^t$ von $(u_1, \dots, u_n)^t$ in höchstens t Einträgen unterscheidet, wobei der Parameter t durch das Medium der Datenübertragung zu bestimmen ist.

Definition 7.3.1

Der **Abstand** zweier Elemente $\boldsymbol{u} = (u_1, \dots, u_n)^t, \boldsymbol{v} = (v_1, \dots, v_n)^t \in V_n(K)$, bezeichnet als $\delta(\boldsymbol{u}, \boldsymbol{v})$, ist die Anzahl der Einträge, an denen sich die beiden Vektoren unterscheiden. Der **Hamming-Abstand** $d(C)$ eines Codes $C \subseteq V_n(K)$ ist der minimale Abstand zweier verschiedener Codewörter.

Der Abstand hat die folgenden Eigenschaften (die Axiome einer Metrik, ein Begriff aus der Analysis, der hier nicht weiter verwendet wird).

Lemma 7.3.2

Für $\boldsymbol{u}, \boldsymbol{v}, \boldsymbol{w} \in V_n(K)$ gilt:

$$\delta(\boldsymbol{u}, \boldsymbol{v}) \leq \delta(\boldsymbol{u}, \boldsymbol{w}) + \delta(\boldsymbol{w}, \boldsymbol{v}) \tag{7.2}$$

$$\delta(\boldsymbol{u}, \boldsymbol{v}) = \delta(\boldsymbol{v}, \boldsymbol{u}) \tag{7.3}$$

$$\delta(\boldsymbol{u}, \boldsymbol{v}) = 0 \text{ genau dann, wenn } \boldsymbol{u} = \boldsymbol{v} \tag{7.4}$$

Den einfachen Beweis überlassen wir dem Leser als Übung (siehe Aufgabe 7.4.1.6).

Die Fehlererkennung ist desto effektiver, je größer der Hamming-Abstand ist. Genauer gilt:

Fehlererkennung: Ein Fehler, der maximal t Einträge eines Codeworts verändert, kann erkannt werden, falls $d(C) > t$ (da das empfangene fehlerhafte Wort kein Codewort ist).

Fehlerkorrektur: Ein Fehler, der maximal t Einträge eines Codeworts $\boldsymbol{u}$ verändert, kann korrigiert werden, falls $d(C) \geq 2t + 1$.

Denn für das empfangene Wort $\boldsymbol{u}'$ gilt $\delta(\boldsymbol{u}, \boldsymbol{u}') \leq t$. Für jedes von $\boldsymbol{u}$ verschiedene Codewort $\boldsymbol{v}$ gilt $\delta(\boldsymbol{u}, \boldsymbol{v}) \geq d(C) \geq 2t + 1$. Also $\delta(\boldsymbol{u}', \boldsymbol{v}) \geq \delta(\boldsymbol{u}, \boldsymbol{v}) - \delta(\boldsymbol{u}', \boldsymbol{u}) \geq 2t + 1 - t = t + 1$. Somit ist $\boldsymbol{u}$ das einzige Codewort, welches einen Abstand $\leq t$ von $\boldsymbol{u}'$ hat, und kann damit aus $\boldsymbol{u}'$ rekonstruiert werden.

7.3.2 Lineare Codes

In der Praxis der Datenübertragung benötigt man Codes mit vielen Codewörtern. Die Speicherung aller Codewörter wäre zu aufwendig, daher benutzt man meistens Codes, welche alle Elemente eines Unterraums von $V_n(K)$ enthalten. Der Code ist dann durch die Angabe einer Basis des Unterraums bestimmt.

Definition 7.3.3

Ein **linearer Code** C ist ein Unterraum von $V_n(K)$. Die **Dimension** r von C ist die Dimension dieses Unterraums. Dann heißt C ein $[n, r, d]$-Code über K, wobei $d = d(C)$ der Hamming-Abstand von C ist.

Bei einem linearen Code kann man den Hamming-Abstand wie folgt bestimmen.

Lemma 7.3.4

Sei C ein $[n, r, d]$-Code. Man definiere das **Gewicht** eines Codeworts $\boldsymbol{u}$ als die Anzahl der von 0 verschiedenen Einträge von $\boldsymbol{u}$. Dann ist der Hamming-Abstand d das minimale Gewicht eines von 0 verschiedenen Codeworts.

Beweis: Offenbar ist das Gewicht eines Codeworts $\boldsymbol{u}$ gleich $\delta(\boldsymbol{u}, 0)$. Ist also $\boldsymbol{u}$ ein Codewort $\neq 0$ von minimalem Gewicht g, so gilt $g = \delta(\boldsymbol{u}, 0) \geq d$.

Ferner ist der Abstand zweier Codewörter gleich dem Gewicht ihrer Differenz. Sind also $\boldsymbol{u}, \boldsymbol{v}$ Codewörter mit $\delta(\boldsymbol{u}, \boldsymbol{v}) = d$, so gilt $d = \delta(\boldsymbol{u}, \boldsymbol{v}) = \delta(\boldsymbol{u} - \boldsymbol{v}, 0) \geq g$. Also $g = d$. ■

Definition 7.3.5

Sei C ein $[n, r, d]$-Code über K. Eine **Erzeugermatrix** von C ist eine $n \times r$-Matrix E über K, deren Spalten eine Basis von C bilden.

Die Codewörter von C sind dann genau die Vektoren der Form $\boldsymbol{u} = E\,\boldsymbol{x}$ mit $\boldsymbol{x} \in V_r(K)$. Die zu übertragende Information wird also zunächst durch Elemente von $V_r(K)$ verschlüsselt, welche dann durch Multiplikation mit E in Codewörter von C umgewandelt werden (um die Fehlererkennung bzw. Fehlerkorrektur bei der Datenübertragung zu ermöglichen). Dieser Vorgang heißt **Kodierung**. Der umgekehrte Vorgang, die **Dekodierung**, besteht darin, aus dem empfangenen Wort $\boldsymbol{u}'$ das ursprüngliche $\boldsymbol{x}$ zu bestimmen. Ist $\boldsymbol{u}'$ ein Codewort (ist also kein Fehler aufgetreten), so ist nur das Gleichungssystem $E\ \boldsymbol{x} = \boldsymbol{u}'$ zu lösen. Für den allgemeinen Fall wurden verschiedene Verfahren entwickelt, welche teilweise von der Konstruktionsmethode des Codes abhängen.

Satz 7.3.6

Sei C ein $[n, r, d]$-Code. Dann gilt

$$d \leq n - r + 1$$

Beweis: Sei E eine Erzeugermatrix von C. Dann sind die r Spalten von E linear unabhängig. Nach Satz 8.5.2 (im nächsten Kapitel) gibt es dann r linear unabhängige Zeilen von E. Durch Weglassen der übrigen Zeilen erhält man dann eine $r \times r$-Matrix E', deren Zeilen linear unabhängig sind. Wiederum nach Satz 8.5.2 folgt, dass auch die Spalten von E' linear unabhängig sind.

Seien $\boldsymbol{u}_1, \ldots, \boldsymbol{u}_r$ (bzw. $\boldsymbol{u}'_1, \ldots, \boldsymbol{u}'_r$) die Spalten von E (bzw. E'). Da $\boldsymbol{u}'_1, \ldots, \boldsymbol{u}'_r$ linear unabhängig sind, also eine Basis von $V_r(K)$ bilden, gibt es $c_1, \ldots, c_r \in K$ mit

$$c_1\boldsymbol{u}'_1 + \ldots + c_r\boldsymbol{u}'_r = \boldsymbol{e}_1^{(r)}$$

(der erste Einheitsvektor der Länge r). Sei nun $\boldsymbol{v}$ das Codewort

$$c_1\boldsymbol{u}_1 + \ldots + c_r\boldsymbol{u}_r$$

Dann enthält $\boldsymbol{v}$ mindestens $r - 1$ Nullen und eine Eins (wie $\boldsymbol{e}_1^{(r)}$). Also hat $\boldsymbol{v}$ ein Gewicht $\delta(\boldsymbol{v}, 0) \leq n-(r-1) = n-r+1$. Da $\boldsymbol{v}$ ein von 0 verschiedenes Codewort ist, folgt $d \leq n-r+1$. ∎

Die Codes, deren Hamming-Abstand d den maximalen Wert $n - r + 1$ erreicht, haben einen besonderen Namen:

Definition 7.3.7

Sei C ein $[n, r, d]$-Code mit $d = n - r + 1$. Dann heißt C ein MDS-Code („Maximum Distance Separable").

Beispiel: Reed-Solomon-Codes
Wir stellen eine Klasse von MDS-Codes vor, deren Konstruktion darauf beruht, dass ein Polynom $f(X) \in K[X]$ vom Grad $s > 0$ höchstens s Nullstellen in K hat. Letztere Tatsache beweisen wir hier nicht (und verweisen auf Lehrbücher der Algebra).

Sei $r \geq 2$ eine ganze Zahl. Seien $a_1, \ldots, a_n$ verschiedene Elemente des endlichen Körpers K, wobei $n \geq r$. Sei $C := RS(n, r, K; a_1, \ldots, a_n)$ die Teilmenge von $V_n(K)$, welche aus allen Vektoren $\boldsymbol{u}$ folgender Form besteht:

$$\boldsymbol{u} = (f(a_1), \ldots, f(a_n))^t$$

wobei $f(X) \in K[X]$ ein Polynom vom Grad $< r$ ist. In Bemerkung 9.6.2 wird gezeigt, dass C ein Unterraum von $V_n(K)$ der Dimension r ist. Also ist C ein linearer Code der Dimension r.

Wir beweisen nun, dass C ein MDS-Code ist. Nach Satz 7.3.6 genügt es zu zeigen, dass $d(C) \geq n - r + 1$, d. h. die Anzahl der Nullen in einem von 0 verschiedenen Codewort $\boldsymbol{u} = (f(a_1), \ldots, f(a_n))^t$ kleiner als r ist. Dies folgt aus der oben erwähnten Tatsache, dass ein Polynom vom Grad $< r$ weniger als r Nullstellen hat.

7.4 Aufgaben

7.4.1 Grundlegende Aufgaben

1. Elemente $\boldsymbol{v}_1, \ldots, \boldsymbol{v}_n \neq 0$ eines Vektorraums V bilden genau dann eine Basis, wenn V die direkte Summe der 1-dimensionalen Unterräume $K\boldsymbol{v}_1, \ldots, K\boldsymbol{v}_n$ ist.

2. Sei V ein 6-dimensionaler Vektorraum.
(a) Ist V die Summe (bzw. direkte Summe) zweier 3-dimensionaler Unterräume?
(b) Gibt es zwei 4-dimensionale Unterräume von V, deren Durchschnitt nur der Nullraum $\{0\}$ ist?
(c) Man zeige, dass der Durchschnitt von je zwei verschiedenen 5-dimensionalen Unterräumen von V die Dimension 4 hat.

3. Sei V ein Vektorraum endlicher Dimension n. Sei $0 \leq r < n$. Man zeige, dass der Durchschnitt aller r-dimensionalen Unterräume von V gleich 0 ist.

4. Man zeige das Assoziativgesetz für die Summe von Unterräumen. Man zeige ferner, dass der Nullraum $\{0\}$ neutrales Element ist, und dass kein anderes Element ein Inverses hat (siehe Bemerkung 7.1.3).

5. Seien U, W Unterräume des Vektorraums V. Dann ist $U \cup W$ ein Unterraum genau dann, wenn $U \subseteq W$ oder $W \subseteq U$.

6. Man beweise die Eigenschaften des Abstands $d(\boldsymbol{u}, \boldsymbol{v})$ von Lemma 7.3.2.

7. Eine $n \times r$-Matrix E über K ist genau dann die Erzeugermatrix eines linearen Codes, wenn das Gleichungssystem $E\,\boldsymbol{x} = 0$ nur die triviale Lösung $\boldsymbol{x} = 0$ hat.

7.4.2 Weitergehende Aufgaben

1. Sei V ein Vektorraum endlicher Dimension n. Sei H ein Unterraum von V der Dimension $n - 1$. Dann heißt H eine **Hyperebene** von V.
(a) Ist U ein Unterraum von V, der nicht in H enthalten ist, so ist $U \cap H$ eine Hyperebene von U.
(b) Ist W eine Hyperebene eines Unterraums U von V, so gibt es eine Hyperebene G von V mit $W = G \cap U$.
(c) Sei nun angenommen, dass $|K| = q < \infty$. Man berechne die Anzahl der Hyperebenen und der 1-dimensionalen Unterräume von V.

2. Sei H die Menge aller $\boldsymbol{u} = (u_1, \ldots, u_n)^t \in V_n(K)$ mit $u_1 + \ldots + u_n = 0$. Man zeige, dass H eine Hyperebene von V ist. Was ist der Hamming-Abstand von H (aufgefasst als Code)?

7.4.3 Maple

Für den Reed-Solomon-Code $RS(8, 4, \mathbb{F}_{11}; \bar{0}, \bar{1}, \ldots, \bar{7})$ erstelle man die Liste aller Codewörter und berechne für jedes mögliche g die Anzahl der Codewörter von festem Gewicht g.

8 Lineare Abbildungen

Der Begriff der Abbildung erlaubt uns, verschiedene Mengen zueinander in Beziehung zu setzen. Will man Gruppen (bzw. Ringe bzw. Vektorräume) zueinander in Beziehung setzen, verwendet man sogenannte **strukturerhaltende Abbildungen** oder **Homomorphismen**.

Homomorphismen von Vektorräumen (über demselben Körper) heißen auch **lineare Abbildungen**. Lineare Abbildungen zwischen endlich-dimensionalen Vektorräumen lassen sich durch Matrizen beschreiben. Dabei entspricht die Matrixmultiplikation der Hintereinanderschaltung von linearen Abbildungen. Somit ist die Theorie der linearen Abbildungen zwischen endlich-dimensionalen Vektorräumen im Wesentlichen äquivalent zur Theorie der Matrixmultiplikation. Durch den Begriff der linearen Abbildung ergibt sich jedoch eine neue Sichtweise, die es erlaubt, die bisher entwickelten Konzepte auf andere Situationen anzuwenden.

Für die Anwendungen der Vektorräume und linearen Abbildungen in der Geometrie verweisen wir auf Kapitel 14 und 15 (siehe auch das Beispiel der Drehungen in Abschnitt 4.5).

8.1 Abbildungen

Seien M, N Mengen. Eine **Abbildung** $f : M \to N$ von M in N ist eine Zuordnung, die jedem Element x von M eindeutig ein Element $y = f(x) \in N$ zuordnet. Wir nennen y das **Bild** von x unter f, geschrieben als $x \mapsto y$. Die Menge M (bzw. N) heißt **Definitionsbereich** (bzw. **Wertebereich**) von f.

Das **Bild** $f(M_0)$ einer Teilmenge $M_0 \subseteq M$ ist die Teilmenge von N, die aus den Bildern der Elemente von M_0 besteht, d. h. $f(M_0) := \{f(x) : x \in M_0\}$. Das **Bild** von f ist die Menge $f(M)$.

Die Abbildung $f : M \to N$ heißt **surjektiv**, wenn $f(M) = N$. Die Abbildung heißt **injektiv**, wenn aus $f(m) = f(n)$ stets $m = n$ folgt, d. h. verschiedenen Elementen von M werden auch verschiedene Elemente von N zugeordnet. Eine Abbildung heißt **bijektiv**, wenn sie sowohl injektiv als auch surjektiv ist. Eine bijektive Abbildung heißt auch **Bijektion**.

Das **Urbild** $f^{-1}(N_0)$ einer Teilmenge $N_0 \subseteq N$ besteht aus denjenigen Elementen von M, die auf ein Element von N_0 abgebildet werden, d. h. $f^{-1}(N_0) := \{x \in M : f(x) \in N_0\}$. Das Urbild einer einelementigen Menge $\{y\}$ bezeichnen wir mit $f^{-1}(y)$.

Die **Restriktion** einer Abbildung $f : M \to N$ auf eine Teilmenge $M_0 \subseteq M$ ist die Abbildung $f|_{M_0} : M_0 \to N$, welche jedes $x \in M_0$ auf $f(x)$ abbildet.

Sind $f : M \to N$ und $g : N \to L$ zwei Abbildungen, so ist die **Hintereinanderschaltung** oder **Komposition** von f und g die Abbildung

$$g \circ f : M \to L, x \mapsto g(f(x))$$

Die Komposition von Abbildungen erfüllt das **Assoziativgesetz**: Für Abbildungen $f : M \to N$, $g : N \to L$ und $h : L \to J$ gilt

$$(h \circ g) \circ f \;=\; h \circ (g \circ f)$$

Dies folgt daraus, dass für jedes $m \in M$ gilt:
$((h \circ g) \circ f)(m) = h(g(f(m))) = (h \circ (g \circ f))(m)$.

Die **Identität** auf M ist die Abbildung Id_M von M nach M, die jedem Element von M das Element selbst zuordnet, d. h. $\mathrm{Id}_M(x) = x$. Die Identität wirkt als neutrales Element bzgl. der Operation der Hintereinanderschaltung:

$$f \circ \mathrm{Id}_M \;=\; \mathrm{Id}_N \circ f \;=\; f$$

für jede Abbildung $f : M \to N$.

Eine Abbildung $f : M \to N$ ist bijektiv genau dann, wenn es eine Abbildung $g : N \to M$ gibt mit $g \circ f = \mathrm{Id}_M$ und $f \circ g = \mathrm{Id}_N$. Dieses g ist durch f eindeutig bestimmt und heißt das **Inverse** von f, geschrieben $g = f^{-1}$. Damit ist gezeigt:

Lemma 8.1.1

Sei M eine Menge. Die Bijektionen $f : M \to M$ bilden eine Gruppe bzgl. der Operation der Hintereinanderschaltung.

Sei n eine natürliche Zahl. Die **symmetrische Gruppe** S_n ist die Gruppe der bijektiven Abbildungen der (endlichen) Menge $\{1, \ldots, n\}$ in sich. Die Elemente von S_n heißen auch **Permutationen** der Symbole $1, \ldots, n$, denn für jedes $\sigma \in S_n$ ist $\sigma(1), \ldots, \sigma(n)$ eine Umordnung (oder „Permutation") von $1, \ldots, n$.

Beispiele:

1. Jede Matrix $A \in M_{m,n}(K)$ definiert eine Abbildung $f_A : V_n(K) \to V_m(K)$, $\boldsymbol{v} \mapsto A\boldsymbol{v}$. Diese Abbildung f_A ist genau dann bijektiv, wenn A invertierbar ist. In diesem Fall gilt $(f_A)^{-1} = f_{A^{-1}}$.
2. Offenbar haben zwei endliche Mengen dieselbe Kardinalität genau dann, wenn es eine bijektive Abbildung zwischen ihnen gibt. Für unendliche Mengen nimmt man dies als Definition gleicher Kardinalität. Man kann zeigen, dass die Mengen $\mathbb{N}$ und $\mathbb{Q}$ gleiche Kardinalität haben, nicht jedoch $\mathbb{N}$ und $\mathbb{R}$.
3. Es sei $\boldsymbol{v}_1, \ldots, \boldsymbol{v}_n$ eine Basis des Vektorraums V. Sei $f : V \to V_n(K)$ die Abbildung, die jedem $\boldsymbol{v} \in V$ seinen Koordinatenvektor $(c_1, \ldots, c_n)^t$ bzgl. dieser Basis zuordnet (siehe 6.2). Wir nennen diese Abbildung die **Koordinatenabbildung**. Sei $g : V_n(K) \to V$ die Abbildung, welche einem Vektor $(c_1, \ldots, c_n)^t$ das Element $c_1\boldsymbol{v}_1 + \ldots + c_n\boldsymbol{v}_n$ zuordnet. Dann gilt $g \circ f = \mathrm{Id}_V$ und $f \circ g = \mathrm{Id}_{V_n(K)}$. Also sind f und g bijektiv und invers zueinander.

8.2 Strukturerhaltende Abbildungen

Strukturerhaltende Abbildungen oder **Homomorphismen** erlauben es, verschiedene Gruppen (bzw. Ringe bzw. Vektorräume) zueinander in Beziehung setzen.

Definition 8.2.1

- Ein Homomorphismus von einer Gruppe G in eine Gruppe G' ist eine Abbildung $f : G \to G'$ mit $f(g_1 g_2) = f(g_1) f(g_2)$ für alle $g_1, g_2 \in G$.
- Ein Homomorphismus von einem Ring R in einen Ring R' ist eine Abbildung $f : R \to R'$ mit $f(r_1 + r_2) = f(r_1) + f(r_2)$ und $f(r_1 r_2) = f(r_1) f(r_2)$ für alle $r_1, r_2 \in R$, so dass f die Eins von R auf die Eins von R' abbildet.
- Ein Homomorphismus von einem K-Vektorraum V in einen K-Vektorraum V' ist eine Abbildung $f : V \to V'$ mit $f(\boldsymbol{v}_1 + \boldsymbol{v}_2) = f(\boldsymbol{v}_1) + f(\boldsymbol{v}_2)$ und $f(c\boldsymbol{v}) = c\, f(\boldsymbol{v})$ für alle $\boldsymbol{v}, \boldsymbol{v}_1, \boldsymbol{v}_2 \in V$ und $c \in K$.

Ein Homomorphismus heißt **Epimorphismus**, wenn er surjektiv ist, **Monomorphismus**, wenn er injektiv ist und **Isomorphismus**, wenn er bijektiv ist. Ein Homomorphismus, dessen Definitionsbereich mit dem Wertebereich zusammenfällt, heißt **Endomorphismus**. Ein bijektiver Endomorphismus heißt **Automorphismus**.

Lemma 8.2.2

Sei f ein Homomorphismus von einer Gruppe G in eine Gruppe G' (bzw. von einem Ring R in einen Ring R' bzw. von einem K-Vektorraum V in einen K-Vektorraum V'). Dann gilt:

1. Ist f ein Isomorphismus, so auch f^{-1} (das Inverse im Sinn von 8.1). Die Komposition von Homomorphismen ist wiederum ein Homomorphismus (von Gruppen bzw. Ringen bzw. Vektorräumen).
2. f bildet das neutrale Element der Gruppe (bzw. die 0 und 1 des Rings bzw. die 0 des Vektorraums) auf das entsprechende neutrale Element im Wertebereich ab. Ist x ein Element des Definitionsbereichs, welches ein Inverses x^{-1} bzw. $-x$ hat (bzgl. Multiplikation bzw. Addition), so hat auch $f(x)$ ein Inverses im Wertebereich und es gilt $f(x)^{-1} = f(x^{-1})$ bzw. $-f(x) = f(-x)$.
3. Ist U eine Untergruppe von G (bzw. ein Unterring von R bzw. ein Unterraum von V), so ist das Bild $f(U)$ eine Untergruppe von G' (bzw. ein Unterring von R' bzw. ein Unterraum von V'). Insbesondere ist das **Bild** $f(G)$ (bzw. $f(R)$ bzw. $f(V)$) der Abbildung f eine Untergruppe von G' (bzw. ein Unterring von R' bzw. ein Unterraum von V').
4. Ist Z eine Untergruppe von G' (bzw. ein Unterring von R' bzw. ein Unterraum von V'), so ist das Urbild $f^{-1}(Z)$ eine Untergruppe von G (bzw. ein Unterring von R bzw. ein Unterraum von V).

5. Sei nun $f : G \to G'$ ein Homomorphismus von Gruppen. Man definiert den **Kern** von f, geschrieben $\mathrm{Ker}(f)$, als Urbild des neutralen Elements von G'. Dann ist $\mathrm{Ker}(f)$ eine Untergruppe von G. Ferner ist f genau dann injektiv, wenn $\mathrm{Ker}(f)$ nur aus dem neutralen Element von G besteht.

Beweis: Wir behandeln nur den Fall von Gruppen, die anderen Fälle sind analog. Sei also $f : G \to G'$ ein Homomorphismus von Gruppen. Wir bezeichnen das neutrale Element von G (bzw. G') mit e (bzw. e'). Später werden wir zur Vereinfachung der Notation die Unterscheidung weglassen und das neutrale Element jeder Gruppe mit demselben Symbol e (bzw. 0 für abelsche Gruppen) bezeichnen.
(1) Nach Definition ist ein Isomorphismus f bijektiv, hat also eine inverse Abbildung f^{-1}. Für gegebene $g'_1, g'_2 \in G'$ setze man $g_i := f^{-1}(g'_i)$. Dann gilt $f^{-1}(g'_1 g'_2) = f^{-1}(f(g_1)f(g_2)) = f^{-1}(f(g_1 g_2)) = g_1 g_2 = f^{-1}(g'_1)f^{-1}(g'_2)$. Also ist auch f^{-1} ein Homomorphismus, und somit ein Isomorphismus. Ist $f' : G' \to G''$ ein weiterer Homomorphismus von Gruppen, so gilt für $h := f' \circ f$, dass $h(g_1 g_2) = f'(f(g_1)f(g_2)) = f'(f(g_1))\, f'(f(g_2)) = h(g_1)\, h(g_2)$. Also ist auch h ein Homomorphismus.
(2) Aus $e\, e = e$ folgt $f(e)f(e) = f(e)$. Multipliziert man die letzte Gleichung mit dem Inversen von $f(e)$ („kürzen"), so folgt $f(e) = e'$. Die zweite Behauptung in (2) folgt durch Anwenden von f auf die Beziehung $x^{-1}x = e$. Man erhält $f(x^{-1})f(x) = e'$, also ist $f(x^{-1})$ das Inverse von $f(x)$.
(3) Für alle $g_1, g_2 \in U$ gilt $g_1 g_2^{-1} \in U$, also $f(g_1)f(g_2)^{-1} = f(g_1 g_2^{-1}) \in f(U)$. Ferner $e' = f(e) \in f(U)$. Somit ist $f(U)$ eine Untergruppe von G'.
(4) Für alle $g_1, g_2 \in f^{-1}(Z)$ gilt $f(g_i) \in Z$, also $f(g_1 g_2^{-1}) = f(g_1)f(g_2)^{-1} \in Z$ und daher $g_1 g_2^{-1} \in f^{-1}(Z)$. Somit ist $f^{-1}(Z)$ eine Untergruppe von G.
(5) Die erste Behauptung in (5) folgt aus (4). Ist f injektiv, so gibt es zu jedem $g' \in G'$ höchstens ein $g \in G$ mit $f(g) = g'$. Wegen $f(e) = e'$ folgt $\mathrm{Ker}(f) = f^{-1}(e') = \{e\}$.

Sei nun angenommen $\mathrm{Ker}(f) = \{e\}$. Gilt dann $f(g_1) = f(g_2)$ für $g_1, g_2 \in G$, so ist $f(g_1 g_2^{-1}) = f(g_1)f(g_2)^{-1} = e'$ und somit $g_1 g_2^{-1} \in f^{-1}(e') = \{e\}$, d. h. $g_1 = g_2$. ■

Zwei Gruppen bzw. Ringe bzw. K-Vektorräume heißen **isomorph**, falls es einen Isomorphismus zwischen ihnen gibt. Vom Standpunkt der Theorie der Gruppen bzw. Ringe bzw. K-Vektorräume sind zwei isomorphe Objekte ununterscheidbar, sie teilen alle Eigenschaften, die nur von der Gruppen- bzw. Ring- bzw. Vektorraumstruktur abhängen.

Hier ist ein erstes Beispiel für dieses Prinzip.

Bemerkung 8.2.3

Ein Isomorphismus $V \to W$ von Vektorräumen bildet jede Basis von V auf eine Basis von W ab und umgekehrt. Ist also V endlich-dimensional, so auch jeder zu V isomorphe Vektorraum W, und es gilt $\dim V = \dim W$.

Ein Monomorphismus gibt einen Isomorphismus auf sein Bild, welches eine Untergruppe bzw. ein Unterring bzw. ein Unterraum des Wertebereichs ist. Somit identifiziert ein Monomorphismus seinen Definitionsbereich mit einer Unterstruktur des Wertebereichs.

Als erste Verwendung des Isomorphiebegriffs können wir nun die vorher getroffene Aussage präzisieren, dass die Auszeichnung einer Basis der Länge n einen K-Vektorraum mit $V_n(K)$ „identifiziert". Weitere natürliche Verwendungen findet man in den Aufgaben.

Satz 8.2.4

Jeder K-Vektorraum V endlicher Dimension n ist zu $V_n(K)$ isomorph. Jede Basis von V ergibt einen Isomorphismus $f : V \to V_n(K)$, nämlich die Koordinatenabbildung bzgl. dieser Basis.

Beweis: In Beispiel 3 von 8.1 wurde schon gezeigt, dass f bijektiv ist mit Umkehrabbildung $g : V_n(K) \to V$, $(c_1, \ldots, c_n)^t \mapsto c_1 \boldsymbol{v}_1 + \ldots + c_n \boldsymbol{v}_n$. Somit ist nur noch zu zeigen, dass g ein Homomorphismus ist (nach Lemma 8.2.2(1)). Wir überlassen die einfache Rechnung dem Leser (siehe Aufgabe 8.6.1.17). ∎

Beispiel: Der Unterraum von $K[X]$, der aus den Polynomen vom Grad $\leq d$ besteht, ist zu $V_{d+1}(K)$ isomorph (siehe Aufgabe 6.3.1.9).

Wir schließen diesen Abschnitt mit der Einführung des Endomorphismenrings. Im Fall eines Vektorraums endlicher Dimension n wird sich dieser später als isomorph zum Matrixring $M_n(K)$ herausstellen.

Lemma 8.2.5

Seien A, A' abelsche Gruppen bzw. K-Vektorräume.
(a) Sei $\mathrm{Hom}(A, A')$ die Menge der Homomorphismen $A \to A'$. Für $a \in A$, $\alpha_1, \alpha_2 \in \mathrm{Hom}(A, A')$ definiere man $(\alpha_1 + \alpha_2)(a) := \alpha_1(a) + \alpha_2(a)$. Im Fall der Vektorräume ferner $(c\alpha_1)(a) := c\,\alpha_1(a)$ für $c \in K$. Dies macht $\mathrm{Hom}(A, A')$ zu einer abelschen Gruppe bzw. einem K-Vektorraum.
(b) Sei $\mathrm{End}(A)$ die Menge der Endomorphismen von A (also $\mathrm{End}(A) = \mathrm{Hom}(A, A)$). Die Addition aus (a) und Komposition als Multiplikation machen $\mathrm{End}(A)$ zu einem Ring, genannt der **Endomorphismenring** von A.

Beweis: (a) Für $a, b \in A$ gilt $(\alpha_1 + \alpha_2)(a+b) = \alpha_1(a+b) + \alpha_2(a+b) = \alpha_1(a) + \alpha_1(b) + \alpha_2(a) + \alpha_2(b) = \alpha_1(a) + \alpha_2(a) + \alpha_1(b) + \alpha_2(b) = (\alpha_1 + \alpha_2)(a) + (\alpha_1 + \alpha_2)(b)$. Also ist $\alpha_1 + \alpha_2$ ein Homomorphismus abelscher Gruppen. Verträglichkeit mit skalarer Multiplikation (im Vektorraumfall) folgt analog. Also ist $\alpha_1 + \alpha_2$ ein wohldefiniertes Element von $\mathrm{Hom}(A, A')$. Neutrales Element dieser Addition ist die Nullabbildung, welche jedes Element von A auf null abbildet. Das Nachprüfen der Gruppen- bzw. Vektorraumaxiome überlassen wir dem Leser.

(b) Nach Lemma 8.2.2(1) ist $\alpha_1 \circ \alpha_2$ wieder ein Endomorphismus von A. Damit ist nun eine Addition und Multiplikation auf der Menge $\mathrm{End}(A)$ definiert. Neutrales Element der Multiplikation ist Id_A. Das Nachprüfen der Ringaxiome überlassen wir dem Leser. ∎

8.3 Grundlegende Eigenschaften linearer Abbildungen

Im vorhergehenden Abschnitt wurden allgemeine Eigenschaften von Homomorphismen zwischen algebraischen Strukturen untersucht. Wir wenden uns nun feineren Eigenschaften von Homomorphismen zwischen Vektorräumen zu.

Man beachte, dass Homomorphismen von Vektorräumen nur zwischen Vektorräumen über demselben Körper definiert sind. Ein Homomorphismus von Vektorräumen heißt auch **lineare Abbildung**.

Wir zeigen zuerst, dass man eine lineare Abbildung dadurch festlegen kann, dass man für die Elemente einer Basis beliebige Bilder vorgibt.

Lemma 8.3.1

Seien V, V' Vektorräume über K.
(a) Sei $\boldsymbol{v}_1, \ldots, \boldsymbol{v}_n$ eine Basis von V, und seien $\boldsymbol{v}'_1, \ldots, \boldsymbol{v}'_n$ beliebige Elemente von V'. Dann gibt es genau eine lineare Abbildung $f : V \to V'$ mit $f(\boldsymbol{v}_i) = \boldsymbol{v}'_i$ für $i = 1, \ldots, n$. Dieses f ist genau dann ein Isomorphismus, wenn $\boldsymbol{v}'_1, \ldots, \boldsymbol{v}'_n$ eine Basis von V' bilden.
(b) Sei $V = U_1 \oplus \ldots \oplus U_r$, und seien $f_i : U_i \to V'$ lineare Abbildungen. Dann gibt es genau eine lineare Abbildung $f : V \to V'$ mit $f|_{U_i} = f_i$ für $i = 1, \ldots, r$.

Beweis: (a) Jedes $\boldsymbol{v} \in V$ hat eine eindeutige Darstellung

$$\boldsymbol{v} = \sum_{i=1}^{n} c_i \boldsymbol{v}_i$$

mit $c_i \in K$. Gibt es eine lineare Abbildung $f : V \to V'$ mit $f(\boldsymbol{v}_i) = \boldsymbol{v}'_i$, so gilt

$$f(\boldsymbol{v}) = \sum_{i=1}^{n} c_i \boldsymbol{v}'_i$$

Dies zeigt die Eindeutigkeit von f. Zum Beweis der Existenz definiere man f durch letztere Gleichung. Dann gilt $f(\boldsymbol{v}_i) = \boldsymbol{v}'_i$. Die Linearität von f zeigt man durch eine einfache Rechnung, die wir dem Leser überlassen.

Ist f ein Isomorphismus, so bilden die $\boldsymbol{v}'_i = f(\boldsymbol{v}_i)$ eine Basis von V' nach Bemerkung 8.2.3. Sei nun angenommen, dass $\boldsymbol{v}'_1, \ldots, \boldsymbol{v}'_n$ eine Basis von V' ist. Dann gibt es nach dem eben Gezeigten genau eine lineare Abbildung $g : V' \to V$ mit $g(\boldsymbol{v}'_i) = \boldsymbol{v}_i$. Wegen der Eindeutigkeitsaussage im eben Gezeigten gilt $f \circ g = \mathrm{Id}_{V'}$ und $g \circ f = \mathrm{Id}_V$. Somit ist f bijektiv und damit ein Isomorphismus.

(b) Für jedes $\boldsymbol{v} \in V$ existieren eindeutige $\boldsymbol{u}_i \in U_i$ mit $\boldsymbol{v} = \boldsymbol{u}_1 + \ldots + \boldsymbol{u}_r$. Gibt es eine lineare Abbildung $f : V \to V'$ mit $f|_{U_i} = f_i$ so gilt $f(\boldsymbol{v}) = f_1(\boldsymbol{u}_1) + \ldots + f_r(\boldsymbol{u}_r)$. Dies zeigt die Eindeutigkeit von f. Zum Beweis der Existenz definiere man f durch letztere Gleichung und verfahre wie in (a). ∎

Lemma 8.3.2

Sei $f : V \to V'$ eine lineare Abbildung. Wir definieren den **Kern** von f als $\text{Ker}(f) := f^{-1}(0)$.
(a) Der Kern $\text{Ker}(f)$ (bzw. das Bild $f(V)$) ist ein Unterraum von V (bzw. V'). Die lineare Abbildung f ist genau dann injektiv, wenn $\text{Ker}(f) = \{0\}$.
(b) Ist $(\boldsymbol{v}_i)_{i\in I}$ ein Erzeugendensystem von V, so ist $(f(\boldsymbol{v}_i))_{i\in I}$ ein Erzeugendensystem von $f(V)$.

Beweis: (a) Folgt aus Lemma 8.2.2(3)–(5).
(b) Ist $\boldsymbol{v} = \sum_{i\in I} c_i \boldsymbol{v}_i$ so gilt $f(\boldsymbol{v}) = \sum_{i\in I} c_i f(\boldsymbol{v}_i)$. Dies zeigt (b). ■

Definition 8.3.3

Sei $f : V \to V'$ eine lineare Abbildung zwischen endlich-dimensionalen K-Vektorräumen. Wir definieren den **Defekt** von f als $\text{def}(f) := \dim \text{Ker}(f)$ und den **Rang** von f als $\text{rg}(f) := \dim f(V)$ (die Dimension des Bildes von f).

Satz 8.3.4

(a) Sei $f : V \to V'$ eine lineare Abbildung zwischen endlich-dimensionalen K-Vektorräumen. Dann gilt

$$\text{def}(f) + \text{rg}(f) = \dim V$$

(b) Sei V ein endlich-dimensionaler Vektorraum. Dann ist jeder Unterraum U von V Kern einer linearen Abbildung $V \to V$ vom Rang $\dim V - \dim U$.

Beweis: (a) Sei $U := \text{Ker}(f)$ und $n := \dim V$. Nach Korollar 7.1.6 gibt es einen Unterraum W von V mit $V = U \oplus W$. Dann gilt $n = \dim U + \dim W$ und somit genügt es zu zeigen, dass $\dim W = \text{rg}(f)$.

Jedes $\boldsymbol{v}$ in V schreibt sich als $\boldsymbol{v} = \boldsymbol{u} + \boldsymbol{w}$ mit $\boldsymbol{u} \in U$, $\boldsymbol{w} \in W$. Dann gilt $f(\boldsymbol{v}) = f(\boldsymbol{u}) + f(\boldsymbol{w}) = f(\boldsymbol{w})$, also $f(V) = f(W)$. Die Restriktion von f auf W ist also eine surjektive lineare Abbildung $g : W \to f(V)$. Ferner $\text{Ker}(g) = \text{Ker}(f) \cap W = U \cap W = \{0\}$. Nach Lemma 8.3.2 ist also $g : W \to f(V)$ ein Isomorphismus. Daraus folgt die Behauptung $\dim W = \dim f(V)$ (nach Bemerkung 8.2.3).

(b) Nach Korollar 7.1.6 gibt es einen Unterraum W von V mit $V = U \oplus W$. Nach Lemma 8.3.1(b) gibt es eine lineare Abbildung $g : V \to V$ mit $g|_U = 0$ und $g|_W = \text{Id}_W$. Dann gilt $U \subseteq \text{Ker}(g)$ und $W \subseteq g(V)$. Also $n = \text{def}(g) + \text{rg}(g) \geq \dim U + \dim W = n$, und somit $\text{def}(g) = \dim U$ und $\text{rg}(g) = \dim W$. Also $U = \text{Ker}(g)$ und $W = g(V)$. Ferner $\text{rg}(g) = \dim W = \dim V - \dim U$. ■

Bemerkung 8.3.5

Für spätere Verwendung halten wir hier folgende Aussage fest: Seien $f : V \to V'$ und $h : V' \to V''$ lineare Abbildungen endlich-dimensionaler Vektorräume. Dann gilt $\mathrm{rg}(h \circ f) \leq \mathrm{rg}(h)$. Ist f surjektiv, so gilt $\mathrm{rg}(h \circ f) = \mathrm{rg}(h)$. Ist h injektiv, so gilt $\mathrm{rg}(h \circ f) = \mathrm{rg}(f)$.

Die erste Behauptung folgt, da $(h \circ f)(V) = h(f(V)) \subseteq h(V')$. Ist f surjektiv, so $(h \circ f)(V) = h(f(V)) = h(V')$. Ist h injektiv und $(h \circ f)(\boldsymbol{v}) = 0$, so $h(f(\boldsymbol{v})) = 0$ und somit $f(\boldsymbol{v}) = 0$; dies zeigt $\mathrm{Ker}(h \circ f) = \mathrm{Ker}(f)$. Letztere Behauptung folgt nun mit Teil (a) vorigen Satzes.

8.4 Beschreibung von linearen Abbildungen durch Matrizen

Wir bestimmen zunächst alle linearen Abbildungen $V_n(K) \to V_m(K)$.

Satz 8.4.1

(a) Jede Matrix $A \in M_{m,n}(K)$ definiert eine lineare Abbildung

$$f_A : V_n(K) \to V_m(K), \quad \boldsymbol{v} \mapsto A\boldsymbol{v}$$

(b) Jede lineare Abbildung $V_n(K) \to V_m(K)$ ist von der Form f_A für genau eine Matrix $A \in M_{m,n}(K)$.
(c) Für $A \in M_{m,n}(K)$ und $B \in M_{n,k}(K)$ gilt

$$f_A \circ f_B = f_{AB}$$

Beweis: (a) Die Abbildung f_A ist linear, da $A(\boldsymbol{v}_1 + \boldsymbol{v}_2) = A\boldsymbol{v}_1 + A\boldsymbol{v}_2$ und $A(c\boldsymbol{v}) = c(A\boldsymbol{v})$ für $c \in K$.

(b) Wir betrachten nun die Basis $\boldsymbol{e}_1^{(n)}, \ldots, \boldsymbol{e}_n^{(n)}$ von $V_n(K)$ (siehe 6.1). Nach Lemma 4.1.2(a) ist $A \cdot \boldsymbol{e}_j^{(n)}$ gleich dem j-ten Spaltenvektor von A. Also sind die Bilder $f_A(\boldsymbol{e}_1^{(n)}), \ldots, f_A(\boldsymbol{e}_n^{(n)})$ der Basiselemente genau die Spaltenvektoren von A. Dies zeigt die Eindeutigkeit von A.

Ist nun $f : V_n(K) \to V_m(K)$ eine beliebige lineare Abbildung, so definiere man $A \in M_{m,n}(K)$ als die Matrix mit Spaltenvektoren $f(\boldsymbol{e}_1^{(n)}), \ldots, f(\boldsymbol{e}_n^{(n)})$. Dann stimmen f und f_A auf den Basiselementen überein, also $f = f_A$ nach dem vorhergehenden Lemma.

(c) Für alle $\boldsymbol{u} \in V_k(K)$ gilt $(f_A \circ f_B)(\boldsymbol{u}) = f_A(B\boldsymbol{u}) = A(B\boldsymbol{u}) = (AB)\boldsymbol{u} = f_{AB}(\boldsymbol{u})$. ■

Der Satz besagt, dass jede lineare Abbildung $V_n(K) \to V_m(K)$ durch Multiplikation mit einer Matrix gegeben ist. Da jeder endlich-dimensionale Vektorraum V zu einem $V_n(K)$ isomorph ist, ist die Theorie der linearen Abbildungen zwischen endlich-dimensionalen Vektorräumen im Wesentlichen äquivalent zur Theorie der Matrixmultiplikation. Da der durch die Koordinatenabbildung gegebene Isomorphismus $V \to V_n(K)$ von der Wahl einer Basis abhängt, ergibt sich jedoch durch den Begriff der linearen Abbildung eine neue Sichtweise, insbesondere durch die Frage des Basiswechsels.

Definition 8.4.2

Seien nun V, V' Vektorräume über K mit Basen $\boldsymbol{v}_1, \ldots, \boldsymbol{v}_n$ bzw. $\boldsymbol{v}'_1, \ldots, \boldsymbol{v}'_m$. Sei $\alpha : V \to V_n(K)$ bzw. $\alpha' : V' \to V_m(K)$ die Koordinatenabbildung bzgl. der jeweiligen Basis. Für jede lineare Abbildung $f : V \to V'$ ist dann $\alpha' \circ f \circ \alpha^{-1}$ eine lineare Abbildung $V_n(K) \to V_m(K)$, ist also von der Form f_A für genau eine Matrix $A \in M_{m,n}(K)$. Man sagt, **die Matrix** A **beschreibt die lineare Abbildung** f bzgl. der gewählten Basen.

Diese Situation wird im folgenden Diagramm übersichtlich dargestellt.

$$\begin{array}{ccc} V & \xrightarrow{f} & V' \\ \alpha \downarrow & & \downarrow \alpha' \\ V_n(K) & \xrightarrow{f_A} & V_m(K) \end{array} \tag{8.1}$$

Beispiel: Die lineare Abbildung $V_2(K) \to V_2(K)$, $(x, y)^t \mapsto (x, -y)$ wird bzgl. der Basis $\boldsymbol{e}_1^{(2)}, \boldsymbol{e}_2^{(2)}$ durch die folgende Matrix beschrieben:

$$\begin{pmatrix} 1 & 0 \\ 0 & -1 \end{pmatrix}$$

Für $K = \mathbb{R}$ beschreibt diese Abbildung die Spiegelung der Ebene an der x-Achse (vgl. Abschnitt 4.5).

Satz 8.4.3

Seien V, V' Vektorräume über K mit Basen $\boldsymbol{v}_1, \ldots, \boldsymbol{v}_n$ bzw. $\boldsymbol{v}'_1, \ldots, \boldsymbol{v}'_m$. Sei $f : V \to V'$ eine lineare Abbildung und $A \in M_{m,n}(K)$ die Matrix, welche f bzgl. dieser Basen beschreibt. Dann sind die Spalten von A die Koordinatenvektoren von $f(\boldsymbol{v}_1), \ldots, f(\boldsymbol{v}_n)$ bzgl. der Basis $\boldsymbol{v}'_1, \ldots, \boldsymbol{v}'_m$. Allgemeiner gilt für alle $\boldsymbol{v} \in V$: Ist $\boldsymbol{w}$ der Koordinatenvektor von $\boldsymbol{v}$ bzgl. der Basis $\boldsymbol{v}_1, \ldots, \boldsymbol{v}_n$, so ist $A\boldsymbol{w}$ der Koordinatenvektor von $f(\boldsymbol{v})$ bzgl. der Basis $\boldsymbol{v}'_1, \ldots, \boldsymbol{v}'_m$.

Beweis: Nach Definition 8.4.2 gilt $\alpha' \circ f = f_A \circ \alpha$. Anwenden auf $\boldsymbol{v}$ ergibt $\alpha'(f(\boldsymbol{v})) = f_A(\boldsymbol{w}) = A\boldsymbol{w}$. Dies zeigt die letztere Behauptung. Im Spezialfall $\boldsymbol{v} = \boldsymbol{v}_j$ erhält man $\boldsymbol{w} = \boldsymbol{e}_j^{(n)}$. Der Koordinatenvektor von $f(\boldsymbol{v}_j)$ bzgl. der Basis $\boldsymbol{v}'_1, \ldots, \boldsymbol{v}'_m$ ist also $A\boldsymbol{w} = A\,\boldsymbol{e}_j^{(n)} =$ die j-te Spalte von A (für $j = 1, \ldots, n$). ∎

Beispiele:

1. Sei $V = V'$ und $\boldsymbol{v}_j = \boldsymbol{v}'_j$. Ist $f = \mathrm{Id}_V$, so ist der Koordinatenvektor von $f(\boldsymbol{v}_j) = \boldsymbol{v}_j$ bzgl. der Basis $\boldsymbol{v}_1, \ldots, \boldsymbol{v}_n$ der Einheitsvektor $\boldsymbol{e}_j^{(n)}$. Die Matrix mit Spalten $\boldsymbol{e}_1^{(n)}, \ldots, \boldsymbol{e}_n^{(n)}$ ist die Einheitsmatrix E_n. Also wird Id_V bzgl. der Basis $\boldsymbol{v}_1, \ldots, \boldsymbol{v}_n$ durch die Matrix E_n beschrieben.

2. Seien $\boldsymbol{v}_1, \ldots, \boldsymbol{v}_n$ und $\boldsymbol{w}_1, \ldots, \boldsymbol{w}_n$ Basen von V. Die lineare Abbildung $\mathrm{Id}_V : V \to V$ wird bzgl. dieser Basen durch diejenige Matrix T beschrieben, deren Spalten die Koordinatenvektoren von $\boldsymbol{v}_1, \ldots, \boldsymbol{v}_n$ bzgl. der Basis $\boldsymbol{w}_1, \ldots, \boldsymbol{w}_n$ sind. Dieses T heißt die **Transformationsmatrix für den Basiswechsel** von $\boldsymbol{v}_1, \ldots, \boldsymbol{v}_n$ nach $\boldsymbol{w}_1, \ldots, \boldsymbol{w}_n$. Sei S die Transformationsmatrix für den umgekehrten Basiswechsel von $\boldsymbol{w}_1, \ldots, \boldsymbol{w}_n$ nach $\boldsymbol{v}_1, \ldots, \boldsymbol{v}_n$. Nach Teil (b) des folgenden Satzes ist dann TS die Matrix, die $\mathrm{Id}_V \circ \mathrm{Id}_V = \mathrm{Id}_V$ bzgl. der Basis $\boldsymbol{w}_1, \ldots, \boldsymbol{w}_n$ beschreibt. Also $TS = E_n$ nach Beispiel 1. Wir haben somit gezeigt, dass T invertierbar ist und $S = T^{-1}$.

3. Sei $A \in M_{m,n}(K)$. Sei $f_A : V_n(K) \to V_m(K)$, $\boldsymbol{v} \mapsto A\boldsymbol{v}$ (wie in Satz 8.4.1). Dann wird f_A bzgl. der Basen $\boldsymbol{e}_1^{(n)}, \ldots, \boldsymbol{e}_n^{(n)}$ von $V_n(K)$ und $\boldsymbol{e}_1^{(m)}, \ldots, \boldsymbol{e}_m^{(m)}$ von $V_m(K)$ durch die Matrix A beschrieben.

4. Sei $f : V \to V'$ eine lineare Abbildung endlich-dimensionaler Vektorräume. Sei $U := \mathrm{Ker}(f)$. Nach Korollar 7.1.6 gibt es einen Unterraum W von V mit $V = U \oplus W$. Wähle eine Basis $\boldsymbol{w}_1, \ldots, \boldsymbol{w}_r$ von W und eine Basis $\boldsymbol{u}_1, \ldots, \boldsymbol{u}_s$ von U. Dann ist $\boldsymbol{w}_1, \ldots, \boldsymbol{w}_r, \boldsymbol{u}_1, \ldots, \boldsymbol{u}_s$ eine Basis von V (denn sowohl U als auch W liegen im Erzeugnis dieser Elemente, also bilden sie ein Erzeugendensystem von V der Länge $r + s = \dim V$, also eine Basis).
Im Beweis von Satz 8.3.4 wurde gezeigt, dass die Restriktion von f auf W ein Isomorphismus $W \to f(V)$ ist. Also sind die Bilder $f(\boldsymbol{w}_1), \ldots, f(\boldsymbol{w}_r)$ linear unabhängig in V'. Setze sie zu einer Basis von V' fort. Bzgl. der gewählten Basen wird dann f durch eine Matrix der folgenden Form beschrieben, wobei die Anzahl der Einsen gleich dem Rang r von f ist:

$$\left(\begin{array}{cccc|c} 1 & & & & \\ & 1 & & & \\ & & \ddots & & 0 \\ & & & 1 & \\ \hline & & 0 & & 0 \end{array}\right)$$

Satz 8.4.4

Seien V, V' Vektorräume über K mit Basen $\boldsymbol{v}_1, \ldots, \boldsymbol{v}_n$ bzw. $\boldsymbol{v}'_1, \ldots, \boldsymbol{v}'_m$.
(a) Sei $\mathrm{Hom}(V, V')$ der K-Vektorraum der linearen Abbildungen $V \to V'$ (siehe Lemma 8.2.5). Sei

$$\Phi : \mathrm{Hom}(V, V') \to M_{m,n}(K)$$

die Abbildung, die jedem $f \in \mathrm{Hom}(V, V')$ die Matrix zuordnet, welche f bzgl. der gegebenen Basen beschreibt. Dann ist Φ ein Isomorphismus von K-Vektorräumen. Ist $V = V'$ und $\boldsymbol{v}_j = \boldsymbol{v}'_j$ für $j = 1 \ldots, n$, so ist Φ ein Isomorphismus des Rings $\mathrm{End}(V) = \mathrm{Hom}(V, V)$ auf den Matrixring $M_n(K)$.
(b) Sei V'' ein weiterer K-Vektorraum mit Basis $\boldsymbol{v}''_1, \ldots, \boldsymbol{v}''_k$. Seien $f : V \to V'$ und $h : V' \to V''$ lineare Abbildungen. Sei A (bzw. B) die Matrix, die f (bzw. h) bzgl. der gewählten Basen beschreibt. Dann ist BA die Matrix, die $h \circ f$ bzgl. der gewählten Basen beschreibt.

Beweis: (a) Sei $\Psi : M_{m,n}(K) \to \mathrm{Hom}(V, V')$ die Abbildung, die jedem $A \in M_{m,n}(K)$ folgendes $f \in \mathrm{Hom}(V, V')$ zuordnet: f ist die nach Lemma 8.3.1 eindeutig existierende lineare Abbildung $f : V \to V'$, so dass $f(\boldsymbol{v}_j)$ das Element von V' ist, dessen Koordinatenvektor bzgl. der Basis $\boldsymbol{v}'_1, \ldots, \boldsymbol{v}'_m$ der j-te Spaltenvektor von A ist. Dann gilt offenbar $\Psi \circ \Phi = \mathrm{Id}_{\mathrm{Hom}(V,V')}$ und $\Phi \circ \Psi = \mathrm{Id}_{M_{m,n}(K)}$. Somit ist Φ bijektiv.

Wir zeigen nun, dass Φ linear ist. Seien also $f, g \in \mathrm{Hom}(V, V')$. Dann ist $\Phi(f+g)$ die Matrix mit Spalten $(f+g)(\boldsymbol{v}_j) = f(\boldsymbol{v}_j) + g(\boldsymbol{v}_j)$. Also $\Phi(f+g) = \Phi(f) + \Phi(g)$. Verträglichkeit mit skalarer Multiplikation folgt analog.

Sei nun $V = V'$ und $\boldsymbol{v}_j = \boldsymbol{v}'_j$. Die Bedingung $\Phi(ff') = \Phi(f)\Phi(f')$ folgt aus (b). Nach Beispiel 1 bildet Φ die Eins der Rings $\mathrm{End}(V)$ auf die Eins der Rings $M_n(K)$ ab und ist somit ein Homomorphismus von Ringen.

(b) Seien α, α' wie in Definition 8.4.2 und analog $\alpha'' : V'' \to V_k(K)$ die Koordinatenabbildung. Dann gilt $\alpha' \circ f \circ \alpha^{-1} = f_A$ und $\alpha'' \circ h \circ (\alpha')^{-1} = f_B$. Nach Satz 8.4.1 gilt $f_{BA} = f_B f_A = \alpha'' \circ h \circ (\alpha')^{-1} \circ \alpha' \circ f \circ \alpha^{-1} = \alpha'' \circ (hf) \circ \alpha^{-1}$. Letzteres ist gleich f_C, wenn C die Matrix ist, welche die Abbildung $h \circ f$ bzgl. der gewählten Basen beschreibt (nach Definition 8.4.2). Also $f_C = f_{BA}$ und somit $C = BA$ (nach der Eindeutigkeit in Satz 8.4.1(b)). ■

Korollar 8.4.5

(a) Sei $f : V \to V'$ eine lineare Abbildung von K-Vektorräumen. Sei A die Matrix, die f bzgl. der Basen $\boldsymbol{v}_1, \ldots, \boldsymbol{v}_n$ von V und $\boldsymbol{v}'_1, \ldots, \boldsymbol{v}'_m$ von V' beschreibt. Sei C die Matrix, die f bzgl. weiterer Basen $\boldsymbol{w}_1, \ldots, \boldsymbol{w}_n$ von V und $\boldsymbol{w}'_1, \ldots, \boldsymbol{w}'_m$ von V' beschreibt. Sei T (bzw. S) die Matrix, deren Spalten die Koordinatenvektoren von $\boldsymbol{v}_1, \ldots, \boldsymbol{v}_n$ bzgl. der Basis $\boldsymbol{w}_1, \ldots, \boldsymbol{w}_n$ sind (bzw. deren Spalten die Koordinatenvektoren von $\boldsymbol{w}'_1, \ldots, \boldsymbol{w}'_m$ bzgl. der Basis $\boldsymbol{v}'_1, \ldots, \boldsymbol{v}'_m$ sind). Dann sind S und T invertierbar, und

$$A = S\,C\,T$$

(b) Sei f ein Endomorphismus des K-Vektorraums V. Sei A (bzw. C) die Matrix, die f bzgl. der Basis $\boldsymbol{v}_1, \ldots, \boldsymbol{v}_n$ (bzw. $\boldsymbol{w}_1, \ldots, \boldsymbol{w}_n$) von V beschreibt. Sei T die Matrix, deren Spalten die Koordinatenvektoren von $\boldsymbol{v}_1, \ldots, \boldsymbol{v}_n$ bzgl. der Basis $\boldsymbol{w}_1, \ldots, \boldsymbol{w}_n$ sind. Dann gilt

$$A = T^{-1}\,C\,T$$

Beweis: (a) Wir beschreiben Id_V bzgl.der Basen $\boldsymbol{v}_1, \ldots, \boldsymbol{v}_n$ und $\boldsymbol{w}_1, \ldots, \boldsymbol{w}_n$ durch die Matrix T, wir beschreiben $f : V \to V'$ bzgl. der Basen $\boldsymbol{w}_1, \ldots, \boldsymbol{w}_n$ und $\boldsymbol{w}'_1, \ldots, \boldsymbol{w}'_m$ durch die Matrix C, und wir beschreiben $\mathrm{Id}_{V'}$ bzgl.der Basen $\boldsymbol{w}'_1, \ldots, \boldsymbol{w}'_m$ und $\boldsymbol{v}'_1, \ldots, \boldsymbol{v}'_m$ durch die Matrix S. Nach Teil (b) des Satzes wird also $f = \mathrm{Id}_{V'} \circ f \circ \mathrm{Id}_V$ bzgl. der Basen $\boldsymbol{v}_1, \ldots, \boldsymbol{v}_n$ und $\boldsymbol{v}'_1, \ldots, \boldsymbol{v}'_m$ durch die Matrix SCT beschrieben. Somit $SCT = A$. Die Matrizen S und T sind nach Beispiel 2 invertierbar.

(b) Dies ist der Spezialfall $V = V'$ und $\boldsymbol{v}_j = \boldsymbol{v}'_j$ und $\boldsymbol{w}_j = \boldsymbol{w}'_j$. Man beachte, dass dann $S = T^{-1}$ nach Beispiel 2. ■

Korollar 8.4.6

Für jede Matrix $A \in M_{m,n}(K)$ gibt es Matrizen $T \in GL_n(K)$, $S \in GL_m(K)$, so dass die Matrix SAT die folgende Form hat:

$$\left(\begin{array}{cccc|c} 1 & & & & \\ & 1 & & & \\ & & \ddots & & 0 \\ & & & 1 & \\ \hline & & 0 & & 0 \end{array}\right)$$

Beweis: Nach Beispiel 4 wird die Abbildung $f_A : V_n(K) \to V_m(K)$ bzgl. geeigneter Basen durch obige Matrix beschrieben. Nach Beispiel 3 wird f_A bzgl. der kanonischen Basen durch A beschrieben. Somit folgt die Behauptung aus dem vorhergehenden Korollar. ■

Definition 8.4.7

Zwei Matrizen A, C in $M_n(K)$ heißen **ähnlich**, falls ein $T \in GL_n(K)$ existiert mit $A = T^{-1}CT$.

Man beachte, dass die Bedingung $C = T^{-1}AT$ äquivalent ist zu der Bedingung $A = TCT^{-1}$. Die Bedingung der Ähnlichkeit ist also symmetrisch in A und C.

Beschreiben zwei Matrizen denselben Endomorphismus eines n-dimensionalen Vektorraums V (bzgl. verschiedener Basen), so sind sie ähnlich nach Korollar 8.4.5(b). Sind umgekehrt $A, C \in M_n(K)$ ähnlich, und beschreibt A einen Endomorphismus f von V (bzgl. einer Basis von V), so beschreibt C denselben Endomorphismus bzgl. einer weiteren Basis von V.

8.5 Der Rang einer Matrix

Aus der Theorie der linearen Abbildungen können wir nun Rückschlüsse für Gleichungssysteme und Matrizen ziehen. Sei $A \in M_{m,n}(K)$ und $f_A : V_n(K) \to V_m(K)$, $\boldsymbol{u} \mapsto A\boldsymbol{u}$, die zugeordnete lineare Abbildung. Der Kern von f_A besteht aus allen $\boldsymbol{u} \in V_n(K)$ mit $A\boldsymbol{u} = 0$, ist also der Lösungsraum des homogenen Gleichungssystems mit Koeffizientenmatrix A.

Nach Satz 8.3.4 ist jeder Unterraum von $V_n(K)$ der Kern einer linearen Abbildung $V_n(K) \to V_n(K)$. Jede solche lineare Abbildung ist von der Form f_A für ein $A \in M_n(K)$ (nach Satz 8.4.1). Damit ist gezeigt:

Satz 8.5.1

Jeder Unterraum von $V_n(K)$ ist der Lösungsraum eines homogenen Gleichungssystems in n Unbekannten.

Wir definieren den **Spaltenraum** (bzw. **Zeilenraum**) einer Matrix $A \in M_{m,n}(K)$ als den von den Spaltenvektoren (bzw. Zeilenvektoren) von A erzeugten Unterraum von $V_m(K)$ (bzw. $V_n(K)$). Wir definieren den **Rang** von A, geschrieben $\mathrm{rg}(A)$, als den Rang der linearen Abbildung f_A.

Satz 8.5.2

Der Rang einer Matrix $A \in M_{m,n}(K)$ stimmt mit folgenden Zahlen überein:

1. Die Dimension des Spaltenraums von A
2. Die Dimension des Zeilenraums von A
3. Die maximale Anzahl linear unabhängiger Spalten von A
4. Die maximale Anzahl linear unabhängiger Zeilen von A
5. Der Rang einer jeden linearen Abbildung, welche durch A beschrieben wird.

Beweis: Die Gleichheit von (1) und (3) (bzw. von (2) und (4)) folgt daraus, dass jedes Erzeugendensystem eines endlich-dimensionalen Vektorraums eine Basis enthält.

Nach Lemma 4.1.2 sind die Spaltenvektoren von A die Bilder der Einheitsvektoren $\boldsymbol{e}_1^{(n)}, \ldots, \boldsymbol{e}_n^{(n)}$ unter der Abbildung f_A. Diese Einheitsvektoren erzeugen $V_n(K)$, also erzeugen die Spaltenvektoren von A das Bild $f_A(V_n(K))$ (nach Lemma 8.3.2(b)). Somit ist $f_A(V_n(K))$ gleich dem Spaltenraum von A. Also ist der Rang der linearen Abbildung f_A gleich der Dimension des Spaltenraums von A.

Sei nun $f : V \to V'$ eine lineare Abbildung, welche bzgl. gewisser Basen durch A beschrieben wird. Mit den Bezeichnungen von Definition 8.4.2 gilt dann $\alpha' \circ f = f_A \circ \alpha$. Da α und α' Isomorphismen sind, folgt $\mathrm{rg}(f) = \mathrm{rg}(\alpha' \circ f) = \mathrm{rg}(f_A \circ \alpha) = \mathrm{rg}(f_A)$ nach Bemerkung 8.3.5.

Es bleibt zu zeigen, dass die Dimension des Spaltenraums von A gleich der Dimension des Zeilenraums ist. Wir verwenden dazu, dass für geeignete $T \in GL_n(K)$, $S \in GL_m(K)$ die Matrix $C := SAT$ die Form von Korollar 8.4.6 hat. Für die Matrix C ist es klar, dass die Dimension des Spaltenraums gleich der Dimension des Zeilenraums ist (nämlich gleich der Anzahl r der Einsen in der Matrix C, da C genau r von 0 verschiedene Spalten- bzw. Zeilenvektoren hat, und dies sind jeweils linear unabhängige Einheitsvektoren).

Es bleibt nur noch zu zeigen, dass der Spaltenraum (bzw. Zeilenraum) von C dieselbe Dimension wie der von A hat. Wegen $f_C = f_S \circ f_A \circ f_T$ gilt $\mathrm{rg}(f_C) = \mathrm{rg}(f_A)$ nach Bemerkung 8.3.5. Nach dem schon gezeigten Teil der Behauptung folgt nun die Aussage über den Spaltenraum. Die Aussage über den Zeilenraum folgt durch Transponieren (unter Verwendung von Aufgabe 4.6.2.3), da offenbar der Spaltenraum von A^t gleich dem Zeilenraum von A ist. ■

Bemerkung 8.5.3

Wir haben im obigen Beweis folgendes festgestellt: Ist die Matrix $C := SAT$ von der Form

$$\left(\begin{array}{cccc|c} 1 & & & & \\ & 1 & & & \\ & & \ddots & & 0 \\ & & & 1 & \\ \hline & & 0 & & 0 \end{array}\right)$$

für gewisse $T \in GL_n(K)$, $S \in GL_m(K)$, so ist die Anzahl der Einsen in C gleich dem Rang von A. Die Matrix C ist also durch A eindeutig bestimmt und heißt die **allgemeine Normalform** von A.

Man beachte, dass T und S nicht eindeutig bestimmt sind (siehe Aufgabe 8.6.1.8). Ist man nur an der Berechnung des Rangs von A interessiert, so ist es nicht notwendig, T und S zu berechnen. Man beachte zunächst:

Korollar 8.5.4

Sei $A \in M_{m,n}(K)$. Der Lösungsraum des homogenen Gleichungssystems mit Koeffizientenmatrix A hat Dimension $n - \text{rg}(A)$.

Beweis: Dieser Lösungsraum ist $\ker(f_A)$. Die Behauptung folgt somit aus der Dimensionsformel für lineare Abbildungen (Satz 8.3.4(a)). ■

Bemerkung 8.5.5

Zur Berechnung des Rangs von A transformiere man nun A durch Zeilenumformungen auf Treppenform. Dann hat der Lösungsraum des homogenen Gleichungssystems mit Koeffizientenmatrix A Dimension f, wobei f die Anzahl der freien Unbekannten ist (Satz 3.5.3). Somit gilt $\text{rg}(A) = n - f$.

8.6 Aufgaben

8.6.1 Grundlegende Aufgaben

1. Man zeige, dass die Abbildungen $f : V_2(K) \to V_3(K)$, $(x, y)^t \to (x, y, 0)^t$ und $h : V_3(K) \to V_2(K)$, $(x, y, z)^t \to (x, y)^t$ linear sind und finde die zugehörige Matrix bzgl. der kanonischen Basen.

2. Man finde die Matrizen, die die Abbildungen aus der vorhergehenden Aufgabe bzgl. der folgenden Basen beschreiben: Die Basis $(1, 1)^t, (1, 2)^t$ von $V_2(K)$ und die Basis $(0, 1, 0)^t, (1, 1, 0)^t, (0, 0, 1)^t$ von $V_3(K)$.

3. Man finde die Transformationsmatrizen zwischen den in den zwei vorhergehenden Aufgaben betrachteten Basen von $V_2(K)$ bzw. $V_3(K)$, und zeige, wie sie die Matrizen, welche f und h bzgl. dieser Basen beschreiben, ineinander transformieren.

4. Man finde ein homogenes Gleichungssystem in 3 Unbekannten, dessen Lösungsraum der von $(1,2,0)^t$, $(1,1,1)^t$ erzeugte Unterraum von $V_3(K)$ ist.

5. Sei $n \geq 3$. Man zeige, dass durch

$$\begin{pmatrix} v_1 \\ v_2 \\ \vdots \\ v_{n-1} \\ v_n \end{pmatrix} \mapsto \begin{pmatrix} v_n \\ v_1 \\ \vdots \\ v_{n-2} \\ v_{n-1} \end{pmatrix}$$

eine K-lineare Abbildung $f : V_n(K) \to V_n(K)$ definiert wird. Man gebe die Matrix an, welche diese Abbildung bzgl. der kanonischen Basis von $V_n(K)$ beschreibt.

6. Sei V ein K-Vektorraum der endlichen Dimension n. Sei $c \in K$. Sei $f : V \to V$ definiert durch $f(\boldsymbol{v}) = c\boldsymbol{v}$ für jedes $\boldsymbol{v} \in V$. Man zeige, dass f bzgl. jeder Basis von V durch die Matrix cE_n beschrieben wird.

7. Es sei folgende Matrix über $\mathbb{Q}$ gegeben:

$$A := \begin{pmatrix} 1 & 2 & 3 & 4 \\ 5 & 4 & 3 & 2 \\ 1 & 1 & 1 & 1 \end{pmatrix}$$

Berechne Rang und Defekt von A.

8. Man finde ein Beispiel dafür, dass die Matrizen S und T, so dass SAT in allgemeiner Normalform ist, durch A nicht eindeutig bestimmt sind (auch nicht bis auf skalare Vielfache).

9. Sei G eine Gruppe. Man zeige, dass G genau dann abelsch ist, wenn die Abbildung $G \to G, g \mapsto g^{-1}$ ein Endomorphismus ist.

10. (a) Sei V ein K-Vektorraum. Sei E der Endomorphismenring der Gruppe $(V,+)$. Für jedes $c \in K$ ist dann die Abbildung $f_c : \boldsymbol{v} \mapsto c\boldsymbol{v}$ ein Element von E. Ferner ist die Abbildung $K \to E,\ c \mapsto f_c$ ein Monomorphismus von Ringen.
(b) Sei V eine abelsche Gruppe und E der Endomorphismenring von V. Sei K ein Unterring von E, welcher ein Körper ist. Für $c \in K$ definiere man $c\boldsymbol{v}$ als das Bild von $\boldsymbol{v}$ unter c. Man zeige, dass V dadurch zu einem K-Vektorraum wird.

11. Zeige: Die natürliche Abbildung des Rings $\mathbb{Z}$ der ganzen Zahlen auf den Ring der Restklassen modulo m ist ein Homomorphismus von Ringen. Was ist der Kern?

12. Sei V der $\mathbb{R}$-Vektorraum der stetigen unendlich oft differenzierbaren Funktionen $f : \mathbb{R} \to \mathbb{R}$. Man zeige, dass die Ableitung $\varphi : V \to V : f(x) \mapsto f'(x)$ linear ist. Sei W der Unterraum, der von den Funktionen $f_1(x) = \sin(x)$, $f_2(x) = \cos(x)$, $f_3(x) = \sin(2x)$

und $f_4(x) = \cos(2x)$ erzeugt wird. Man zeige: f_1, f_2, f_3, f_4 bilden eine Basis von W und φ bildet W in sich ab. Beschreiben Sie $\varphi|_W$ durch eine Matrix bezüglich der Basis f_1, f_2, f_3, f_4.

13. Es sei V der $\mathbb{R}$ Vektorraum der reellen Polynome vom Grad ≤ 4. Beschreiben Sie die lineare Abbildung $\varphi : V \to V : p \mapsto p'$, die jedem Polynom seine Ableitung zuordnet, durch eine Matrix bezüglich der kanonischen Basis von V. Bestimme Rang und Defekt von φ.

14. Wie viele Endomorphismen hat ein 2-dimensionaler Vektorraum über $\mathbb{F}_2$? Wie viele davon haben Rang 0 bzw. 1 bzw. 2?

15. Wie groß ist die Anzahl der 2×3-Matrizen über $\mathbb{F}_2$ vom Rang 2 in reduzierter Treppenform?

16. Sei $A \in M_{m,n}(K)$. Man zeige: $rg(A) \leq \min(m, n)$. Kommt jede nicht-negative ganze Zahl $\leq \min(m, n)$ als Rang einer Matrix $A \in M_{m,n}(K)$ vor?

17. Man vervollständige den Beweis von Satz 8.2.4.

8.6.2 Weitergehende Aufgaben

1. Man finde einen Algorithmus basierend auf Zeilen- *und* Spaltenumformungen, welcher für eine gegebene Matrix A invertierbare Matrizen S, T berechnet, so dass SAT in allgemeiner Normalform ist. (Hinweis: Man modifiziere den Algorithmus zur Berechnung der Inversen einer Matrix, siehe Bemerkung 4.4.3).

2. Sei $f : R \to S$ ein Homomorphismus von Ringen. Ist R ein Körper, so ist f injektiv.

3. Man berechne die Anzahl der Elemente der symmetrischen Gruppe S_n, d. h. die Anzahl der Permutationen der Symbole $1, \ldots, n$.

4. Man zeige, dass sich die Definition des Endomorphismenrings einer abelschen Gruppe nicht auf den Fall einer nicht-abelschen Gruppe überträgt.

5. Man betrachte den $\mathbb{R}$ Vektorraum V der unendlich oft differenzierbaren Funktionen $f : \mathbb{R} \to \mathbb{R}$ sowie die Abbildung $\varphi : V \to V,\ f(x) \mapsto \int_0^x f(t)dt$. Zeigen Sie, dass φ linear ist. Zeigen Sie, dass $\mathrm{Ker}(\varphi) = 0$. Finden Sie eine lineare Abbildung $\theta : V \to V$, so dass die Verknüpfung $\theta \circ \varphi$ die Identität auf V ist. Finden Sie eine lineare Abbildung $\psi : V \to \mathbb{R}$, so dass $\mathrm{Im}(\varphi) = \mathrm{Ker}(\psi)$.

6. Man zeige, dass eine Matrix $A \in M_{m,n}(K)$ genau dann Rang ≤ 1 hat, wenn sie von der Form $A = \boldsymbol{u}\boldsymbol{v}$ ist, wobei $\boldsymbol{u}$ ein Spaltenvektor der Länge m und $\boldsymbol{v}$ ein Zeilenvektor der Länge n ist.

7. Seien $f : V \to V'$ und $h : V' \to V''$ lineare Abbildungen endlich-dimensionaler Vektorräume. Dann gilt $\mathrm{def}(h \circ f) \geq \mathrm{def}(f)$. Ist h injektiv, so gilt $\mathrm{def}(h \circ f) = \mathrm{def}(f)$.

8. Sei f ein Endomorphismus des K-Vektorraums V. Man zeige, dass die folgenden Bedingungen äquivalent sind:
(a) $f(W) = W$ für jeden Unterraum W von V.
(b) $f(\boldsymbol{v}) \in K\boldsymbol{v}$ für jedes $\boldsymbol{v} \in V$.
(c) Es gibt ein $c \in K$ mit $f(\boldsymbol{v}) = c\boldsymbol{v}$ für jedes $\boldsymbol{v} \in V$.

9. Es sei p eine Primzahl und $\mathbb{F}_p$ der Körper der Restklassen ganzer Zahlen modulo p (siehe Anhang B). Man zeige, dass jeder Körper mit p Elementen isomorph zu $\mathbb{F}_p$ ist.

10. Sei p eine Primzahl, so dass $p + 1$ durch 4 teilbar ist. Sei $\mathbb{F}_p$ der Körper der Restklassen modulo p. In Aufgabe 5.4.2.4 wurde gezeigt, dass $\mathbb{F}_p$ kein Element i mit $i^2 = -1$ hat. Wir zeigen hier, wie man durch „Hinzunehmen" eines Elements i mit $i^2 = -1$ einen Oberkörper von $\mathbb{F}_p$ konstruiert, analog zur Konstruktion des Körpers $\mathbb{C}$ der komplexen Zahlen.
(a) Sei F die Menge der Paare (ϵ, η) mit $\epsilon, \eta \in \mathbb{F}_p$. Wir definieren eine Addition auf F durch
$$(\epsilon_1, \eta_1) + (\epsilon_2, \eta_2) = (\epsilon_1 + \epsilon_2, \eta_1 + \eta_2)$$
und eine Multiplikation durch
$$(\epsilon_1, \eta_1) \cdot (\epsilon_2, \eta_2) = (\epsilon_1\epsilon_2 - \eta_1\eta_2, \epsilon_1\eta_2 + \epsilon_2\eta_1).$$
Man zeige, dass F dadurch zu einem Ring mit Nullelement $(0, 0)$ und Einselement $(1, 0)$ wird. Die Elemente der Form $(\epsilon, 0)$ bilden einen zu $\mathbb{F}_p$ isomorphen Teilring von F, deshalb schreiben wir kurz ϵ für $(\epsilon, 0)$.
(b) Das Element $i := (0, 1)$ erfüllt $i^2 = -1$. Das allgemeine Element $z = (\epsilon, \eta)$ von F schreibt sich nun als $z = \epsilon + i\eta$. Die Abbildung $z = \epsilon + i\eta \mapsto \bar{z} := \epsilon - i\eta$ ist ein Automorphismus von $\mathbb{F}_p$.
(c) Unter Verwendung der Voraussetzung, dass $p + 1$ durch 4 teilbar ist, zeige man nun, dass $z \cdot \bar{z} = \epsilon^2 + \eta^2 \neq 0$ für $z \neq 0$. (Hinweis: Aus $\epsilon^2 + \eta^2 = 0$ und $\eta \neq 0$ folgt $(\epsilon/\eta)^2 = -1$). Somit hat jedes $z \neq 0$ in F ein Inverses, nämlich $\bar{z}/(z \cdot \bar{z})$, und es folgt, dass F ein Körper ist. Dieser Körper hat p^2 Elemente und wird mit $\mathbb{F}_{p^2}$ bezeichnet.

8.6.3 Maple

1. Wie viele der 3×3-Matrizen über $\mathbb{F}_2$ sind ähnlich zu

1) $\begin{pmatrix} 1 & 0 & 0 \\ 0 & 1 & 0 \\ 0 & 0 & 1 \end{pmatrix}$?

2) $\begin{pmatrix} 1 & 0 & 0 \\ 0 & 1 & 0 \\ 0 & 0 & 0 \end{pmatrix}$?

3) $\begin{pmatrix} 1 & 0 & 0 \\ 0 & 0 & 0 \\ 0 & 0 & 0 \end{pmatrix}$?

4) $\begin{pmatrix} 0 & 0 & 0 \\ 0 & 0 & 0 \\ 0 & 0 & 0 \end{pmatrix}$?

2. Wie viele der 3×4-Matrizen über $\mathbb{F}_2$ haben die folgende allgemeine Normalform:

1) $\begin{pmatrix} 1 & 0 & 0 & 0 \\ 0 & 1 & 0 & 0 \\ 0 & 0 & 1 & 0 \end{pmatrix}$?

2) $\begin{pmatrix} 1 & 0 & 0 & 0 \\ 0 & 1 & 0 & 0 \\ 0 & 0 & 0 & 0 \end{pmatrix}$?

3) $\begin{pmatrix} 1 & 0 & 0 & 0 \\ 0 & 0 & 0 & 0 \\ 0 & 0 & 0 & 0 \end{pmatrix}$?

4) $\begin{pmatrix} 0 & 0 & 0 & 0 \\ 0 & 0 & 0 & 0 \\ 0 & 0 & 0 & 0 \end{pmatrix}$?

Teil III

Determinanten und Eigenwerte

9 Determinanten

Die Determinante einer quadratischen Matrix bzw. eines Endomorphismus eines endlich-dimensionalen Vektorraums gibt ein numerisches Kriterium für die Invertierbarkeit. Sie erlaubt, die eindeutige Lösbarkeit der zugehörigen Gleichungssysteme zu entscheiden und die Lösungen explizit anzugeben (Cramer'sche Regel). Insbesondere wird die Determinante im nächsten Abschnitt 10 zur Definition des charakteristischen Polynoms benötigt, dessen Nullstellen die **Eigenwerte** der Matrix sind.

9.1 Vorbemerkungen über Invertierbarkeit von Matrizen

Der Begriff der Invertierbarkeit einer Matrix ist uns an verschiedenen Stellen immer wieder begegnet. Wir fassen nun die bisher gefundenen Charakterisierungen dieses Begriffs zusammen.

Eine quadratische Matrix $A \in M_n(K)$ ist genau dann invertierbar, wenn eine der folgenden Bedingungen erfüllt ist:

(INV 1) Jedes Gleichungssystem mit Koeffizientenmatrix A hat genau eine Lösung (d. h. die Abbildung f_A ist bijektiv).

(INV 2) Jedes Gleichungssystem mit Koeffizientenmatrix A hat mindestens eine Lösung (d. h. die Abbildung f_A ist surjektiv).

(INV 3) Jedes Gleichungssystem mit Koeffizientenmatrix A hat höchstens eine Lösung (d. h. die Abbildung f_A ist injektiv).

(INV 4) Das homogene Gleichungssystem mit Koeffizientenmatrix A hat nur die triviale Lösung (d. h. die Abbildung f_A hat Kern $\{0\}$).

(INV 5) Es gibt genau eine $n \times n$-Matrix B mit $A \cdot B = B \cdot A = E_n$ (d. h. die Abbildung f_A ist invertierbar).

(INV 6) Es gibt eine $n \times n$-Matrix B mit $A \cdot B = E_n$.

(INV 7) Die Spalten von A sind linear unabhängig.

(INV 8) Die Zeilen von A sind linear unabhängig.

(INV 9) Der Rang von A ist n.

(INV 10) A kann durch Zeilenumformungen in die Einheitsmatrix E_n übergeführt werden.

Es stellt sich die Frage, ob man nicht durch ein direktes numerisches Kriterium anhand der Einträge einer Matrix entscheiden kann, ob sie invertierbar ist. Für $n = 1$ z. B. ist eine Matrix genau dann invertierbar, wenn ihr (einziger) Eintrag von null verschieden ist. Eine 2×2-Matrix $\binom{a\,b}{c\,d}$ ist genau dann invertierbar, wenn $ad - bc$ von null verschieden ist (siehe Aufgabe 3.7.2.2; der einfache Beweis beruht darauf, dass zwei Vektoren genau dann linear abhängig sind, wenn einer ein skalares Vielfaches des anderen ist). Dies legt folgende (vorläufige) Definition nahe.

Definition 9.1.1

Sei $A = (a_{ij})$ eine $n \times n$-Matrix.
Für $n = 1$ setze man $\det(A) := a_{11}$.
Für $n = 2$ setze man $\det(A) := a_{11}a_{22} - a_{12}a_{21}$.

Dann gilt für $n \leq 2$: Die Matrix A ist genau dann invertierbar, wenn $\det(A) \neq 0$. Durch etwas umfangreichere Rechnungen kann man dies auf einige weitere Werte von n erweitern. Dabei findet man die richtige Definition von $\det(A)$, indem man das Gleichungssystem mit unbestimmter Koeffizientenmatrix A in direkter Weise löst; das Lösbarkeitskriterium $\det(A) \neq 0$ (vgl. **(INV 1)**) ergibt sich dabei durch die Bedingung, dass die auftretenden Nenner nicht verschwinden dürfen. Um den allgemeinen Fall zu behandeln, ist folgende Beobachtung wegweisend, die man im Fall $n \leq 2$ leicht verifiziert:

Bemerkung 9.1.2

Multipliziert man eine Spalte oder Zeile von A mit einem Skalar c, so multipliziert sich $\det(A)$ mit c. Ist eine Spalte oder Zeile von A Summe zweier Vektoren $\boldsymbol{v}'$, $\boldsymbol{v}''$, und bezeichnet A' bzw. A'' die Matrix, die aus A dadurch entsteht, dass man die entsprechende Spalte oder Zeile durch $\boldsymbol{v}'$ bzw. $\boldsymbol{v}''$ ersetzt, so gilt

$$\det(A) = \det(A') + \det(A'')$$

Funktionen mit diesen Eigenschaften heißen **multilinear**. Zusätzlich hat die Determinante die Eigenschaft, dass $\det(A) = 0$, falls zwei Spalten oder Zeilen von A gleich sind (da dann die Matrix nicht invertierbar ist, siehe Aufgabe 3.7.2.1). Multilineare Funktionen mit dieser zusätzlichen Eigenschaft heißen **alternierend**. Das Studium der alternierenden multilinearen Funktionen führt schnell zum allgemeinen Begriff der Determinante. Da alternierende multilineare Funktionen in diesem Buch nicht mehr vorkommen, führen wir die Terminologie nicht allgemein ein, sondern reden von „Determinantenformen".

9.2 Determinantenformen

Sei $n \geq 2$. Wir bezeichnen die Matrix $A \in M_n(K)$ mit Spaltenvektoren $\boldsymbol{v}_1, \ldots, \boldsymbol{v}_n$ mit $A = [\boldsymbol{v}_1, \ldots, \boldsymbol{v}_n]$.

Definition 9.2.1

Eine **Determinantenform** auf $M_n(K)$ ist eine Abbildung $\Delta : M_n(K) \to K$ mit folgenden Eigenschaften:

(DET1) Für alle $i = 1, \dots, n$ und $\boldsymbol{v}_1, \dots, \boldsymbol{v}_{i-1}, \boldsymbol{v}_{i+1}, \dots, \boldsymbol{v}_n \in V_n(K)$ ist die Abbildung $V_n(K) \to K, \boldsymbol{u} \mapsto \Delta[\boldsymbol{v}_1, \dots, \boldsymbol{v}_{i-1}, \boldsymbol{u}, \boldsymbol{v}_{i+1}, \dots, \boldsymbol{v}_n]$ linear.

(DET2) Ist $\boldsymbol{v}_i = \boldsymbol{v}_j$ für gewisse $i \neq j$ so gilt $\Delta[\boldsymbol{v}_1, \dots, \boldsymbol{v}_n] = 0$.

(DET3) $\Delta(E_n) = 1$ (Hierbei ist E_n die Einheitsmatrix).

In Bedingung **(DET1)** verwenden wir zur Abkürzung den Begriff der linearen Abbildung. Explizit bedeutet **(DET1)** z. B. für $i = 1$, dass

$$\Delta[c\boldsymbol{u}, \boldsymbol{v}_2, \dots, \boldsymbol{v}_n] = c\,\Delta[\boldsymbol{u}, \boldsymbol{v}_2, \dots, \boldsymbol{v}_n] \tag{9.1}$$

für $c \in K$, und

$$\Delta[\boldsymbol{u} + \boldsymbol{w}, \boldsymbol{v}_2, \dots, \boldsymbol{v}_n] = \Delta[\boldsymbol{u}, \boldsymbol{v}_2, \dots, \boldsymbol{v}_n] + \Delta[\boldsymbol{w}, \boldsymbol{v}_2, \dots, \boldsymbol{v}_n].$$

(DET1) entspricht also genau der Eigenschaft von Bemerkung 9.1.2. Ist nun auch $\boldsymbol{v}_2 = \boldsymbol{u} + \boldsymbol{w}$, so folgt aus **(DET1)** und **(DET2)**:

$$0 = \Delta[\boldsymbol{u}+\boldsymbol{w}, \boldsymbol{u}+\boldsymbol{w}, \boldsymbol{v}_3, \dots, \boldsymbol{v}_n] = \Delta[\boldsymbol{u}, \boldsymbol{u}+\boldsymbol{w}, \boldsymbol{v}_3, \dots, \boldsymbol{v}_n] + \Delta[\boldsymbol{w}, \boldsymbol{u}+\boldsymbol{w}, \boldsymbol{v}_3, \dots, \boldsymbol{v}_n] =$$

$$\Delta[\boldsymbol{u}, \boldsymbol{u}, \boldsymbol{v}_3, \dots, \boldsymbol{v}_n] + \Delta[\boldsymbol{u}, \boldsymbol{w}, \boldsymbol{v}_3, \dots, \boldsymbol{v}_n] + \Delta[\boldsymbol{w}, \boldsymbol{u}, \boldsymbol{v}_3, \dots, \boldsymbol{v}_n] + \Delta[\boldsymbol{w}, \boldsymbol{w}, \boldsymbol{v}_3, \dots, \boldsymbol{v}_n] =$$

$$\Delta[\boldsymbol{u}, \boldsymbol{w}, \boldsymbol{v}_3, \dots, \boldsymbol{v}_n] + \Delta[\boldsymbol{w}, \boldsymbol{u}, \boldsymbol{v}_3, \dots, \boldsymbol{v}_n]$$

Vertauscht man also die ersten zwei Spalten von A, so wechselt $\Delta(A)$ das Vorzeichen. Dasselbe gilt offenbar, wenn man irgend zwei Spalten von A vertauscht (mit dem analogen Beweis). Damit ist gezeigt:

Lemma 9.2.2

Vertauscht man zwei Spalten von A, so wechselt $\Delta(A)$ das Vorzeichen.

Sei nun Δ eine Determinantenform auf $M_2(K)$ und $A = (a_{ij})$ eine 2×2-Matrix. Dann gilt nach (5.3):

$$\Delta(A) = \Delta[a_{11}\boldsymbol{e}_1^{(2)} + a_{21}\boldsymbol{e}_2^{(2)},\ a_{12}\boldsymbol{e}_1^{(2)} + a_{22}\boldsymbol{e}_2^{(2)}]$$

Anwenden von **(DET1)** für $i = 1$ ergibt

$$\Delta(A) = a_{11}\,\Delta[\boldsymbol{e}_1^{(2)},\ a_{12}\boldsymbol{e}_1^{(2)} + a_{22}\boldsymbol{e}_2^{(2)}] + a_{21}\,\Delta[\boldsymbol{e}_2^{(2)},\ a_{12}\boldsymbol{e}_1^{(2)} + a_{22}\boldsymbol{e}_2^{(2)}]$$

Anwenden von **(DET1)** für $i = 2$ und von **(DET2)** ergibt weiter

$$\Delta(A) = a_{11}a_{22}\,\Delta[\boldsymbol{e}_1^{(2)}, \boldsymbol{e}_2^{(2)}] + a_{21}a_{12}\,\Delta[\boldsymbol{e}_2^{(2)}, \boldsymbol{e}_1^{(2)}]$$

Schließlich gilt $\Delta[e_2^{(2)}, e_1^{(2)}] = -\Delta[e_1^{(2)}, e_2^{(2)}]$ nach Lemma 9.2.2 und wir erhalten:

$$\Delta(A) \;=\; (a_{11}a_{22} - a_{21}a_{12})\, \Delta[e_1^{(2)}, e_2^{(2)}] \;=\; \det(A)\, \Delta(E_2) \;=\; \det(A)$$

Damit ist unsere Vorgehensweise bestimmt: Wir wollen für jedes n eine entsprechende Formel für $\Delta(A)$ finden und die erhaltene Formel als Definition von $\det(A)$ nehmen. Dazu müssen wir zunächst untersuchen, wie sich $\Delta(A)$ verändert, wenn man die Spalten von A in beliebiger Weise permutiert.

Definition 9.2.3

Sei $A = [v_1, \dots, v_n] \in M_n(K)$. Für $\pi \in S_n$ definieren wir $A^\pi := [v_{\pi(1)}, \dots, v_{\pi(n)}]$.

Sei $1 \leq i < j \leq n$. Wir definieren die **Transposition** (i, j) als die Permutation $\tau \in S_n$ mit $\tau(i) = j$, $\tau(j) = i$ und $\tau(k) = k$ für $k \neq i, j$. Dann gilt $\tau^2 = \mathrm{Id}$, also $\tau^{-1} = \tau$. Offenbar ist A^τ die Matrix, die aus A durch Vertauschen der i-ten und der j-ten Spalte entsteht. Also $\Delta(A^\tau) = -\Delta(A)$ für jede Determinantenform Δ nach Lemma 9.2.2.

Jede Umordnung der Symbole $1, \dots, n$ kann durch wiederholtes Vertauschen von je zweien bewirkt werden. In formaler Sprache bedeutet das: Jedes Element von S_n ist Produkt gewisser Transpositionen. Das folgende Lemma klärt, wie man solche Produkte auf eine Matrix anwendet.

Lemma 9.2.4

Sei $A \in M_n(K)$.
(a) Für alle $\tau, \sigma \in S_n$ gilt

$$(A^\tau)^\sigma \;=\; A^{\tau\sigma}$$

(b) Sei nun Δ eine Determinantenform auf $M_n(K)$. Für jedes $\pi \in S_n$ gilt

$$\Delta(A^\pi) \;=\; \pm\Delta(A)$$

Hierbei tritt das „+" (bzw. „−") Zeichen auf, falls π Produkt einer geraden (bzw. ungeraden) Anzahl von Transpositionen ist.

Beweis: (a) Seien $v_1, \dots, v_n \in V_n(K)$ und $w_i := v_{\tau(i)}$. Dann gilt $A^\tau = [w_1, \dots, w_n]$. Also $(A^\tau)^\sigma = [w_{\sigma(1)}, \dots, w_{\sigma(n)}] = [v_{\tau\sigma(1)}, \dots, v_{\tau\sigma(n)}] = A^{\tau\sigma}$.
(b) Dies folgt aus (a), da $\Delta(A^\tau) = -\Delta(A)$ für jede Transposition τ. ■

9.3 Das Signum einer Permutation

Gibt es eine Determinantenform auf $M_n(K)$ (über irgendeinem Körper mit $1 \neq -1$), so folgt aus Teil (b) von Lemma 9.2.4, dass es nicht vorkommen kann, dass ein $\pi \in S_n$ gleichzeitig Produkt einer geraden und einer ungeraden Anzahl von Transpositionen ist. Letztere Tatsache brauchen wir aber später zum Beweis der Existenz einer von null verschiedenen Determinantenform. Deswegen müssen wir diese Aussage über Permutationen getrennt beweisen.

Lemma 9.3.1

Seien $\tau_1, \ldots, \tau_m \in S_n$ Transpositionen. Ist m ungerade, so ist das Produkt $\tau_1 \cdots \tau_m$ nicht die identische Abbildung in S_n.

Beweis: Wir verwenden Induktion nach m. Für $m = 1$ gilt die Behauptung trivialerweise. Sei nun $m \geq 3$ und $\tau_1 \cdots \tau_m = \mathrm{Id}$.

Ist $\tau = (i, j)$ eine Transposition in S_n, und $\pi \in S_n$ beliebig, so ist $\pi\tau\pi^{-1} = (\pi(i), \pi(j))$ wiederum eine Transposition (siehe Aufgabe 9.8.1.13). Daher können wir $\tau_1, \ldots, \tau_m$ durch

$$\tau_2,\ \tau_2^{-1}\tau_1\tau_2,\ \tau_3, \ldots, \tau_m$$

ersetzen und erhalten wiederum m Transpositionen in S_n mit Produkt Id. Allgemeiner kann man ein $k \in \{1, \ldots, n-1\}$ festhalten und τ_k durch τ_{k+1} ersetzen, sowie τ_{k+1} durch $\tau_{k+1}^{-1}\tau_k\tau_{k+1}$. Auch dies gibt wiederum m Transpositionen in S_n mit Produkt Id.

Durch eventuelles Umnummerieren der Symbole $1, \ldots, n$ können wir annehmen, dass ein τ_k von der Form $\tau_k = (1, j)$ ist. Durch wiederholtes Anwenden obiger Operationen können wir dieses Element $(1, j)$ an den Anfang der Folge $\tau_1, \ldots, \tau_m$ schieben, d. h. wir können annehmen $\tau_1 = (1, j)$. Fährt man so fort, kann man schließlich erreichen, dass $\tau_1, \ldots, \tau_s$ von der Form $(1, *)$ sind, aber keines der Elemente $\tau_{s+1}, \ldots, \tau_m$. Letztere Elemente fixieren dann das Symbol 1, also gilt

$$1 = (\tau_1 \cdots \tau_m)(1) = (\tau_1 \cdots \tau_s)(1) = (\tau_1 \cdots \tau_{s-1})(h)$$

wobei $\tau_s = (1, h)$. Wären alle $\tau_1, \ldots, \tau_{s-1}$ von τ_s verschieden, so würden sie h fixieren und somit ergäbe sich der Widerspruch $(\tau_1 \cdots \tau_{s-1})(h) = h$.

Wir haben nun erreicht, dass $\tau_s = \tau_r$ für gewisse $s \neq r$. Durch obige Operationen können wir dann sogar $\tau_1 = \tau_2$ erreichen. Da $\tau_1^2 = \mathrm{Id}$, folgt $\tau_3 \cdots \tau_m = \mathrm{Id}$. Nach der Induktionsannahme ist dann $m - 2$ gerade. Also ist auch m gerade. ■

Definition 9.3.2

Für $\pi \in S_n$ definieren wir $\mathrm{sgn}(\pi) = 1$ (bzw. $\mathrm{sgn}(\pi) = -1$), falls π Produkt einer geraden (bzw. ungeraden) Anzahl von Transpositionen ist. Für $\pi = \mathrm{Id}$ definieren wir $\mathrm{sgn}(\pi) = 1$.

Dies ist wohldefiniert, da nach dem Lemma kein $\pi \in S_n$ Produkt sowohl einer geraden wie auch einer ungeraden Anzahl von Transpositionen sein kann. Es gilt $\mathrm{sgn}(\tau) = -1$ für jede Transposition τ. Ferner $\mathrm{sgn}(\pi\varrho) = \mathrm{sgn}(\pi)\mathrm{sgn}(\varrho)$, also ist

$$\mathrm{sgn} : S_n \to \{+1, -1\}$$

ein Homomorphismus der symmetrischen Gruppe S_n auf die multiplikative Gruppe $\{+1, -1\}$. Der Kern heißt die **alternierende Gruppe** A_n.

9.4 Allgemeine Definition der Determinante

Nach obigen Vorarbeiten beweisen wir nun die Existenz und Eindeutigkeit von Determinantenformen.

9.4.1 Existenz und Eindeutigkeit der Determinantenform

Satz 9.4.1

Es existiert genau eine Determinantenform Δ auf $M_n(K)$. Für $A = (a_{ij}) \in M_n(K)$ gilt:

$$\Delta(A) \;=\; \sum_{\pi \in S_n} \operatorname{sgn}(\pi)\, a_{1,\pi(1)} \cdots a_{n,\pi(n)} \;=\; \sum_{\pi \in S_n} \operatorname{sgn}(\pi)\, a_{\pi(1),1} \cdots a_{\pi(n),n}$$

Beweis: Schritt 1: Eindeutigkeit von Δ.
Sei Δ eine Determinantenform auf $M_n(K)$ und $A = (a_{ij}) \in M_n(K)$. Nach Lemma 9.2.4(b) gilt

$$\Delta(A^\pi) \;=\; \operatorname{sgn}(\pi)\, \Delta(A) \tag{9.2}$$

für alle $\pi \in S_n$. Damit können wir obige Rechnung für $n = 2$ auf allgemeines n übertragen. Wir schreiben kurz $\boldsymbol{e}_j$ für den Einheitsvektor $\boldsymbol{e}_j^{(n)}$.

$$\Delta(A) \;=\; \Delta[\sum_{j_1=1}^{n} a_{j_1,1}\boldsymbol{e}_{j_1}, \cdots, \sum_{j_n=1}^{n} a_{j_n,n}\boldsymbol{e}_{j_n}] \;=$$

$$= \sum_{j_1=1}^{n} \cdots \sum_{j_n=1}^{n} a_{j_1,1} \cdots a_{j_n,n}\, \Delta[\boldsymbol{e}_{j_1}, \ldots, \boldsymbol{e}_{j_n}]$$

Hier verschwindet $\Delta[\boldsymbol{e}_{j_1}, \ldots, \boldsymbol{e}_{j_n}]$, falls zwei der j_i gleich sind. Übrig bleiben die Terme, für die eine Permutation $\pi \in S_n$ existiert mit $j_i = \pi(i)$ für $i = 1, \ldots, n$. Also

$$\Delta(A) \;=\; \sum_{\pi \in S_n} a_{\pi(1),1} \ldots a_{\pi(n),n}\, \Delta[\boldsymbol{e}_{\pi(1)}, \ldots, \boldsymbol{e}_{\pi(n)}]$$

Nach (9.2) gilt

$$\Delta[\boldsymbol{e}_{\pi(1)}, \ldots, \boldsymbol{e}_{\pi(n)}] \;=\; \operatorname{sgn}(\pi)\, \Delta[\boldsymbol{e}_1, \ldots, \boldsymbol{e}_n] \;=\; \operatorname{sgn}(\pi)\, \Delta(E_n) \;= \operatorname{sgn}(\pi)$$

Dies ergibt:

$$\Delta(A) \;=\; \sum_{\pi \in S_n} \operatorname{sgn}(\pi)\, a_{\pi(1),1} \cdots a_{\pi(n),n} \tag{9.3}$$

Damit ist gezeigt, dass es höchstens eine Determinantenform auf $M_n(K)$ gibt, und sie ist durch (9.3) explizit gegeben. Läuft π über alle Elemente von S_n, so auch π^{-1}. Man kann die Formel für $\Delta(A)$ also wie folgt umschreiben:

$$\Delta(A) \;=\; \sum_{\pi \in S_n} \operatorname{sgn}(\pi^{-1})\, a_{\pi^{-1}(1),1} \cdots a_{\pi^{-1}(n),n}$$

Für festes π sind $i_1 := \pi^{-1}(1), \ldots, i_n := \pi^{-1}(n)$ eine Umordnung von $1, \ldots, n$. Also

$$a_{\pi^{-1}(1),1} \cdots a_{\pi^{-1}(n),n} = a_{i_1,\pi(i_1)} \cdots a_{i_n,\pi(i_n)} = a_{1,\pi(1)} \cdots a_{n,\pi(n)}$$

wegen der Kommutativität der Multiplikation in K. Somit erhalten wir schließlich

$$\Delta(A) = \sum_{\pi \in S_n} \operatorname{sgn}(\pi)\, a_{1,\pi(1)} \cdots a_{n,\pi(n)} \tag{9.4}$$

Wir haben dabei verwendet, dass $\operatorname{sgn}(\pi^{-1}) = \operatorname{sgn}(\pi)$. Dies folgt daraus, dass $1 = \operatorname{sgn}(\mathrm{Id}) = \operatorname{sgn}(\pi\pi^{-1}) = \operatorname{sgn}(\pi)\operatorname{sgn}(\pi^{-1})$.

Schritt 2: Existenz von Δ.
Es bleibt zu zeigen, dass die durch (9.3) definierte Abbildung Δ tatsächlich die Bedingungen **(DET1)–(DET3)** erfüllt.

Für $A = E_n$ ist nur einer der Terme auf der rechten Seite von (9.3) von null verschieden, nämlich für $\pi = \mathrm{Id}$. Wegen $\operatorname{sgn}(\mathrm{Id}) = 1$ folgt in der Tat $\Delta(E_n) = 1$.

Seien nun $\boldsymbol{v}_1, \ldots, \boldsymbol{v}_n$ die Spaltenvektoren von A, also $A = [\boldsymbol{v}_1, \ldots, \boldsymbol{v}_n]$. Seien $\boldsymbol{u} = (u_1, \ldots, u_n)^t$, $\boldsymbol{w} = (w_1, \ldots, w_n)^t \in V_n(K)$. Dann gilt

$$\Delta[\boldsymbol{u} + \boldsymbol{w}, \boldsymbol{v}_2, \ldots, \boldsymbol{v}_n] = \sum_{\pi \in S_n} \operatorname{sgn}(\pi)\, (u_{\pi(1)} + w_{\pi(1)}) a_{\pi(2),2} \cdots a_{\pi(n),n} =$$

$$\sum_{\pi \in S_n} \operatorname{sgn}(\pi)\, u_{\pi(1)} a_{\pi(2),2} \cdots a_{\pi(n),n} + \sum_{\pi \in S_n} \operatorname{sgn}(\pi)\, w_{\pi(1)} a_{\pi(2),2} \cdots a_{\pi(n),n}$$

Also

$$\Delta[\boldsymbol{u} + \boldsymbol{w}, \boldsymbol{v}_2, \ldots, \boldsymbol{v}_n] = \Delta[\boldsymbol{u}, \boldsymbol{v}_2, \ldots, \boldsymbol{v}_n] + \Delta[\boldsymbol{w}, \boldsymbol{v}_2, \ldots, \boldsymbol{v}_n]$$

Für $c \in K$ gilt ferner

$$\Delta[c\boldsymbol{u}, \boldsymbol{v}_2, \ldots, \boldsymbol{v}_n] = \sum_{\pi \in S_n} \operatorname{sgn}(\pi)\, (c\, u_{\pi(1)}) a_{\pi(2),2} \cdots a_{\pi(n),n}$$

Ausklammern von c ergibt

$$\Delta[c\boldsymbol{u}, \boldsymbol{v}_2, \ldots, \boldsymbol{v}_n] = c\, \Delta[\boldsymbol{u}, \boldsymbol{v}_2, \ldots, \boldsymbol{v}_n]$$

Dies zeigt **(DET1)** im Fall $i = 1$. Der allgemeine Fall ist analog.

Es ist noch **(DET2)** zu zeigen. Nehmen wir also an, dass die i-te Spalte von A gleich der j-ten Spalte ist für gewisse $i \neq j$. Sei τ die Transposition (i, j). Sei $\pi \in S_n$ und $\pi' = \pi \circ \tau$. Dann gilt $\operatorname{sgn}(\pi') = -\operatorname{sgn}(\pi)$ und $a_{\pi(1),1} \cdots a_{\pi(n),n} = a_{\pi'(1),1} \cdots a_{\pi'(n),n}$. Die Summanden in (9.3), die zu π und π' gehören, addieren sich also jeweils zu 0 und somit $\Delta(A) = 0$. Damit ist auch **(DET2)** bewiesen. ■

Definition 9.4.2

Für $A = (a_{ij}) \in M_n(K)$ definieren wir die **Determinante** von A als

$$\det(A) = \sum_{\pi \in S_n} \operatorname{sgn}(\pi)\, a_{1,\pi(1)} \cdots a_{n,\pi(n)} \tag{9.5}$$

Man schreibt auch

$$\det(A) = \begin{vmatrix} a_{11} & \dots & a_{1n} \\ \vdots & & \vdots \\ a_{n1} & \dots & a_{nn} \end{vmatrix}$$

9.4.2 Grundlegende Eigenschaften der Determinante

Nach Definition hat die Determinante Eigenschaften **(DET1)–(DET3)**. Weitere Eigenschaften werden im folgenden Satz zusammengestellt.

Satz 9.4.3

Für $A, B \in M_n(K)$ gilt:

1. A ist genau dann invertierbar, wenn $\det(A) \neq 0$.
2. $\det(AB) = \det(A)\det(B)$.
3. $\det(A^t) = \det(A)$ (Invarianz unter Transponieren).
4. Verhalten unter Zeilenumformungen: Bei Vertauschen zweier Zeilen von A wechselt $\det(A)$ das Vorzeichen, bei Multiplikation einer Zeile mit einem Skalar c multipliziert sich $\det(A)$ mit c, und bei Addition eines Vielfachen einer Zeile zu einer davon verschiedenen Zeile bleibt $\det(A)$ unverändert.

Beweis: Behauptung 3 folgt aus der Gleichheit von (9.3) und (9.4).

Sei wieder $A = [\boldsymbol{v}_1, \dots, \boldsymbol{v}_n]$. Dann gilt

$$\det[\boldsymbol{v}_1 + c\boldsymbol{v}_2, \boldsymbol{v}_2, \dots, \boldsymbol{v}_n]) = \det[\boldsymbol{v}_1, \dots, \boldsymbol{v}_n] + c \det[\boldsymbol{v}_2, \boldsymbol{v}_2, \dots, \boldsymbol{v}_n] = \det[\boldsymbol{v}_1, \dots, \boldsymbol{v}_n].$$

In analoger Weise sieht man, dass $\det(A)$ unverändert bleibt, wenn man ein Vielfaches irgendeiner Spalte von A zu einer davon verschiedenen Spalte addiert. Die entsprechende Aussage für Zeilen folgt dann aus Behauptung 3. Der Rest von Behauptung 4 folgt aus Lemma 9.2.2 und **(DET1)** (und Behauptung 3).

Ist A invertierbar, so kann A durch Zeilenumformungen in E_n übergeführt werden. Da $\det(E_n) = 1 \neq 0$, folgt $\det(A) \neq 0$ nach Behauptung 4. Sei nun umgekehrt angenommen, dass A nicht invertierbar ist. Dann erhält man nach Transformation auf reduzierte Treppenform eine Matrix T, welche von E_n verschieden ist. Dann hat T eine Nullzeile (siehe z. B. Bemerkung 3.1.2(c)). Dies impliziert $\det(T) = 0$, wie man sofort an der Formel (9.4) sieht. Dann ist auch $\det(A) = 0$ nach Behauptung 4. Damit ist Behauptung 1 gezeigt.

Sei zunächst $\det(B) \neq 0$ angenommen. Man halte nun B fest und definiere

$$\Delta'(A) \quad = \quad \det(BA)\,\det(B)^{-1}$$

für $A = [\boldsymbol{v}_1, \ldots, \boldsymbol{v}_n]$. Dann erfüllt Δ' Bedingungen **(DET1)–(DET3)**: Zunächst gilt $\Delta'(E_n) = \det(B)\det(B)^{-1} = 1$, also **(DET3)**. Bedingung **(DET2)** folgt, da $BA = [B\boldsymbol{v}_1, \ldots, B\boldsymbol{v}_n]$. Letzteres impliziert auch **(DET1)**, da die Abbildung $\boldsymbol{v} \mapsto B\boldsymbol{v}$ linear ist.

Satz 9.4.1 zeigt nun $\Delta'(A) = \det(A)$. Also $\det(BA) = \det(B)\det(A)$, falls $\det(B) \neq 0$. Ist dagegen $\det(B) = 0$, so ist B nicht invertierbar nach Behauptung 1. Dann gilt $\mathrm{rg}(BA) \leq \mathrm{rg}(B) < n$ nach Bemerkung 8.3.5, also ist auch BA nicht invertierbar und somit $\det(BA) = 0 = \det(B)\det(A)$. Dies zeigt Behauptung 2. ■

Beispiele:

1. Wir zeigen hier folgende Formel:

$$\begin{vmatrix} a_{11} & \ldots & a_{1,m} & 0 \\ \vdots & & \vdots & \vdots \\ a_{m,1} & \ldots & a_{m,m} & 0 \\ * & \ldots & * & b \end{vmatrix} = b \cdot \begin{vmatrix} a_{11} & \ldots & a_{1,m} \\ \vdots & & \vdots \\ a_{m,1} & \ldots & a_{m,m} \end{vmatrix} \tag{9.6}$$

   Setze $m := n - 1$. Sei $A = (a_{ij}) \in M_n(K)$ mit $a_{jn} = 0$ für $j = 1, \ldots, n-1$ und $a_{nn} = b$. Ist dann $\pi \in S_n$ mit $a_{\pi(1),1} \cdots a_{\pi(n),n} \neq 0$, so gilt $\pi(n) = n$ und somit $a_{\pi(n),n} = a_{nn} = b$. Jedes solche π induziert vermöge Restriktion auf $\{1, \ldots, n-1\}$ ein Element π' von S_{n-1}. Offenbar gilt $\mathrm{sgn}(\pi) = \mathrm{sgn}(\pi')$. Wir bekommen also

$$\det(A) \quad = \quad \sum_{\pi \in S_n} \mathrm{sgn}(\pi)\, a_{\pi(1),1} \cdots a_{\pi(n),n}$$

$$= \sum_{\pi' \in S_{n-1}} \mathrm{sgn}(\pi')\, a_{\pi'(1),1} \cdots a_{\pi'(n-1),n-1} b \;=\; b \cdot \begin{vmatrix} a_{11} & \ldots & a_{1,m} \\ \vdots & & \vdots \\ a_{m,1} & \ldots & a_{m,m} \end{vmatrix}$$

2. Eine Matrix $A = (a_{ij}) \in M_n(K)$ heißt **obere Dreiecksmatrix** (bzw. **untere Dreiecksmatrix**), falls $a_{ij} = 0$ für $i > j$ (bzw. $i < j$). Sei nun A eine obere (bzw. untere) Dreiecksmatrix. Ist $\pi \in S_n$ mit $a_{1,\pi(1)} \cdots a_{n,\pi(n)} \neq 0$, so gilt $\pi(i) \geq i$ (bzw. $\pi(i) \leq i$) für $i = 1, \ldots, n$. Letzteres impliziert offenbar $\pi = \mathrm{Id}$. Also ist in (9.5) nur der Term mit $\pi = \mathrm{Id}$ von null verschieden und wir erhalten $\det(A) = a_{1,1} \cdots a_{n,n}$. In Worten: **Die Determinante einer Dreiecksmatrix ist das Produkt der Diagonaleinträge** a_{ii}. Es folgt, dass eine Dreiecksmatrix genau dann invertierbar ist, wenn alle Diagonaleinträge von null verschieden sind.

3. Eine Matrix $A = (a_{ij}) \in M_n(K)$ heißt **Diagonalmatrix**, falls $a_{ij} = 0$ für $i \neq j$. Dann schreiben wir $A = \mathrm{diag}(d_1, \ldots, d_n)$, wobei $d_i = a_{ii}$ die **Diagonaleinträge** von A sind. Eine Diagonalmatrix $A = \mathrm{diag}(d_1, \ldots, d_n)$ ist sowohl eine obere wie auch eine untere Dreiecksmatrix. Also $\det(A) = d_1 \cdots d_n$.

4. Die Determinante der Matrix aus (4.6), welche die Drehung der Ebene um den Winkel α beschreibt, ist:

$$\begin{vmatrix} \cos(\alpha) & -\sin(\alpha) \\ \sin(\alpha) & \cos(\alpha) \end{vmatrix} = \cos^2(\alpha) + \sin^2(\alpha) = 1$$

Bemerkung 9.4.4

Die effektivste Methode zur numerischen Berechnung von Determinanten ist wiederum der Gauß-Algorithmus. Nach Satz 9.4.3 weiß man, wie sich die Determinante bei Zeilenumformungen verändert. Man transformiere also die gegebene quadratische Matrix auf Treppenform, wonach die Matrix entweder Determinante 0 hat oder eine obere Dreiecksmatrix ist. In letzterem Fall ist die Determinante nach Beispiel 2 leicht abzulesen.

9.4.3 Die Determinante eines Endomorphismus

Sei V ein endlich-dimensionaler Vektorraum über K. Sei f ein Endomorphismus von V (d. h. $f : V \to V$ ist eine lineare Abbildung). Sei A (bzw. C) die Matrix, die f bzgl. der Basis $\boldsymbol{v}_1, \ldots, \boldsymbol{v}_n$ (bzw. $\boldsymbol{w}_1, \ldots, \boldsymbol{w}_n$) von V beschreibt. Sei T die Matrix, deren Spalten die Koordinatenvektoren von $\boldsymbol{v}_1, \ldots, \boldsymbol{v}_n$ bzgl. der Basis $\boldsymbol{w}_1, \ldots, \boldsymbol{w}_n$ sind. Dann gilt $A = T^{-1}CT$ nach Korollar 8.4.5. Also

$$\det(A) = \det(T^{-1}) \det(C) \det(T) = \det(C) \det(T^{-1}T) = \det(C)$$

wegen der Multiplikativität der Determinante (Satz 9.4.3 Teil 2). Jede Matrix, die f beschreibt, hat also dieselbe Determinante. Wir definieren sie als die Determinante von f.

Definition 9.4.5

Sei f ein Endomorphismus eines endlich-dimensionalen Vektorraums V. Wir definieren $\det(f)$, die Determinante von f, als den gemeinsamen Wert aller $\det(A)$, wobei A eine Matrix ist, welche f bzgl. einer Basis von V beschreibt.

Korollar 9.4.6

Seien f, g zwei Endomorphismen von V. Dann ist $\det(fg) = \det(f) \det(g)$.

9.5 Entwicklung nach einer Zeile oder Spalte

Die **Laplace-Entwicklung** erlaubt es, die Determinante einer $n \times n$-Matrix durch Determinanten von $(n-1) \times (n-1)$-Untermatrizen auszudrücken.

9.5.1 Die Adjungierte einer quadratischen Matrix

Wir schreiben wieder kurz $\boldsymbol{e}_k$ für den Einheitsvektor $\boldsymbol{e}_k^{(n)}$.

Sei $A = (a_{ij})$ eine $n \times n$-Matrix. Definiere ϱ_{ik} als die Determinante der Matrix, die aus A dadurch entsteht, dass die i-te Spalte durch den Einheitsvektor $\boldsymbol{e}_k$ ersetzt wird:

$$\varrho_{ik} = \begin{vmatrix} a_{11} & \dots & a_{1,i-1} & 0 & a_{1,i+1} & \dots & a_{1n} \\ \cdot & & \cdot & \cdot & \cdot & & \cdot \\ a_{k-1,1} & \dots & a_{k-1,i-1} & 0 & a_{k-1,i+1} & \dots & a_{k-1,n} \\ a_{k,1} & \dots & a_{k,i-1} & 1 & a_{k,i+1} & \dots & a_{k,n} \\ a_{k+1,1} & \dots & a_{k+1,i-1} & 0 & a_{k+1,i+1} & \dots & a_{k+1,n} \\ \cdot & & & & & & \\ a_{n,1} & \dots & a_{n,i-1} & 0 & a_{n,i+1} & \dots & a_{n,n} \end{vmatrix}$$

Die i-te Spalte von A ist gleich

$$\sum_{k=1}^{n} a_{ki}\, \boldsymbol{e}_k$$

nach (5.3). Mit **(DET1)** erhalten wir also für $i = 1, \dots, n$:

$$\det(A) = \sum_{k=1}^{n} a_{ki}\, \varrho_{ik} = \sum_{k=1}^{n} \varrho_{ik}\, a_{ki} \tag{9.7}$$

Sei nun $j \neq i$. Ersetzt man die i-te Spalte von A durch die j-te Spalte (und lässt die anderen Spalten unverändert), so erhält man eine Matrix mit Determinante 0. Nimmt man diese Matrix anstelle von A in der Herleitung von (9.7), so erhält man

$$0 = \sum_{k=1}^{n} \varrho_{ik}\, a_{kj} \quad \text{für} \quad i \neq j \tag{9.8}$$

Definiere $A^\sharp$ als die Matrix (ϱ_{ik}). Dieses $A^\sharp$ heißt die **Adjungierte** von A. Dann ergeben (9.7) und (9.8), dass $A^\sharp \cdot A$ die Diagonalmatrix ist, deren Diagonaleinträge alle gleich $\det(A)$ sind. Wir können diese Matrix so schreiben:

$$\det(A)\, E_n = A^\sharp \cdot A \tag{9.9}$$

Bevor wir das Ergebnis unserer Diskussion zusammenfassen, wollen wir noch eine einfachere Formel für ϱ_{ik} geben. Vertauscht man in der zur Definition von ϱ_{ik} verwendeten Determinante $(n-i)$-mal die Spalte, welche gleich $\boldsymbol{e}_k$ ist, mit der rechts benachbarten Spalte, so erhält man:

$$\varrho_{ik} = (-1)^{n-i} \begin{vmatrix} a_{11} & \dots & a_{1,i-1} & a_{1,i+1} & \dots & a_{1n} & 0 \\ \cdot & & \cdot & \cdot & \cdot & & \cdot \\ a_{k-1,1} & \dots & a_{k-1,i-1} & a_{k-1,i+1} & \dots & a_{k-1,n} & 0 \\ a_{k,1} & \dots & a_{k,i-1} & a_{k,i+1} & \dots & a_{k,n} & 1 \\ a_{k+1,1} & \dots & a_{k+1,i-1} & a_{k+1,i+1} & \dots & a_{k+1,n} & 0 \\ \cdot & & & & & & \\ a_{n,1} & \dots & a_{n,i-1} & a_{n,i+1} & \dots & a_{n,n} & 0 \end{vmatrix}$$

Schiebt man in analoger Weise die k-te Zeile nach unten, ergibt sich weiter:

$$\varrho_{ik} = (-1)^{n-i}\,(-1)^{n-k} \begin{vmatrix} a_{11} & \dots & a_{1,i-1} & a_{1,i+1} & \dots & a_{1n} & 0 \\ \cdot & & \cdot & \cdot & \cdot & & \cdot \\ a_{k-1,1} & \dots & a_{k-1,i-1} & a_{k-1,i+1} & \dots & a_{k-1,n} & 0 \\ a_{k+1,1} & \dots & a_{k+1,i-1} & a_{k+1,i+1} & \dots & a_{k+1,n} & 0 \\ \cdot & & & & & & \\ a_{n,1} & \dots & a_{n,i-1} & a_{n,i+1} & \dots & a_{n,n} & 0 \\ a_{k,1} & \dots & a_{k,i-1} & a_{k,i+1} & \dots & a_{k,n} & 1 \end{vmatrix}$$

Da $(-1)^{n-i}(-1)^{n-k} = (-1)^{i+k}$ und nach Beispiel 1 in 9.4 erhält man schließlich:

$$\varrho_{ik} = (-1)^{i+k} \begin{vmatrix} a_{11} & \dots & a_{1,i-1} & a_{1,i+1} & \dots & a_{1n} \\ \cdot & & \cdot & \cdot & \cdot & \cdot \\ a_{k-1,1} & \dots & a_{k-1,i-1} & a_{k-1,i+1} & \dots & a_{k-1,n} \\ a_{k+1,1} & \dots & a_{k+1,i-1} & a_{k+1,i+1} & \dots & a_{k+1,n} \\ \cdot & & & & & \\ a_{n,1} & \dots & a_{n,i-1} & a_{n,i+1} & \dots & a_{n,n} \end{vmatrix}$$

9.5.2 Laplace-Entwicklung und Cramer'sche Regel

Teil (a) des folgenden Satzes heißt der Satz von Laplace über die Entwicklung einer Determinante nach einer Zeile oder Spalte. Insbesondere erhalten wir in Teil (c) eine direkte Formel für die Inverse einer (invertierbaren) Matrix.

Satz 9.5.1

Sei $A = (a_{ij})$ in $M_n(K)$. Definiere ϱ_{ik} als $(-1)^{i+k}$ mal die Determinante der Matrix, die aus A durch Weglassen der i-ten Spalte und k-ten Zeile entsteht. Definiere die Adjungierte $A^\sharp$ von A als die Matrix (ϱ_{ik}). Dann gilt:
(a)

$$\det(A) = \sum_{k=1}^{n} \varrho_{ik}\, a_{ki}$$

für $i = 1, \dots, n$ (Entwicklung nach der i-ten Spalte).

$$\det(A) = \sum_{i=1}^{n} \varrho_{ik}\, a_{ki}$$

für $k = 1, \dots, n$ (Entwicklung nach der k-ten Zeile). (b)

$$A^\sharp \cdot A = \det(A)\, E_n$$

(c) Ist A invertierbar, so folgt

$$A^{-1} = \det(A)^{-1}\, A^\sharp \tag{9.10}$$

Beweis: Die erste Formel in Teil (a) ist gerade (9.7). Die zweite Formel folgt durch Transponieren.

Teil (b) ist gerade (9.9). Teil (c) folgt sofort aus (b). ■

Beispiel:

Sei A eine $m \times m$-Matrix, B eine $\ell \times \ell$-Matrix, $*$ eine $m \times \ell$-Matrix und 0 die $\ell \times m$-Nullmatrix. Dann gilt für die daraus zusammengesetzte Blockmatrix:

$$\begin{vmatrix} A & * \\ 0 & B \end{vmatrix} = \det(A)\ \det(B)$$

Für den Beweis sei ϱ_{ik} wie oben definiert für die Matrix A, und $\tilde{\varrho}_{ik}$ für die Blockmatrix

$$\tilde{A} = \begin{pmatrix} A & * \\ 0 & B \end{pmatrix}$$

Wir verwenden Induktion nach m. Der Induktionsanfang $m = 0$ ist trivial. Für $m \geq 1$ gilt nach der Induktionsannahme $\tilde{\varrho}_{1k} = \varrho_{1k}\ \det(B)$ für $k = 1, \ldots, m$. Entwicklung nach der ersten Spalte liefert

$$\det(\tilde{A}) = \sum_{k=1}^{m} \tilde{\varrho}_{1k}\, a_{k1} = \det(B) \sum_{k=1}^{m} \varrho_{1k}\, a_{k1} = \det(B)\ \det(A)$$

Korollar 9.5.2

Man betrachte ein quadratisches Gleichungssystem

$$\begin{array}{ccccccc} a_{11} \cdot x_1 & + & \cdots & + & a_{1n} \cdot x_n & = & b_1 \\ a_{21} \cdot x_1 & + & \cdots & + & a_{2n} \cdot x_n & = & b_2 \\ \vdots & & & & \vdots & & \vdots \\ a_{n1} \cdot x_1 & + & \cdots & + & a_{nn} \cdot x_n & = & b_n \end{array} \tag{9.11}$$

mit invertierbarer Koeffizientenmatrix $A = (a_{ij})$. Dann ist die eindeutige Lösung des Gleichungssystems wie folgt gegeben:

$$x_i = \det(A)^{-1} \begin{vmatrix} a_{11} & \ldots & a_{1,i-1} & b_1 & a_{1,i+1} & \cdots & a_{1n} \\ a_{21} & \ldots & a_{2,i-1} & b_2 & a_{2,i+1} & \cdots & a_{2n} \\ \cdot & & \cdot & \cdot & \cdot & & \cdot \\ a_{n,1} & \ldots & a_{n,i-1} & b_n & a_{n,i+1} & \cdots & a_{n,n} \end{vmatrix} \tag{9.12}$$

für $i = 1, \ldots, n$. In Worten: x_i ist $\det(A)^{-1}$ mal die Determinante der Matrix, die aus A durch Ersetzen der i-ten Spalte durch den Vektor $(b_1, \ldots, b_n)^t$ entsteht.

Beweis: Die eindeutige Lösung des Gleichungssystems ist:

$$\begin{pmatrix} x_1 \\ \vdots \\ x_n \end{pmatrix} = A^{-1} \cdot \begin{pmatrix} b_1 \\ \vdots \\ b_n \end{pmatrix}$$

Nach (9.10) ist A^{-1} gleich $\det(A)^{-1}A^\sharp = \det(A)^{-1}(\varrho_{ik})$. Also

$$x_i = \det(A)^{-1} \sum_{k=1}^{n} \varrho_{ik}\, b_k$$

Nach (9.7) ist $\sum_{k=1}^{n} \varrho_{ik} b_k$ gleich der Determinante der Matrix, die aus A dadurch entsteht, dass die i-te Spalte von A durch den Vektor

$$\begin{pmatrix} b_1 \\ \vdots \\ b_n \end{pmatrix}$$

ersetzt wird. Dies zeigt die Behauptung. ∎

Bemerkung 9.5.3

Formel (9.12) heißt die **Cramer'sche Regel**. Sie ist für praktische Rechnungen kaum geeignet, da die Berechnung von Determinanten aufwendig ist. Vom theoretischen Standpunkt aus ist es jedoch befriedigend, die Lösung eines eindeutig lösbaren Gleichungssystems explizit durch die Koeffizienten a_{ij} und b_i ausdrücken zu können.

9.6 Eine Anwendung: Die Vandermonde'sche Determinante und Polynominterpolation

Seien $c_1, \dots, c_n \in K$. Dann gilt:

$$\begin{vmatrix} 1 & \dots & 1 \\ c_1 & \dots & c_n \\ c_1^2 & \dots & c_n^2 \\ \cdot & \dots & \cdot \\ c_1^{n-1} & \dots & c_n^{n-1} \end{vmatrix} = \prod_{i<j} (c_j - c_i) \tag{9.13}$$

Die Determinante auf der linken Seite heißt die **Vandermonde'sche Determinante**. Formel (9.13) impliziert, dass die Vandermonde'sche Determinante genau dann den Wert 0 hat, wenn $c_i = c_j$ für gewisse $i \neq j$. Dass die Bedingung „$c_i = c_j$ für gewisse $i \neq j$" das Verschwinden der Vandermonde'schen Determinante impliziert, folgt natürlich sofort aus **(DET2)**. Wichtig ist die umgekehrte Aussage, und sie findet an vielen Stellen der Mathematik Verwendung. Dafür geben wir in 9.6.2 ein Beispiel.

9.6.1 Beweis der Formel für die Vandermonde'sche Determinante

Für den Beweis von (9.13) bezeichnen wir die Determinante auf der linken Seite mit $\varrho(c_1, \dots, c_n)$. Wir verwenden Induktion nach n. Für $n = 1$ und $n = 2$ ist die Aussage klar.

Sei nun $n \geq 3$. Für den Induktionsschluss verwenden wir die folgenden Zeilenumformungen. Zunächst ziehen wir das c_1-fache der $(n-1)$-ten Zeile von der n-ten Zeile ab, dann ziehen wir das c_1-fache der $(n-2)$-ten Zeile von der $(n-1)$-ten Zeile ab, usw. Man erhält schließlich:

$$\varrho(c_1, \ldots, c_n) \;=\; \begin{vmatrix} 1 & 1 & \ldots & 1 \\ 0 & c_2 - c_1 & \ldots & c_n - c_1 \\ 0 & c_2^2 - c_1 c_2 & \ldots & c_n^2 - c_1 c_n \\ . & . & \ldots & . \\ 0 & c_2^{n-1} - c_1 c_2^{n-2} & \ldots & c_n^{n-1} - c_1 c_n^{n-2} \end{vmatrix}$$

Entwicklung nach der ersten Spalte ergibt

$$\varrho(c_1, \ldots, c_n) \;=\; \begin{vmatrix} c_2 - c_1 & \ldots & c_n - c_1 \\ c_2^2 - c_1 c_2 & \ldots & c_n^2 - c_1 c_n \\ . & \ldots & . \\ c_2^{n-1} - c_1 c_2^{n-2} & \ldots & c_n^{n-1} - c_1 c_n^{n-2} \end{vmatrix}$$

Ausklammern von $c_j - c_1$ in der $(j-1)$-ten Spalte für $j = 2, \ldots, n$ ergibt nach **(DET1)**:

$$\varrho(c_1, \ldots, c_n) \;=\; \varrho(c_2, \ldots, c_n) \prod_{j=2}^{n} (c_j - c_1)$$

Nach der Induktionsannahme gilt $\varrho(c_2, \ldots, c_n) = \prod_{2 \leq i < j \leq n} (c_j - c_i)$, und damit folgt die Behauptung.

9.6.2 Anwendung auf Polynominterpolation

Sei m eine nicht-negative ganze Zahl. Sei

$$f \;=\; \alpha_0 + \alpha_1 X + \ldots + \alpha_m X^m$$

ein Polynom in $K[X]$ vom Grad $\leq m$. Für $c \in K$ definieren wir in der üblichen Weise

$$f(c) \;=\; \alpha_0 + \alpha_1 c + \ldots + \alpha_m c^m.$$

Satz 9.6.1

Seien $c_1, \ldots, c_{m+1}$ verschiedene Elemente von K. Seien $b_1, \ldots, b_{m+1}$ beliebige Elemente von K. Dann gibt es genau ein Polynom $f \in K[X]$ vom Grad $\leq m$ mit $f(c_i) = b_i$ für $i = 1, \ldots, m+1$.

Beweis: Sei $n := m + 1$. Die Bedingungen $f(c_i) = b_i$ geben n lineare Gleichungen

$$\alpha_0 + \alpha_1 c_i + \ldots + \alpha_m c_i^m \;=\; b_i$$

in den n Unbekannten $\alpha_0, \ldots, \alpha_m$. Die Determinante der Koeffizientenmatrix dieses Gleichungssystems ist die Vandermonde'sche Determinante. in (9.13). Da die $c_1, \ldots, c_{m+1}$ verschieden sind, ist diese Determinante nicht null. Somit hat das Gleichungssystem genau eine Lösung $\alpha_0, \ldots, \alpha_m$. ■

Bemerkung 9.6.2

Wir können nun die am Ende von Abschnitt 7.3.2 benötigte Aussage über den Reed-Solomon-Code beweisen. Sei $N \geq r \geq 2$ und $m := r - 1$. Sei V der Vektorraum der Polynome $f \in K[X]$ vom Grad $\leq m$. Seien $a_1, \ldots, a_N$ verschiedene Elemente von K. Wir betrachten die lineare Abbildung

$$\Phi : V \to V_N(K), \quad f \mapsto (f(a_1), \ldots, f(a_N))^t$$

Das Bild $\Phi(V)$, der Reed-Solomon-Code $\mathrm{RS}(N, r, K; a_1, \ldots, a_N)$, ist somit ein Unterraum von $V_N(K)$. Wegen $N \geq m + 1$ folgt aus dem vorhergehenden Satz, dass Φ injektiv ist. Also $r = m + 1 = \dim(V) = \dim \Phi(V)$.

9.7 Eine Anwendung auf nicht-lineare algebraische Gleichungssysteme

Wir gehen von folgender Situation aus: Seien $f(X) = \sum_{i=1}^{n} a_i X^i$, $g(X) = \sum_{j=1}^{m} b_j X^j \in K[X]$ vom Grad $n > 0$ bzw. $m > 0$. Wir nehmen an, dass f, g eine gemeinsame Nullstelle $a \in K$ haben. Dann existieren $\tilde{f}(X) = \sum_{i=1}^{n-1} u_i X^i$, $\tilde{g}(X) = \sum_{j=1}^{m-1} v_j X^j \in K[X]$ vom Grad $n - 1$ bzw. $m - 1$ mit

$$f(X) = (X - a)\,\tilde{f}(X) \quad \text{und} \quad g(X) = (X - a)\,\tilde{g}(X)$$

Für einen Beweis dieser grundlegenden Aussage siehe Aufgabe 9.8.1.17. Wir erhalten $(X - a)\tilde{f}g = fg = (X - a)\tilde{g}f$. Nach Aufgabe 5.4.1.9 können wir den Faktor $X - a$ kürzen und erhalten

$$\tilde{g}f - \tilde{f}g = 0$$

Es folgt, dass alle Koeffizienten des Polynoms auf der linken Seite gleich null sind. Dies ergibt $n + m$ Gleichungen, welche wir hier exemplarisch im Fall $n = 2, m = 3$ angeben:

$$\begin{aligned}
a_2 v_2 - b_3 u_1 &= 0 \\
a_2 v_1 + a_1 v_2 - b_3 u_0 - b_2 u_1 &= 0 \\
a_2 v_0 + a_1 v_1 + a_0 v_2 - b_2 u_0 - b_1 u_1 &= 0 \\
a_1 v_0 + a_0 v_1 - b_1 u_0 - b_0 u_1 &= 0 \\
a_0 v_0 - b_0 u_0 &= 0
\end{aligned}$$

Dies zeigt, dass das (homogene) lineare Gleichungssystem mit der Koeffizientenmatrix (im Fall $n = 2, m = 3$)

$$\begin{pmatrix} 0 & 0 & a_2 & 0 & b_3 \\ 0 & a_2 & a_1 & b_3 & b_2 \\ a_2 & a_1 & a_0 & b_2 & b_1 \\ a_1 & a_0 & 0 & b_1 & b_0 \\ a_0 & 0 & 0 & b_0 & 0 \end{pmatrix} \tag{9.14}$$

eine nicht-triviale Lösung hat. Im allgemeinen Fall heißt die sich ergebende Koeffizientenmatrix die **Sylvestermatrix** von f und g, bezeichnet mit $\mathrm{Syl}(f, g)$. Somit ist $\mathrm{Syl}(f, g)$ eine $(n+m) \times (n+m)$-Matrix über K. In jeder der ersten m Spalten erscheinen die Koeffizienten von f, in jeder der letzten n Spalten erscheinen die Koeffizienten von g, der Rest der Einträge sind Nullen. Dabei rücken die Koeffizienten von f bzw. g in den verschiedenen Spalten von unten nach oben (wie in 9.14).

Wir haben Folgendes gezeigt: Unter der Annahme, dass f, g eine gemeinsame Nullstelle haben, hat das homogene Gleichungssystem mit der Koeffizientenmatrix $\mathrm{Syl}(f, g)$ eine nicht-triviale Lösung. Letzteres bedeutet, dass $\mathrm{Syl}(f, g)$ Determinante 0 hat. Diese Determinante heißt die **Resultante** von f und g, bezeichnet mit

$$\mathrm{Res}(f, g) \; = \; \det \mathrm{Syl}(f, g)$$

Damit ist gezeigt:

Lemma 9.7.1

Seien $f, g \in K[X]$ Polynome vom Grad > 0 mit einer gemeinsamen Nullstelle in K. Dann verschwindet die Resultante von f und g, d. h. $\mathrm{Res}(f, g) = 0$.

Zur Formulierung der Umkehrung braucht man entweder den Begriff eines algebraisch abgeschlossenen Körpers oder des ggT von zwei Polynomen; dazu verweisen wir auf Lehrbücher der Algebra.

Anhand des folgenden Beispiels illustrieren wir, wie man die Resultante zur Lösung nicht-linearer algebraischer Gleichungssysteme verwenden kann:

Beispiel: Man finde die ganzzahligen Lösungen des folgenden Systems:

$$F(X,Y) := X^3Y^2 - XY^3 + 2X^2Y + X - Y - 1 = 0 \tag{9.15}$$

$$G(X,Y) := X^3Y - X^2Y^2 + 2Y^3 + 5X + 16 = 0 \tag{9.16}$$

Wir diskutieren zunächst die Lösungen in $K = \mathbb{C}$. Ist (x_0, y_0) eine Lösung, so sind $f(X) := F(X, y_0)$ und $g(X) := G(X, y_0)$ Polynome in $K[X]$ vom Grad > 0 mit der gemeinsamen Nullstelle $X = x_0$. Also $\mathrm{Res}(f, g) = 0$. Berechnet man andererseits $\mathrm{Res}(f, g)$ als Determinante der Sylvestermatrix (z. B. mit Maple), so erhält man

$$\mathrm{Res}(F(X, y_0), G(X, y_0)) \; = \; y_0^2\, h(y_0) \; = \; 0$$

wobei

$$h(y_0) = 2y_0^{13} - 2y_0^{12} - 20y_0^{11} + 58y_0^{10} - 52y_0^9 - 398y_0^8 + 923y_0^7 - 454y_0^6 - 1771y_0^5$$
$$+ 4859y_0^4 - 1067y_0^3 + 451y_0^2 + 332y_0 + 21$$

Man erhält also die möglichen Werte von y_0 als Nullstellen des Polynoms $y_0^2\, h(y_0)$ in einer Variablen. Die Nullstelle $y_0 = 0$ ist exzeptionell, weil dann $F(X, y_0)$ und $G(X, y_0)$ den Grad 0 haben; sie führt zu keiner Lösung. Es bleiben also die Nullstellen von $h(y_0)$.

Kommen wir nun zurück zu der ursprünglichen Aufgabe, die ganzzahligen Lösungen (x_0, y_0) von 9.15 und 9.16 zu finden. Die ganzzahligen Nullstellen von h sind Teiler des konstanten Koeffizienten 21 (siehe Aufgabe 9.8.1.17). Damit findet man, dass $y_0 = 3$ die einzige ganzzahlige Nullstelle von h ist. Für die zugehörigen Werte x_0 erhalten wir die Gleichungen

$$F(X,3) := 9X^3 + 6X^2 - 26X - 4 = 0$$

$$G(X,3) := 3X^3 - 9X^2 + 5X + 70 = 0$$

Einzige gemeinsame Lösung ist offenbar $x_0 = -2$. Damit ist gezeigt, dass das System 9.15, 9.16 genau eine ganzzahlige Lösung hat, nämlich $(x_0, y_0) = (-2, 3)$.

9.8 Aufgaben

9.8.1 Grundlegende Aufgaben

1. Man beweise die Regel von Sarrus zur Berechnung einer 3×3-Determinante

$$\begin{vmatrix} a & d & g \\ b & e & h \\ c & f & k \end{vmatrix}$$

Schreiben Sie die Matrix hin und wiederholen die ersten beiden Spalten:

$$\begin{matrix} a & d & g & a & d \\ b & e & h & b & e \\ c & f & k & c & f \end{matrix}$$

Man berechne die Produkte der Einträge in den folgenden 3 Transversalen,

$$\begin{matrix} \bullet & \star & \circ & & \\ & \bullet & \star & \circ & \\ & & \bullet & \star & \circ \end{matrix}$$

also die Produkte aek, dhc, gbf. Man addiere diese Produkte und ziehe davon die Produkte der Einträge in den entgegengesetzten Transversalen ab,

$$\begin{matrix} & & \bullet & \star & \circ \\ & \bullet & \star & \circ & \\ \bullet & \star & \circ & & \end{matrix}$$

also die Produkte gce, ahf, dbk.

2. Man berechne die folgende Determinante durch Laplace-Entwicklung und alternativ durch Zeilenumformungen:

$$\begin{vmatrix} 1 & 2 & 3 & 2 \\ 1 & -1 & 3 & 0 \\ 1 & 1 & 2 & 1 \\ 1 & 0 & 1 & 0 \end{vmatrix}$$

3. Für welche Werte von t ist die folgende Matrix invertierbar in $M_n(\mathbb{R})$ bzw. in $M_n(\mathbb{F}_2)$? Für diese Werte von t gebe man die Inverse explizit an.

$$A := \begin{pmatrix} 1 & 1 & 0 \\ 0 & t & 1 \\ 1 & 1 & 1 \end{pmatrix}$$

4. Man zeige für 2×2-Matrizen A, B durch direkte Rechnung $\det(AB) = \det(A)\det(B)$.

5. Ist A eine invertierbare Matrix, so gilt $\det(A^{-1}) = \det(A)^{-1}$.

6. Sei A eine $\ell \times \ell$-Matrix, B eine $m \times m$-Matrix, $*$ eine $\ell \times m$-Matrix und 0 die $m \times \ell$-Nullmatrix. Dann gilt für die daraus zusammengesetzte Blockmatrix:

$$\begin{vmatrix} 0 & B \\ A & * \end{vmatrix} = (-1)^{m\ell} \det(A) \det(B)$$

7. Man zeige, dass die Determinante ein Epimorphismus von der Gruppe $GL_n(K)$ auf die multiplikative Gruppe von K ist.

8. Man benutze die Cramer'sche Regel und die Formel für die Vandermonde'sche Determinante, um das Polynom $f \in \mathbb{R}(X)$ vom Grad ≤ 3 mit $f(1) = 1$, $f(2) = -1$, $f(3) = 2$ und $f(4) = -1$ zu berechnen.

9. Man zeige für obere Dreiecksmatrizen $A, B \in M_n(K)$, dass $\det(AB - BA) = 0$. Gilt dies auch für beliebige Matrizen in $M_n(K)$?

10. Man zeige, dass die invertierbaren oberen (bzw. unteren) Dreiecksmatrizen eine Untergruppe von $GL_n(K)$ bilden.

11. Sei A in $M_n(K)$ invertierbar. Man zeige, dass auch die Adjungierte $A^\sharp$ von A invertierbar ist. Was ist die Inverse von $A^\sharp$?

12. Man zeige, dass die Transponierte einer invertierbaren Matrix A wieder invertierbar ist und es gilt $(A^t)^{-1} = (A^{-1})^t$. (Hinweis: Verwenden Sie, dass Transponieren die Reihenfolge der Faktoren eines Produkts umkehrt, siehe Aufgabe 4.6.2.3.)

13. Ist $\tau = (i, j)$ eine Transposition in S_n, und $\pi \in S_n$ beliebig, so ist $\pi\tau\pi^{-1} = (\pi(i), \pi(j))$ wiederum eine Transposition.

14. Sei $\pi \in S_n$ die Permutation mit $\pi(i) = i + 1$ für $i = 1, \ldots, n - 1$. Man zeige, dass $sgn(\pi) = 1$ genau dann, wenn n ungerade ist.

15. Man beweise mit Hilfe von Zeilenumformungen, dass eine Dreiecksmatrix genau dann invertierbar ist, wenn alle Diagonaleinträge von null verschieden sind.

16. Man gebe einen alternativen Beweis für Beispiel 2 in 9.4, unter Verwendung von Beispiel 1 und Induktion nach n.

17. (a) Sei $f \in K[X]$ vom Grad $n > 0$. Sei $a \in K$ mit $f(a) = 0$. Man zeige, dass dann $f(X) = (X - a)\, g(X)$ für ein $g \in K[X]$ vom Grad $n - 1$. (Hinweis: Man zeige zuerst die Identität $X^i - Y^i = (X - Y)(X^{i-1} + X^{i-2}Y + \ldots + Y^{i-1})$ für $i \geq 1$. Man wende dies für $Y = a$ wie folgt an: $f(X) = f(X) - f(a) = \sum_{i=1}^{n} a_i(X^i - a^i)$, wobei $f(X) = \sum_{i=0}^{n} a_i X^i$).
(b) Hat ein Polynom $f(X)$ mit ganzzahligen Koeffizienten eine Nullstelle $a \in \mathbb{Z}$, so ist a ein Teiler des konstanten Koeffizienten $f(0)$. (Hinweis: Man zeige zunächst, dass das Polynom g ebenfalls ganzzahlige Koeffizienten hat).

9.8.2 Weitergehende Aufgaben

1. Für $\pi \in S_n$ sei $A(\pi) \in M_n(K)$ die **Permutationsmatrix** mit $a_{\pi(j),j} = 1$ und allen anderen Einträgen gleich null. Man zeige, dass die Abbildung $S_n \to GL_n(K)$, $\pi \mapsto A(\pi)$ ein Monomorphismus von Gruppen ist. Also bilden die Permutationsmatrizen in $GL_n(K)$ eine zu S_n isomorphe Untergruppe. Man zeige $\det(A(\pi)) = sgn(\pi)$.

2. Seien $a, b \in K$. Sei $A \in M_n(K)$ die Matrix, bei der alle Diagonaleinträge gleich a und alle anderen Einträge gleich b sind. Man zeige

$$\det(A) = (a-b)^{n-1}(a+nb-b)$$

9.8.3 Maple

Man finde alle ganzzahligen Lösungen des Systems:

$$X^2Y^2 + X^3 + Y^3 + XY + Y + 1 = 0$$

$$X^3Y - X^2Y^2 - Y^2 + X + 2 = 0$$

10 Eigenwerte und Eigenvektoren

Die Eigenwerte einer quadratischen Matrix sind skalare Invarianten, deren Produkt die Determinante ist. Die Eigenwerttheorie ist eng verknüpft mit der Theorie der Normalformen, welche in diesem und im nächsten Abschnitt untersucht wird. Wir beginnen hier mit dem einfachsten Fall, der Diagonalisierbarkeit, und illustrieren ihre Bedeutung durch die Anwendung auf lineare Differentialgleichungen.

10.1 Vorbemerkungen und einführende Beispiele

Wir diskutieren das Rechnen im Matrixring, insbesondere die Gleichung $x^2 = 1$, und die Anwendung auf lineare Differentialgleichungen.

10.1.1 Potenzrechnung und Polynomauswertung im Matrixring $M_n(K)$

Ist $(R, +, \cdot)$ ein beliebiger Ring, so definiert man für $a \in R$, $n \in \mathbb{N}$ die Potenz a^n als n-faches Produkt von a mit sich selbst (wie in 1.3.7 für Körper). Ferner definiert man $a^0 := 1$. (Das neutrale Element der Multiplikation in R). Man zeigt wie in 1.3.7, dass

$$a^{n+m} = a^n a^m \quad \text{und} \quad (a^n)^m = a^{(nm)}$$

für $n, m \in \mathbb{N}$. (Bemerkung: Man kann a^n für negatives n definieren, falls a ein Inverses in R hat).

Wählt man $R = M_n(K)$ oder $R = \mathrm{End}(V)$ für einen K-Vektorraum V, so ist nun die Potenz A^n einer quadratischen Matrix A und α^n eines Vektorraum-Endomorphismus α definiert (für $n \geq 0$). Man kann also Ausdrücke folgender Form bilden:

$$\sum_{i=0}^{n} c_i\, A^i = c_n\, A^n + c_{n-1}\, A^{n-1} \cdots + c_1\, A + c_0\, E_n \qquad (10.1)$$

für Skalare $c_0, \ldots, c_n \in K$. Ist $f(X) \in K[X]$ das Polynom

$$f(X) = \sum_{i=0}^{n} c_i\, X^i$$

so bezeichnen wir obigen Ausdruck (10.1) als

$$f(A) = \sum_{i=0}^{n} c_i\, A^i$$

Analog schreiben wir

$$f(\alpha) = \sum_{i=0}^{n} c_i \, \alpha^i$$

für $\alpha \in \mathrm{End}(V)$.

Man zeigt wiederum leicht (siehe Aufgabe 10.3.1.4), dass die üblichen Rechenregeln gelten:

$$(f+g)(A) = f(A) + g(A) \quad \text{und} \quad (fg)(A) = f(A)\, g(A) \qquad (10.2)$$

für $f, g \in K[X]$ und $A \in M_n(K)$. Ist ferner $f \equiv 1$ das konstante Polynom 1 (welches das neutrale Element der Multiplikation in $K[X]$ ist), so gilt $f(A) = A^0 = E_n$ (die Einheitsmatrix, das neutrale Element der Multiplikation in $M_n(K)$). Für festes $A \in M_n(K)$ ist somit die Auswertungsabbildung

$$K[X] \to M_n(K), \quad f \mapsto f(A)$$

ein Ringhomomorphismus.

Analoges gilt für $\alpha \in \mathrm{End}(V)$ anstelle von $A \in M_n(K)$.

10.1.2 Die Gleichung $x^2 = 1$ im Matrixring $M_n(K)$

In einem Körper hat die Gleichung $x^2 = 1$ nur die Lösungen $x = \pm 1$ (denn die Bedingung $0 = x^2 - 1 = (x-1)(x+1)$ impliziert $x - 1 = 0$ oder $x + 1 = 0$ nach 1.3.4). In einem Ring R kann es jedoch ganz anders aussehen. Wir betrachten hier den Fall $R = M_n(K)$, d. h. wir bestimmen die Matrizen $A \in M_n(K)$ mit $A^2 = E_n$. Dabei setzen wir für den Grundkörper K voraus, dass $1+1 \neq 0$. (Für Körper mit $1+1 = 0$, d. h. Körper der Charakteristik 2, ergibt sich ein ganz anderes Bild, siehe Aufgabe 10.3.2.1). Die Vorgehensweise führt in die Methodik der kommenden Kapitel ein.

Die Polynomfaktorisierung

$$X^2 - 1 = (X-1)(X+1)$$

ergibt

$$A^2 - E_n = (A - E_n)(A + E_n)$$

nach (10.2). Sei nun $A \in M_n(K)$ mit

$$A^2 = E_n$$

d. h.

$$0 = A^2 - E_n = (A - E_n)(A + E_n)$$

(Hier bezeichnet 0 die Nullmatrix!) Wir können daraus nicht schließen, dass einer der Faktoren $A - E_n$, $A + E_n$ verschwindet. Jedoch kann man die schwächere Folgerung ziehen, dass nicht beide Faktoren $A - E_n$, $A + E_n$ invertierbare Matrizen sein können (sonst wäre auch das Produkt invertierbar). Nichtinvertierbarkeit einer quadratischen Matrix B bedeutet, dass der Kern der zugehörigen linearen Abbildung $f_B : \boldsymbol{v} \mapsto B\boldsymbol{v}$ nicht-trivial ist. Wir betrachten also

$$V^+(A) := \ker(f_{A-E_n}) = \{\boldsymbol{v} \in V_n(K) : A\boldsymbol{v} = \boldsymbol{v}\}$$

und

$$V^-(A) := \ker(f_{A+E_n}) = \{v \in V_n(K) : Av = -v\}.$$

$V^+(A)$ und $V^-(A)$ sind Unterräume von $V_n(K)$. Für $v \in V_n(K)$ setze

$$v^+ := \frac{1}{2}(v + Av)$$

und

$$v^- := \frac{1}{2}(v - Av).$$

Dann gilt $Av^+ = \frac{1}{2}(Av + A^2v) = \frac{1}{2}(Av + v) = v^+$, also $v^+ \in V^+(A)$. Ähnlich folgt $v^- \in V^-(A)$. Da $v = v^+ + v^-$, folgt $V_n(K) = V^+(A) + V^-(A)$. Es gilt sogar

$$V_n(K) = V^+(A) \oplus V^-(A)$$

denn für $v \in V^+(A) \cap V^-(A)$ gilt $v = Av = -v$, also $v = 0$ und somit $V^+(A) \cap V^-(A) = \{0\}$.

Man wähle nun eine Basis $v_1, \dots, v_m$ von $V^+(A)$ und eine Basis $w_1, \dots, w_k$ von $V^-(A)$. Zusammengenommen ergeben diese Vektoren eine Basis von V (Bedingung **(DS4)** von Satz 7.1.4). Bzgl. dieser Basis wird f_A durch die Matrix $D = \mathrm{diag}(1, \dots, 1, -1, \dots, -1)$ beschrieben, wobei m-mal die 1 und k-mal die -1 in D vorkommt. Dies folgt daraus, dass $f_A(v_i) = Av_i = v_i$ und $f_A(w_i) = Aw_i = -w_i$. Bzgl. der kanonischen Basis wird f_A durch A beschrieben, also ist A zu D ähnlich (siehe Definition 8.4.7 und die darauffolgenden Bemerkungen). Wir können nun das Hauptergebnis formulieren:

Satz 10.1.1

Sei K ein Körper mit $1 + 1 \neq 0$. Für eine Matrix $A \in M_n(K)$ sind die folgenden Aussagen äquivalent:

(a) $A^2 = E_n$

(b) $V_n(K) = V^+(A) \oplus V^-(A)$

(c) A ist zu einer Matrix der Form $D = \mathrm{diag}(1, \dots, 1, -1, \dots, -1)$ ähnlich.

Beweis: Die Implikationen (a) $\Rightarrow$ (b) und (a) $\Rightarrow$ (c) wurden oben gezeigt. Aus (b) folgt (c) wie oben. Es bleibt also nur zu zeigen: (c) $\Rightarrow$ (a).

Sei also (c) angenommen. Dann gilt $A = TDT^{-1}$ für ein $T \in GL(n, K)$. Also

$$A^2 = TDT^{-1}\,TDT^{-1} = T\,D^2\,T^{-1} = T\,T^{-1} = E_n.$$

■

10.1.3 Ausblick auf die Anwendung auf lineare Differentialgleichungen

Hier ist $K = \mathbb{R}$. Ein System linearer Differentialgleichungen erster Ordnung mit konstanten Koeffizienten ist von der Form

$$\begin{aligned} y_1' &= a_{11} \cdot y_1 + a_{12} \cdot y_2 + \cdots + a_{1n} \cdot y_n \\ &\vdots \\ y_n' &= a_{n1} \cdot y_1 + a_{n2} \cdot y_2 + \cdots + a_{nn} \cdot y_n \end{aligned} \tag{10.3}$$

wobei $A = (a_{ij}) \in M_n(\mathbb{R})$. Die Unbekannten $y_1, \ldots, y_n$ sind nun reelle Funktionen auf einem vorgegebenen Intervall und die y_i' ihre Ableitungen.

Wie bei Gleichungssystemen schreiben wir (10.3) kürzer als

$$\boldsymbol{y}' = A\,\boldsymbol{y} \tag{10.4}$$

wobei $\boldsymbol{y} = (y_1, \ldots, y_n)^t$ der Vektor der Unbekannten ist.

1. Fall: A ist eine Diagonalmatrix

Ist A eine Diagonalmatrix $D = \operatorname{diag}(\lambda_1, \ldots, \lambda_n)$, so reduziert sich das System (10.3) auf den „1-dimensionalen Fall“: $y_i' = \lambda_i y_i$, und die Lösung ist nach elementarer Analysis von der Form

$$y_i(t) = C_i\, e^{\lambda_i t}$$

2. Fall: A ist ähnlich zu einer Diagonalmatrix D

Ist $A = T^{-1}DT$ für ein $T \in GL(n, \mathbb{R})$, so ergibt (10.4)

$$(T\boldsymbol{y})' = T\,\boldsymbol{y}' = TA\,\boldsymbol{y} = D\,(T\boldsymbol{y})$$

Das System $(T\boldsymbol{y})' = D\,(T\boldsymbol{y})$ kann man wie oben nach $T\boldsymbol{y}$ lösen, und erhält dann $\boldsymbol{y}$ durch Lösen eines linearen Gleichungssystems.

3. Fall:

Ist A nicht zu einer Diagonalmatrix ähnlich, so kann man unter der folgenden schwächeren Annahme (vgl. Satz 10.2.2 im nächsten Unterabschnitt) wenigstens noch gewisse Relationen zwischen den Lösungen $y_1, \ldots, y_n$ finden. Wir nehmen also nun an, dass ein $\boldsymbol{v} \in V_n(K)$ existiert mit

$$A^t \boldsymbol{v} = \lambda \boldsymbol{v} \tag{10.5}$$

für ein $\lambda \in \mathbb{R}$. Für $\boldsymbol{w} = \boldsymbol{v}^t$ gilt dann

$$\boldsymbol{w}A = \lambda \boldsymbol{w}$$

und (10.4) ergibt

$$(\boldsymbol{w}\boldsymbol{y})' = \boldsymbol{w}\,\boldsymbol{y}' = \boldsymbol{w}A\,\boldsymbol{y} = \lambda\,(\boldsymbol{w}\boldsymbol{y})$$

Damit sind wir wieder im 1-dimensionalen Fall: $y' = \lambda y$, wo $y = \boldsymbol{w}\boldsymbol{y} = w_1 y_1 + \ldots + w_n y_n$ eine reelle Funktion ist. Kenntnis von y liefert die erwähnten Relationen zwischen den Lösungen $y_1, \ldots, y_n$. Ist A zu einer Diagonalmatrix ähnlich, dann gibt es genügend viele solche Relationen, um $y_1, \ldots, y_n$ daraus eindeutig berechnen zu können (durch Lösen eines linearen Gleichungssystems).

10.2 Eigenräume, Eigenvektoren, Eigenwerte und charakteristisches Polynom

Durch vorstehende Diskussion ist die folgende Definition motiviert.

Definition 10.2.1

Eine quadratische Matrix heißt **diagonalisierbar**, falls sie zu einer Diagonalmatrix ähnlich ist.

Satz 10.2.2

Eine Matrix $A \in M_n(K)$ ist genau dann diagonalisierbar, wenn eine Basis $\boldsymbol{v}_1, \ldots, \boldsymbol{v}_n$ von $V_n(K)$ existiert mit $A\boldsymbol{v}_i = d_i \boldsymbol{v}_i$ für gewisse $d_i \in K$ $(i = 1, \ldots, n)$.

Beweis: Sei wiederum $f_A : V_n(K) \to V_n(K)$, $\boldsymbol{v} \mapsto A\boldsymbol{v}$. Dann wird die lineare Abbildung f_A bzgl. der Basis $\boldsymbol{e}_1^{(n)}, \ldots, \boldsymbol{e}_n^{(n)}$ durch die Matrix A beschrieben. Nach Korollar 8.4.5(b) ist A genau dann zu einer Diagonalmatrix ähnlich, wenn eine Basis $\boldsymbol{v}_1, \ldots, \boldsymbol{v}_n$ von $V_n(K)$ existiert, bzgl. der f_A durch eine Diagonalmatrix beschrieben wird. Offenbar ist Letzteres dazu äquivalent, dass $A\boldsymbol{v}_i = d_i \boldsymbol{v}_i$ für gewisse $d_i \in K$. ∎

Durch Satz 10.2.2 werden die folgenden Begriffe „Eigenwert“ und „Eigenvektor“ motiviert. Dabei ist $A \in M_n(K)$ und $\alpha \in \mathrm{End}(V)$, wo V ein endlich-dimensionaler K-Vektorraum ist. Ferner $\lambda \in K$. Wir definieren:

$$V_\lambda(A) := \ker f_{A - \lambda E_n} = \{\boldsymbol{v} \in V_n(K) : A\boldsymbol{v} = \lambda \boldsymbol{v}\}$$

$$V_\lambda(\alpha) := \ker(\alpha - \lambda\,\mathrm{Id}) = \{\boldsymbol{v} \in V : \alpha(\boldsymbol{v}) = \lambda \boldsymbol{v}\}$$

Offenbar sind $V_\lambda(A)$ und $V_\lambda(\alpha)$ Unterräume von $V_n(K)$ bzw. V.

Definition 10.2.3

Der Skalar λ heißt ein **Eigenwert** von A (bzw. α), falls $V_\lambda(A) \neq \{0\}$ (bzw. $V_\lambda(\alpha) \neq \{0\}$). In diesem Fall heißt $V_\lambda(A)$ (bzw. $V_\lambda(\alpha)$) der zum Eigenwert λ gehörende **Eigenraum**. Die von 0 verschiedenen Elemente von $V_\lambda(A)$ (bzw. $V_\lambda(\alpha)$) heißen **Eigenvektoren** von A (bzw. α) zum Eigenwert λ.

Beispielsweise sind die Räume $V^+(A)$ und $V^-(A)$ von Satz 10.1.1 Eigenräume von A zum Eigenwert $+1$ bzw. -1.

Bemerkung 10.2.4

(a) Ein Skalar λ ist genau dann ein Eigenwert von A bzw. α, wenn

$$\det(A - \lambda E_n) = 0$$

bzw.

$$\det(\alpha - \lambda \operatorname{Id}) = 0$$

(b) Beschreibt A die lineare Abbildung α (bzgl. einer Basis von V), so gilt

$$\det(\alpha - \lambda \operatorname{Id}) = \det(A - \lambda E_n)$$

Insbesondere haben A und α dieselben Eigenwerte.

Beweis: (a) folgt für A daraus, dass $V_\lambda(A) = \ker f_{A-\lambda E_n}$ genau dann nicht-trivial ist, wenn die Matrix $A - \lambda E_n$ nicht invertierbar ist, d. h. $\det(A - \lambda E_n) = 0$. Für α analog.

(b) Beschreibt A die lineare Abbildung α, so beschreibt $A-\lambda E_n$ die lineare Abbildung $(\alpha-\lambda \operatorname{Id})$ (bzgl. derselben Basis, nach Satz 8.4.4). Die Behauptung folgt somit direkt aus der Definition der Determinante einer linearen Abbildung, siehe (9.4.3). ■

10.2.1 Eigenräume und Diagonalisierbarkeit

Satz 10.2.5

(a) Sind $\boldsymbol{v}_1, \dots, \boldsymbol{v}_k$ Eigenvektoren von A zu *verschiedenen* Eigenwerten $\lambda_1, \dots, \lambda_k$, so sind $\boldsymbol{v}_1, \dots, \boldsymbol{v}_k$ linear unabhängig in $V_n(K)$.
(b) Sind $U_1, \dots, U_k$ verschiedene Eigenräume von A, so ist der von $U_1, \dots, U_k$ erzeugte Unterraum von $V_n(K)$ die direkte Summe von $U_1, \dots, U_k$.

Beweis: (a) Wir verwenden Induktion nach k. Für $k = 1$ ist die Behauptung klar (da Eigenvektoren von 0 verschieden sind). Sei nun angenommen, dass $k > 1$ und dass die Behauptung für kleinere Werte von k gilt. Seien $c_1, \dots, c_k \in K$ mit

$$c_1\, \boldsymbol{v}_1 + \dots + c_k\, \boldsymbol{v}_k = 0$$

Linksmultiplikation mit A gibt

$$\lambda_1 c_1\, \boldsymbol{v}_1 + \dots + \lambda_k c_k\, \boldsymbol{v}_k = 0$$

Zieht man das λ_1-fache der ersten Gleichung von der zweiten ab, erhält man

$$(\lambda_2 - \lambda_1)c_2\, \boldsymbol{v}_2 + \dots + (\lambda_k - \lambda_1)c_k\, \boldsymbol{v}_k = 0$$

Nach der Induktionsvoraussetzung sind $\boldsymbol{v}_2, \dots, \boldsymbol{v}_k$ linear unabhängig, also

$$(\lambda_2 - \lambda_1)c_2 = \dots = (\lambda_k - \lambda_1)c_k = 0$$

Da $\lambda_1, \dots, \lambda_k$ verschieden sind, folgt $c_2 = \dots = c_k = 0$. Dann ist auch $c_1 = 0$ (da $\boldsymbol{v}_1 \neq 0$).
(b) Wir verwenden das Kriterium **(DS3)** für die direkte Summe (siehe Satz 7.1.4). Seien also $\boldsymbol{u}_i \in U_i$ mit $\boldsymbol{u}_1 + \dots + \boldsymbol{u}_k = 0$. Wir wollen zeigen, dass $\boldsymbol{u}_1 = \dots = \boldsymbol{u}_k = 0$. Nehmen wir an, das sei nicht der Fall. Die von 0 verschiedenen $\boldsymbol{u}_i$ sind Eigenvektoren von A zu verschiedenen Eigenwerten und können demnach nicht die Summe 0 haben (da linear unabhängig nach (a)). Dieser Widerspruch zeigt (b). ■

Satz 10.2.6

Die folgenden Bedingungen an $A \in M_n(K)$ sind äquivalent:

(1) A ist diagonalisierbar.

(2) $V_n(K)$ hat eine Basis, die aus Eigenvektoren von A besteht.

(3) Die Eigenvektoren von A erzeugen den Vektorraum $V_n(K)$.

(4) $V_n(K)$ ist die direkte Summe der Eigenräume von A.

(5) Die Summe der Dimensionen der Eigenräume von A ist n.

Beweis: Die Äquivalenz von (1) und (2) ist gerade die Aussage von Satz 10.2.2. Die Implikation (2) $\Rightarrow$ (3) ist klar, und die Umkehrung folgt daraus, dass jedes Erzeugendensystem von $V_n(K)$ eine Basis enthält.

Auch die Implikation (4) $\Rightarrow$ (3) ist klar (da die von 0 verschiedenen Elemente der Eigenräume Eigenvektoren sind). Bedingung (3) besagt, dass $V_n(K)$ von den Eigenräumen von A erzeugt wird. Dies impliziert (4) nach Satz 10.2.5(b). Die Äquivalenz von (4) und (5) folgt aus Satz 10.2.5(b) unter Beachtung von Kriterium **(DS1)** für die direkte Summe (siehe Satz 7.1.4). ■

Korollar 10.2.7

Die $n \times n$-Matrix A hat höchstens n Eigenwerte. Hat A genau n Eigenwerte, so ist A diagonalisierbar und die Eigenräume von A sind alle 1-dimensional.

Beweis: Seien $\boldsymbol{v}_1, \ldots, \boldsymbol{v}_k$ Eigenvektoren von A zu verschiedenen Eigenwerten. Nach Satz 10.2.5 sind $\boldsymbol{v}_1, \ldots, \boldsymbol{v}_k$ linear unabhängig in $V_n(K)$. Nach Satz 6.2.3 folgt $k \leq n$, und ist $k = n$, so bilden $\boldsymbol{v}_1, \ldots, \boldsymbol{v}_k$ eine Basis von $V_n(K)$. Letzteres impliziert, dass A diagonalisierbar ist (nach dem vorhergehenden Satz). Dann folgt weiter, dass $V_n(K)$ die direkte Summe der n Eigenräume von A ist, also sind diese 1-dimensional (nach Satz 7.1.4). ■

10.2.2 Das charakteristische Polynom

Beispiele:

1. Ist $A = \operatorname{diag}(\lambda_1, \ldots, \lambda_n)$ eine Diagonalmatrix, so ist der Einheitsvektor $\boldsymbol{e}_i^{(n)}$ ein Eigenvektor von A zum Eigenwert λ_i, für $i = 1, \ldots, n$. Die Diagonaleinträge $\lambda_1, \ldots, \lambda_n$ sind also Eigenwerte von A. Wegen

$$\det(A - \lambda E_n) = \begin{vmatrix} \lambda_1 - \lambda & 0 & \ldots & 0 \\ 0 & \lambda_2 - \lambda & \ldots & 0 \\ \vdots & \vdots & & \vdots \\ 0 & 0 & \ldots & \lambda_n - \lambda \end{vmatrix}$$

$$= (\lambda_1 - \lambda) \cdots (\lambda_n - \lambda)$$

hat A keine weiteren Eigenwerte.

2. Allgemeiner gilt für jede **Dreiecksmatrix** A, dass die Eigenwerte genau die Diagonaleinträge $\lambda_1, \ldots, \lambda_n$ sind. Denn die Diagonaleinträge von $A - \lambda E_n$ sind $\lambda_1 - \lambda, \ldots, \lambda_n - \lambda$, also
$$\det(A - \lambda E_n) = (\lambda_1 - \lambda) \cdots (\lambda_n - \lambda)$$
wie im Fall der Diagonalmatrizen (siehe Beispiel 2 in 9.4.2).

3. Ist A die 2×2-Matrix
$$A = \begin{pmatrix} a & b \\ c & d \end{pmatrix}$$
so gilt
$$\det(A - \lambda E_2) = \begin{vmatrix} a - \lambda & b \\ c & d - \lambda \end{vmatrix} = \lambda^2 - (a + d)\,\lambda + (ad - bc)$$
Es ist also $\det(A - \lambda E_2)$ ein Polynom in λ vom Grad 2. Die Nullstellen dieses Polynoms in K sind nach Bemerkung 10.2.4 die Eigenwerte von A.

Wir wollen nun das letzte Beispiel für beliebiges n verallgemeinern, betrachten also:
$$\det(A - \lambda E_n) = \begin{vmatrix} a_{11} - \lambda & a_{12} & \ldots & a_{1n} \\ a_{21} & a_{22} - \lambda & \ldots & a_{2n} \\ \vdots & \vdots & & \vdots \\ a_{n1} & a_{n2} & \ldots & a_{nn} - \lambda \end{vmatrix}$$
Um die Definition (9.5) der Determinante verwenden zu können, brauchen wir die folgende Notation:
$$\delta_{ij} := \begin{cases} 0 & \text{für } i \neq j \\ 1 & \text{für } i = j \end{cases}$$
Damit bekommen wir
$$\begin{aligned} \det(A - \lambda E_n) &= (a_{1,1} - \lambda)\,(a_{2,2} - \lambda) \cdots (a_{n,n} - \lambda) + \\ &\sum_{\pi \in S_n, \pi \neq \mathrm{Id}} \operatorname{sgn}(\pi)\,(a_{1,\pi(1)} - \delta_{1,\pi(1)}\lambda) \cdots (a_{n,\pi(n)} - \delta_{n,\pi(n)}\lambda) \\ &= (-1)^n \lambda^n + (-1)^{n-1}(a_{1,1} + \ldots + a_{n,n})\,\lambda^{n-1} + \ldots + \det(A) \end{aligned}$$
Es ist also $\det(A - \lambda E_n)$ ein Polynom in λ vom Grad n. Der konstante Koeffizient dieses Polynoms ist $\det(A)$, wie man durch Einsetzen von $\lambda = 0$ sieht. Terme mit λ^n und λ^{n-1} kommen nur beim Ausmultiplizieren von
$$(a_{1,1} - \lambda)\,(a_{2,2} - \lambda) \cdots (a_{n,n} - \lambda)$$
vor, da für jedes $\pi \in S_n$ mit $\pi \neq \mathrm{Id}$ mindestens zwei Werte von $i = 1, \ldots, n$ existieren mit $\pi(i) \neq i$. Damit ist Teil (a) und (b) des folgenden Satzes gezeigt:

Satz 10.2.8

(a) Für jedes $A = (a_{ij}) \in M_n(K)$ gibt es ein Polynom $\chi_A(X) \in K[X]$ vom Grad n mit

$$\chi_A(X) \quad = \quad (-1)^n \sum_{\pi \in S_n} \operatorname{sgn}(\pi)\, (a_{1,\pi(1)} - \delta_{1,\pi(1)}\, X) \cdots (a_{n,\pi(n)} - \delta_{n,\pi(n)}\, X)$$

Dieses Polynom heißt das **charakteristische Polynom** von A, und sein X^n-Koeffizient, X^{n-1}-Koeffizient und konstanter Koeffizient sind wie folgt gegeben:

$$\chi_A(X) \quad = \quad X^n \; - \; \operatorname{Sp}(A)\, X^{n-1} \; + \ldots + (-1)^n \det(A)$$

Hierbei ist

$$\operatorname{Sp}(A) \; := \; a_{1,1} \; + \; \ldots \; + a_{n,n},$$

die **Spur** von A.

(b) Es gilt für jedes $\lambda \in K$:

$$\det(A \; - \; \lambda E_n) \quad = \quad (-1)^n \, \chi_A(\lambda)$$

(c) Die Nullstellen in K von $\chi_A(X)$ sind genau die Eigenwerte von A.

(d) Beschreibt A die lineare Abbildung α, so definieren wir das **charakteristische Polynom** von α als $\chi_\alpha(X) := \chi_A(X)$. Nach Bemerkung 10.2.4(b) ist dies wohldefiniert, d. h. jede andere Matrix, welche α (bzgl. einer Basis von V) beschreibt, hat dasselbe charakteristische Polynom wie A.

(e) Ähnliche Matrizen haben dasselbe charakteristische Polynom, also dieselbe Spur und Determinante, und dieselben Eigenwerte.

Beweis: Teil (c) folgt wiederum aus Bemerkung 10.2.4. (d) ist klar. (e) folgt aus (d), da zwei Matrizen aus $M_n(K)$ genau dann ähnlich sind, wenn sie dieselben linearen Abbildungen beschreiben (siehe Korollar 8.4.5). ■

Beispiel: Sei K ein Körper mit $1 + 1 \neq 0$. Ist dann $A \in M_n(K)$ mit $A^2 = E_n$, so gilt

$$\chi_A(X) \quad = \quad (X - 1)^m \; (X + 1)^k$$

wobei $m = \dim V^+(A)$ und $k = \dim V^-(A)$. Dies folgt aus Satz 10.1.1(c) und obigem Beispiel 1.

In Ergänzung zu Teil (e) wollen wir festhalten, in welcher Beziehung die Eigenräume ähnlicher Matrizen stehen. Ist $T \in GL_n(K)$, so

$$V_\lambda(T \; A \; T^{-1}) \quad = \quad f_T(V_\lambda(A)) \tag{10.6}$$

Dies folgt durch eine einfache Rechnung (siehe Aufgabe 10.3.1.14).

10.2.3 Berechnung von Eigenwerten und Eigenräumen, explizite Diagonalisierung

Wir zeigen hier, wie man die Eigenwerte und Eigenräume einer Matrix $A \in M_n(K)$ explizit berechnen kann und wie man damit entscheiden kann, ob A diagonalisierbar ist. Für diagonalisierbares A wird auch ein $T \in GL_n(K)$ berechnet, so dass $T^{-1}AT$ eine Diagonalmatrix ist.

Wir illustrieren die Vorgehensweise an der Matrix

$$A = \begin{pmatrix} 3 & 1 & 1 \\ 2 & 4 & 2 \\ 1 & 1 & 3 \end{pmatrix},$$

welche wir als Matrix in $M_3(\mathbb{Q})$ auffassen.

1. Schritt: Berechnung der Eigenwerte

Die Eigenwerte sind die Nullstellen des charakteristischen Polynoms $\chi_A(X)$. In kleinen Beispielen kann man χ_A durch die direkte Formel aus Satz 10.2.8 berechnen. Mit steigendem n erhöht sich der Rechenaufwand sehr schnell. Auch die Berechnung der Nullstellen von χ_A ist im Allgemeinen schwierig.

In der Numerischen Linearen Algebra hat man Näherungsverfahren entwickelt, welche ganz ohne das charakteristische Polynom auskommen und die Eigenwerte von reellen oder komplexen Matrizen für großes n effektiv liefern.

In unserem Beispiel ergibt sich:

$$\chi_A(X) = X^3 - 10\,X^2 + 28\,X - 24 = (X-2)^2\,(X-6)$$

2. Schritt: Berechnung der Eigenräume

Hat man die Eigenwerte λ_i gefunden, erhält man die Eigenräume durch Lösen der homogenen Gleichungssysteme:

$$(A - \lambda_i E_n)\,\boldsymbol{v} = 0$$

Gauß-Algorithmus und Satz 3.5.3 ermöglichen die Berechnung einer Basis für jeden Eigenraum. Damit ist insbesondere die Dimension eines jeden Eigenraums bestimmt.

In unserem Beispiel ergibt sich: Die Vektoren $(1, -1, 0)^t$ und $(0, 1, -1)^t$ bilden eine Basis von $V_2(A)$, und $V_6(A) = \mathbb{Q}\,(1, 2, 1)^t$.

3. Schritt: Explizite Diagonalisierung

Man addiere nun die Dimensionen der Eigenräume. Nach Satz 10.2.6(5) ist die Matrix genau dann diagonalisierbar, wenn die Summe n ergibt. Sei nun angenommen, dies gilt. Die Basen der Eigenräume ergeben dann zusammengenommen eine Basis $\boldsymbol{v}_1, \ldots, \boldsymbol{v}_n$ von $V_n(K)$, die aus Eigenvektoren von A besteht. Sei $\boldsymbol{v}_i$ Eigenvektor zum Eigenwert λ_i (für $i = 1, \ldots, n$). Sei T die Matrix mit Spalten $\boldsymbol{v}_1, \ldots, \boldsymbol{v}_n$. Dann ist T invertierbar (da die Spalten linear unabhängig sind). Ferner $T\,\boldsymbol{e}_i^{(n)} = \boldsymbol{v}_i$ nach Lemma 4.1.2(a).

Sei $D := T^{-1}AT$. Dann gilt für $i = 1, \ldots, n$:

$$D\, \boldsymbol{e}_i^{(n)} \;=\; T^{-1}\, A\, \boldsymbol{v}_i \;=\; T^{-1}\,(\lambda_i\, \boldsymbol{v}_i) \;=\; \lambda_i\, T^{-1}\boldsymbol{v}_i \;=\; \lambda_i\, \boldsymbol{e}_i^{(n)}$$

Somit ist D eine Diagonalmatrix mit Diagonaleinträgen λ_i (wiederum nach Lemma 4.1.2(a)).

In unserem Beispiel ergibt sich

$$T \;=\; \begin{pmatrix} 1 & 0 & 1 \\ -1 & 1 & 2 \\ 0 & -1 & 1 \end{pmatrix}.$$

10.3 Aufgaben

10.3.1 Grundlegende Aufgaben

1. Man entscheide, ob die folgende Matrix $A \in M_3(\mathbb{Q})$ diagonalisierbar ist. Wenn ja, finde man $T \in GL_3(\mathbb{Q})$, so dass $T^{-1}AT$ eine Diagonalmatrix ist.

$$A \;=\; \begin{pmatrix} 2 & 0 & 0 \\ -1 & 1 & 1 \\ 0 & 0 & 3 \end{pmatrix}$$

2. Sei $f(X) \in K[X]$ das Polynom $f(X) = X^2 - X + 1$. Man berechne $f(A)$, wobei

$$A \;=\; \begin{pmatrix} 1 & 1 \\ -1 & 1 \end{pmatrix}$$

3. Sei $D \in M_n(K)$ die Diagonalmatrix $D = \mathrm{diag}(\lambda_1, \ldots, \lambda_n)$. Sei $f(X) \in K[X]$. Man zeige: $f(D) = \mathrm{diag}(f(\lambda_1), \ldots, f(\lambda_n))$.

4. Man zeige, dass die Auswertungsabbildung

$$K[X] \;\to\; M_n(K), \quad f \;\mapsto\; f(A)$$

ein Ringhomomorphismus ist.

5. Man zeige, dass für jedes $A \in M_n(K)$ gilt: A^t ist genau dann diagonalisierbar, wenn dies für A gilt.

6. Sei $A \in M_2(\mathbb{Q})$ die Matrix

$$A \;=\; \begin{pmatrix} 2 & -1 \\ 3 & -2 \end{pmatrix}$$

Man zeige $A^2 = E_2$ und berechne $V^+(A)$ und $V^-(A)$. Ferner finde man ein $T \in GL_2(\mathbb{Q})$, so dass $T^{-1}AT$ eine Diagonalmatrix ist.

7. Man löse das System von Differentialgleichungen

$$\begin{aligned} y_1' &= 2y_1 - y_2 \\ y_2' &= 3y_1 - 2y_2 \end{aligned}$$

8. Sei $A \in M_n(K)$ die Diagonalmatrix $A = \text{diag}(\lambda_1, \ldots, \lambda_n)$. Man bestimme die Eigenräume von A.

9. $A \in M_n(K)$. Man zeige $V_\lambda(A) \subseteq V_{\lambda^k}(A^k)$. Man finde ein Beispiel, wo dies eine echte Inklusion ist.

10. Sei $A \in M_2(\mathbb{Q})$ die Matrix

$$A = \begin{pmatrix} 1 & 1 \\ 1 & -1 \end{pmatrix}$$

Man zeige, dass A in $M_2(\mathbb{R})$ diagonalisierbar ist, nicht jedoch in $M_2(\mathbb{Q})$.

11. Für $K = \mathbb{F}_2$ und $K = \mathbb{F}_3$ finde man alle diagonalisierbaren Matrizen in $M_2(K)$.

12. Für $K = \mathbb{F}_2$ finde man alle Matrizen in $M_2(K)$, welche keinen Eigenwert (in K) haben. Gibt es solche Matrizen für $K = \mathbb{R}$ oder $K = \mathbb{C}$?

13. Man zeige, dass die Ähnlichkeit von Matrizen eine Äquivalenzrelation ist, d. h.: Ist A ähnlich zu B und B ähnlich zu C so ist auch A ähnlich zu C. Ferner ist jedes $A \in M_n(K)$ zu sich selbst ähnlich. (Symmetrie wurde nach Definition 8.4.7 gezeigt).

14. Man zeige:

$$V_\lambda(T\,A\,T^{-1}) = f_T(V_\lambda(A))$$

für alle $A \in M_n(K)$ und $T \in GL_n(K)$.

10.3.2 Weitergehende Aufgaben

1. Sei K ein Körper mit $1 + 1 = 0$. Man zeige: Ist $A \in M_n(K)$ diagonalisierbar mit $A^2 = E_n$, so ist $A = E_n$. Ferner finde man ein $A \in M_2(K)$ mit $A^2 = E_n$ und $A \neq E_n$.

10.3.3 Maple

1. Seien

$$A = \begin{pmatrix} 37 & -126 & 114 & -6 & 12 & 42 \\ 21 & -89 & 90 & -6 & 33 & 15 \\ 9 & -48 & 52 & -6 & 30 & 0 \\ -3 & 24 & -30 & 1 & -21 & 3 \\ 6 & -15 & 12 & 3 & -8 & 12 \\ 3 & -15 & 18 & 3 & 6 & 4 \end{pmatrix}$$

und

$$B = \begin{pmatrix} 41 & -138 & 126 & -2 & 8 & 50 \\ 21 & -89 & 90 & -6 & 33 & 15 \\ 8 & -45 & 49 & -7 & 31 & -2 \\ -1 & 18 & -24 & 3 & -23 & 7 \\ 7 & -18 & 15 & 4 & -9 & 14 \\ 2 & -12 & 15 & 2 & 7 & 2 \end{pmatrix}.$$

Untersuchen Sie, welche der Matrizen diagonalisierbar sind und bestimmen Sie gegebenenfalls eine Transformationsmatrix. Benutzen Sie dazu die Maple-Befehle **eigenvalues** und **kernel**.

2. Wie viele diagonalisierbare Matrizen gibt es in $M_3(\mathbb{F}_3)$?

11 Die Jordan'sche Normalform einer quadratischen Matrix

Im letzten Abschnitt haben wir am Beispiel der linearen Differentialgleichungen gesehen, wie nützlich die Bedingung der Diagonalisierkeit ist. Auch für nicht-diagonalisierbare Matrizen werden wir nun eine Normalform herleiten, die nur wenig komplizierter als die Diagonalform ist und sich in den Anwendungen ähnlich bewährt. Nach Vorbemerkungen über Blockmatrizen beginnen wir mit dem Spezialfall der nilpotenten Matrizen, woraus wir später die Jordan'sche Normalform leicht ableiten können.

11.1 Multiplikation von Blockmatrizen

Sei $n = m+\ell$ für $m, \ell \in \mathbb{N}$. Seien A_1, A_1' beides $m\times m$-Matrizen, A_2, A_2' beides $\ell\times\ell$-Matrizen, B, B' beides $m \times \ell$-Matrizen und 0 die $\ell \times m$-Nullmatrix. Man sagt dann, die folgende Matrix $A \in M_n(K)$:

$$A = \begin{pmatrix} A_1 & B \\ 0 & A_2 \end{pmatrix} \tag{11.1}$$

ist in Form einer **Blockmatrix** gegeben. Das Produkt von A mit der weiteren Blockmatrix

$$A' = \begin{pmatrix} A_1' & B' \\ 0 & A_2' \end{pmatrix}$$

berechnet sich wie folgt:

$$\begin{pmatrix} A_1 & B \\ 0 & A_2 \end{pmatrix} \cdot \begin{pmatrix} A_1' & B' \\ 0 & A_2' \end{pmatrix} = \begin{pmatrix} A_1A_1' & A_1B' + BA_2' \\ 0 & A_2A_2' \end{pmatrix} \tag{11.2}$$

Insbesondere gilt für alle $k \in \mathbb{N}$:

$$A^k = \begin{pmatrix} A_1^k & * \\ 0 & A_2^k \end{pmatrix} \tag{11.3}$$

Definition 11.1.1

Sei $\alpha \in \operatorname{End}(V)$, wo V ein K-Vektorraum ist. Man sagt, ein Unterraum U von V ist **invariant** unter α, falls $\alpha(U) \subseteq U$. Ist $V = V_n(K)$ und $\alpha = f_A$ für ein $A \in M_n(K)$, so sagt man auch: U ist invariant unter A.

Offenbar ist der von $\boldsymbol{e}_1^{(n)}, \ldots, \boldsymbol{e}_m^{(n)}$ erzeugte Unterraum von $V_n(K)$ genau dann invariant unter A, wenn A in obiger Blockform (11.1) ist (siehe Aufgabe 11.6.1.7).

11.2 Nilpotente Matrizen — die Gleichung $x^k = 0$ im Matrixring $M_n(K)$

Eine Matrix $A \in M_n(K)$ heißt **nilpotent**, falls $A^k = 0$ (die Nullmatrix) für ein $k \in \mathbb{N}$. Desgleichen heißt ein Endomorphismus α eines endlich-dimensionalen K-Vektorraums **nilpotent**, falls $\alpha^k = 0$ für ein $k \in \mathbb{N}$. Nach Satz 8.4.4 ist α genau dann nilpotent, wenn jede beschreibende Matrix nilpotent ist.

Bemerkung 11.2.1

Eine nilpotente Matrix ist genau dann diagonalisierbar, wenn sie die Nullmatrix ist (siehe Aufgabe 11.6.1.2). Es erhebt sich die Frage, ob man für eine nilpotente Matrix $A \in M_n(K)$, $A \neq 0$, einen „Ersatz" für die Diagonalisierbarkeit finden kann, d. h. ob A zu einer Matrix ähnlich ist, welche in vergleichbar einfacher Form wie eine Diagonalmatrix ist. Als Einführung diskutieren wir zunächst den Fall $A^2 = 0$.

Sei nun V ein endlich-dimensionaler K-Vektorraum und $\alpha \in \mathrm{End}(V)$ mit $\alpha^2 = 0$. Dann gilt $\alpha(V) \subseteq \ker(\alpha)$. Sei W ein Unterraum von V mit

$$V = \ker(\alpha) \oplus W$$

Da $W \cap \ker(\alpha) = \{0\}$, gibt die Restriktion von α eine injektive lineare Abbildung $W \to \ker(\alpha)$. Sei $\boldsymbol{w}_1, \dots, \boldsymbol{w}_r$ eine Basis von W. Dann sind $\alpha(\boldsymbol{w}_1), \dots, \alpha(\boldsymbol{w}_r)$ linear unabhängig in $\ker(\alpha)$. Durch Hinzufügen weiterer Elemente $\boldsymbol{v}_1, \dots, \boldsymbol{v}_s$ erhalten wir eine Basis $\alpha(\boldsymbol{w}_1), \dots, \alpha(\boldsymbol{w}_r), \boldsymbol{v}_1, \dots, \boldsymbol{v}_s$ von $\ker(\alpha)$. Dann bilden die Elemente

$$\alpha(\boldsymbol{w}_1), \boldsymbol{w}_1, \ \dots \ , \alpha(\boldsymbol{w}_r), w_r, \ \boldsymbol{v}_1, \dots, \boldsymbol{v}_s$$

eine Basis von V (nach Satz 7.1.4). Bzgl. dieser Basis wird α durch eine Matrix beschrieben, welche wir der Übersichtlichkeit halber für $r = 3$, $s = 2$ darstellen:

$$\begin{pmatrix} 0 & 1 & & & & & & \\ 0 & 0 & & & & & & \\ & & 0 & 1 & & & & \\ & & 0 & 0 & & & & \\ & & & & 0 & 1 & & \\ & & & & 0 & 0 & & \\ & & & & & & 0 & \\ & & & & & & & 0 \end{pmatrix}$$

Wir wollen dies nun auf beliebige nilpotente Endomorphismen von V verallgemeinern. Dazu beachten wir, dass die oben konstruierte Basis von V im Sinne der folgenden Definition α-adaptiert ist.

Definition 11.2.2

Sei $\alpha \in \mathrm{End}(V)$, wo V ein K-Vektorraum ist. Eine Basis von V heißt **α-adaptiert**, falls das Folgende gilt: α bildet jedes Element der Basis entweder wieder auf ein Element der Basis ab, oder auf 0. Ferner bildet α keine zwei verschiedenen Basiselemente auf dasselbe Basiselement ab.

Satz 11.2.3

Sei $\alpha \in \operatorname{End}(V)$ nilpotent, wo $V \neq \{0\}$ ein endlich-dimensionaler K-Vektorraum ist. Dann hat V eine α-adaptierte Basis. Genauer gilt: Sei k die natürliche Zahl mit $\alpha^k = 0$ und $\alpha^{k-1} \neq 0$. Sei U ein vorgegebener Unterraum von V mit $U \cap \ker(\alpha^{k-1}) = \{0\}$. Dann kann jede Basis von U zu einer α-adaptierten Basis von V erweitert werden.

Beweis: Wir verwenden Induktion nach k. Für $k = 1$ ist $\alpha = 0$ und somit ist jede Basis von V eine α-adaptierte Basis. Die Behauptung folgt somit in diesem Fall aus Satz 6.2.3(c).

Sei nun $k > 1$. Der Raum $V' := \ker(\alpha^{k-1})$ ist offenbar invariant unter α. Sei $\alpha' \in \operatorname{End}(V')$ die Restriktion von α. Dann ist $(\alpha')^{k-1} = 0$ und $(\alpha')^{k-2} \neq 0$. Wir können also die Induktionsvoraussetzung auf α' anwenden. Um die genauere Form der Induktionsvoraussetzung anzuwenden, konstruieren wir zunächst einen geeigneten Unterraum U' von V'.

Nach Korollar 7.1.6 existiert ein Unterraum Z von V mit

$$V = (V' \oplus U) \oplus Z$$

Für Summen von Unterräumen gilt das Assoziativgesetz (siehe Bemerkung 7.1.3), also

$$V = V' \oplus (U \oplus Z)$$

Setze $W := U \oplus Z$. Dann gilt

$$V = V' \oplus W \tag{11.4}$$

Ferner $U \subseteq W$. Ist $\boldsymbol{w} \in W$ mit $\alpha(\boldsymbol{w}) \in \ker(\alpha^{k-2})$, so $\alpha^{k-1}(\boldsymbol{w}) = 0$, also $\boldsymbol{w} \in \ker(\alpha^{k-1}) \cap W = \{0\}$. Für $U' := \alpha(W)$ gilt somit:

$$U' \cap \ker(\alpha^{k-2}) = \{0\} \tag{11.5}$$

Das Bild von α liegt in $\ker(\alpha^{k-1}) (= V')$, da $\alpha^k = 0$. Insbesondere:

$$U' \subseteq V' \tag{11.6}$$

Da $W \cap \ker(\alpha^{k-1}) = \{0\}$, gilt auch $W \cap \ker(\alpha) = \{0\}$ (da $k > 1$). Die Restriktion von α gibt also eine bijektive lineare Abbildung $W \to U'$. Man erweitere die gegebene Basis von U zunächst zu einer Basis $\boldsymbol{w}_1, \ldots, \boldsymbol{w}_r$ von W. Diese wird durch α auf eine Basis von U' abgebildet. Nach der Induktionsvoraussetzung können wir nun diese Basis von U' zu einer α'-adaptierten Basis von V' erweitern. Zusammen mit $\boldsymbol{w}_1, \ldots, \boldsymbol{w}_r$ ergibt dies eine Basis von V (nach (11.4)). Diese Basis ist α-adaptiert. ■

Bemerkung 11.2.4

Wir wollen nun die Matrix A angeben, die den nilpotenten Endomorphismus α bzgl. einer α-adaptierten Basis beschreibt. Dazu definieren wir die **Wertigkeit** eines Basiselements $\boldsymbol{v}$ als die kleinste natürliche Zahl i mit $\alpha^i(\boldsymbol{v}) = 0$. Wir ordnen nun die Basis wie folgt an:

Man wähle ein Element $\boldsymbol{u}_1$ der Basis von maximaler Wertigkeit k_1. Dann kommt $\boldsymbol{u}_1$ nicht als Bild eines Basiselements unter α vor. Wir nehmen nun

$$\alpha^{k_1-1}(\boldsymbol{u}_1),\ \dots\ ,\alpha^2(\boldsymbol{u}_1),\ \alpha(\boldsymbol{u}_1),\ \boldsymbol{u}_1$$

als die ersten Elemente der Basis. Unter den verbleibenden Basiselementen wählen wir wiederum ein Element $\boldsymbol{u}_2$ maximaler Wertigkeit k_2, und nehmen

$$\alpha^{k_2-1}(\boldsymbol{u}_2),\ \dots\ ,\alpha^2(\boldsymbol{u}_2),\ \alpha(\boldsymbol{u}_2),\ \boldsymbol{u}_2$$

als die nächsten Elemente der Basis. Wir fahren auf diese Weise fort, bis schließlich nach s Schritten die Elemente

$$\alpha^{k_s-1}(\boldsymbol{u}_s),\ \dots\ ,\alpha^2(\boldsymbol{u}_s),\ \alpha(\boldsymbol{u}_s),\ \boldsymbol{u}_s$$

die letzten Elemente der Basis sind.

Für $\ell \in \mathbb{N}$ definieren wir nun die Matrix $A_\ell \in M_\ell(K)$ als

$$A_\ell \ = \begin{pmatrix} 0 & 1 & & & & \\ & 0 & 1 & & & \\ & & 0 & 1 & & \\ & & & \dots & 1 & \\ & & & & 0 & 1 \\ & & & & & 0 \end{pmatrix} \tag{11.7}$$

In Worten: A_ℓ ist die Matrix mit Einsen in den $(i, i+1)$-Einträgen $(i = 1, \dots, \ell - 1)$ und Nullen sonst.

Die Matrix A besteht dann aus s „Kästchen“ $A_{k_1}, \dots, A_{k_s}$ um die Diagonale (und Nullen außerhalb).

$$A \ = \begin{pmatrix} A_{k_1} & & & \\ & A_{k_2} & & \\ & & \dots & \\ & & & A_{k_s} \end{pmatrix} \tag{11.8}$$

Korollar 11.2.5

Für $A \in M_n(K)$ sind die folgenden Bedingungen äquivalent:
(a) A ist nilpotent.
(b) $A^n = 0$.
(c) Das charakteristische Polynom von A ist $\chi_A(X) = X^n$.
(d) A ist ähnlich zu einer oberen Dreiecksmatrix mit Nullen als Diagonaleinträgen.
(e) A ist ähnlich zu einer Matrix der Form (11.8) mit Einträgen wie in (11.7).

Beweis: Die Implikation (a) $\Rightarrow$ (e) folgt aus Satz 11.2.3 und der darauffolgenden Bemerkung. Die Implikationen (e) $\Rightarrow$ (d) und (b) $\Rightarrow$ (a) sind klar. Die Implikation (d) $\Rightarrow$ (c) folgt aus

Beispiel 2 in 10.2.2. Die Implikation (e) $\Rightarrow$ (b) folgt durch direkte Rechnung (unter Verwendung der Multiplikationsregel für Blockmatrizen).

Es bleibt also nur die Implikation (c) $\Rightarrow$ (a) zu zeigen. Sei also angenommen, dass $\chi_A(X) = X^n$. Dann hat A den Eigenwert 0. Nach (10.6) können wir annehmen, dass $\boldsymbol{e}_1^{(n)}$ ein Eigenvektor von A zum Eigenwert 0 ist. Dann ist A in obiger Blockform (11.1), wobei A_1 die 1×1-Nullmatrix ist. Es gilt dann $\chi_A(X) = X\,\chi_{A_2}(X)$ nach Beispiel 1 in 9.4.2. Da $\chi_A(X) = X^n$ folgt $\chi_{A_2}(X) = X^{n-1}$. Wir verwenden nun Induktion nach n. Der Induktionsanfang $n = 1$ ist klar, sei also $n > 1$. Nach Induktion können wir dann annehmen $A_2^k = 0$ für ein $k \in \mathbb{N}$. Nach (11.3) ist dann A^k wiederum in obiger Blockform (11.1), wobei nun die Blöcke auf der Diagonalen beide null sind. Nach (11.2) folgt schließlich $A^{2k} = 0$. ∎

Korollar 11.2.6

Sei $\alpha \in \operatorname{End}(V)$, wo V ein K-Vektorraum endlicher Dimension n ist. Dann gilt

$$\ker(\alpha^n) = \ker(\alpha^m) \tag{11.9}$$

für jedes $m \geq n$. Ferner

$$V = \ker(\alpha^n) \oplus \alpha^n(V) \tag{11.10}$$

d. h. V ist die direkte Summe von Bild und Kern von α^n.

Beweis: Es gilt offenbar $\ker(\alpha^n) \subseteq \ker(\alpha^m)$. Zum Beweis der umgekehrten Inklusion beachte man, dass der Unterraum $U := \ker(\alpha^m)$ von V invariant unter α ist. Denn für $\boldsymbol{u} \in U$ gilt $\alpha^m(\alpha(\boldsymbol{u})) = \alpha^{m+1}(\boldsymbol{u}) = 0$, also $\alpha(\boldsymbol{u}) \in U$.

Aus dem vorhergehenden Korollar folgt für jedes $m \geq n$: Ist $\alpha^m = 0$, so auch $\alpha^n = 0$. Wir wenden dies auf $\beta := \alpha|_U$ an. Da $\beta^m = 0$, folgt $\beta^{\dim(U)} = 0$ und somit auch $\beta^n = 0$. Also $U \subseteq \ker(\alpha^n)$. Dies zeigt (11.9).

Wir zeigen nun

$$\ker(\alpha^n) \cap \alpha^n(V) = 0 \tag{11.11}$$

Ist nämlich $\boldsymbol{v} \in V$ mit $\alpha^n(\boldsymbol{v}) \in \ker(\alpha^n)$, so gilt $\alpha^{2n}(\boldsymbol{v}) = 0$ und damit auch $\alpha^n(\boldsymbol{v}) = 0$ nach dem eben Bewiesenen. Dies zeigt (11.11).

Nach der Dimensionsformel für lineare Abbildungen (Satz 8.3.4) ist n die Summe der Dimensionen von Bild und Kern von α^n. Da diese Räume trivialen Durchschnitt haben, erzeugen sie einen Unterraum von V der Dimension n (nach Satz 7.1.4), erzeugen also ganz V, und der erzeugte Raum V ist die direkte Summe. ∎

11.3 Verallgemeinerte Eigenräume und Triangulierbarkeit

Wir wollen der Frage nachgehen, woran es liegen kann, dass eine Matrix *nicht* diagonalisierbar ist. Dazu betrachten wir eine 2×2-Matrix A, welche nicht diagonalisierbar ist. Die Anzahl der Eigenwerte von A ist 0 oder 1 (nach Korollar 10.2.7).

Hat eine Matrix keine Eigenwerte (also auch keine Eigenvektoren), so ist sie nicht diagonalisierbar (nach Satz 10.2.6). Dieser offensichtliche Grund für Nicht-Diagonalisierbarkeit hängt von der Wahl des Grundkörpers K ab: Jede (quadratische) Matrix hat Eigenwerte in einem geeigneten Erweiterungskörper, denn das charakteristische Polynom von A hat Nullstellen in einem geeigneten Erweiterungskörper (wie jedes Polynom aus $K[X]$, siehe Lehrbücher der Algebra).

Ein anderer Grund für Nicht-Diagonalisierbarkeit (unabhängig vom Grundkörper) liegt in dem Fall vor, dass A genau einen Eigenwert hat, z. B.

$$A = \begin{pmatrix} 1 & 1 \\ 0 & 1 \end{pmatrix}$$

Das charakteristische Polynom dieser Matrix ist $(X-1)^2$, also ist 1 der einzige Eigenwert. Der zugehörige Eigenraum ist der Kern von f_N, wo

$$N := A - E_2 = \begin{pmatrix} 0 & 1 \\ 0 & 0 \end{pmatrix}$$

Der Kern von f_N ist der von $(1,0)^t$ erzeugte Unterraum von $V_n(K)$. Die entscheidende Beobachtung ist nun, dass N nilpotent ist, also $N^2 = 0$. Der Kern von f_N^2 ist somit der ganze Raum $V_n(K)$.

Für nicht-diagonalisierbare Matrizen sind also nicht nur die Eigenräume

$$V_\lambda(A) := \ker f_{A - \lambda E_n}$$

von Bedeutung, sondern auch die folgenden Verallgemeinerungen:

Definition 11.3.1

Sei $A \in M_n(K)$ und $\alpha \in \mathrm{End}(V)$, wo V ein n-dimensionaler K-Vektorraum ist. Sei $\lambda \in K$ ein Eigenwert von A (bzw. α). Wir definieren den **verallgemeinerten Eigenraum** von A (bzw. α) zum Eigenwert λ wie folgt:

$$U_\lambda(A) := \ker\,(f_{A - \lambda E_n})^n$$

bzw.

$$U_\lambda(\alpha) := \ker((\alpha - \lambda\,\mathrm{Id})^n)$$

Nach Korollar 11.2.6 gilt $U_\lambda(A) = \ker\,(f_{A - \lambda E_n})^m$ für jedes $m \geq n$. Ist A diagonalisierbar, so gilt $U_\lambda(A) = V_\lambda(A)$ (siehe Aufgabe 11.6.1.5). Im Allgemeinen können diese Räume verschieden sein, wie obiges Beispiel zeigt. Es gilt jedoch immer

$$V_\lambda(A) \subseteq U_\lambda(A)$$

Lemma 11.3.2

Seien $\alpha, \beta \in \text{End}(V)$, wo V ein n-dimensionaler K-Vektorraum ist. Wir nehmen an, dass α und β **kommutieren**, d. h.

$$\alpha\,\beta \;=\; \beta\,\alpha$$

Dann sind alle Eigenräume und alle verallgemeinerten Eigenräume von α invariant unter β.

Beweis: Sei $\gamma = \alpha - \lambda\ \text{Id}$ oder $\gamma = (\alpha - \lambda\ \text{Id})^n$. Dann kommutieren auch β und γ. Ist nun $\boldsymbol{v} \in \ker(\gamma)$, so gilt $\gamma(\boldsymbol{v}) = 0$ und somit auch $\gamma(\beta(\boldsymbol{v})) = \beta(\gamma(\boldsymbol{v})) = \beta(0) = 0$, also $\beta(\boldsymbol{v}) \in \ker(\gamma)$. Es ist also $\ker(\gamma)$ invariant unter β. Dies zeigt die Behauptung. ■

Wir zeigen nun das Analogon von Satz 10.2.5(b):

Satz 11.3.3

Sind $U_1, \ldots, U_k$ verschiedene **verallgemeinerte** Eigenräume von $A \in M_n(K)$, so ist der von $U_1, \ldots, U_k$ erzeugte Unterraum von $V_n(K)$ die direkte Summe von $U_1, \ldots, U_k$.

Beweis: Wir verwenden Induktion nach k. Der Fall $k = 1$ ist trivial. Sei nun $k > 1$. Nach Induktion ist dann $W := U_1 + \ldots + U_{k-1}$ die direkte Summe von $U_1, \ldots, U_{k-1}$. Für den Induktionsschluss genügt es zu zeigen, dass $W \cap U_k = \{0\}$ (siehe den letzten Teil des Beweises von Satz 7.1.4).

Nach dem Lemma sind alle U_i und damit auch W invariant unter A. Sei $U_i = \ker\,(f_{A-\lambda_i E_n})^n$ und $i < k$. Dann ist die Restriktion von $f_{A-\lambda_i E_n}$ auf U_i nilpotent, kann also durch eine Dreiecksmatrix mit Nullen auf der Diagonalen beschrieben werden. Die Restriktion von $f_{A-\lambda_k E_n}$ auf U_i kann dann durch eine Dreiecksmatrix mit Diagonaleinträgen $\lambda_i - \lambda_k \neq 0$ beschrieben werden. Eine solche Matrix ist invertierbar, dann ist auch jede Potenz invertierbar. Also ist U_i im Bild von $(f_{A-\lambda_k E_n})^n$ enthalten. Dann ist auch $W = U_1 + \ldots + U_{k-1}$ im Bild von $(f_{A-\lambda_k E_n})^n$ enthalten. Also $W \cap U_k = W \cap \ker\,(f_{A-\lambda_k E_n})^n = \{0\}$ nach Korollar 11.2.6. ■

Satz 11.3.4

Sei V ein K-Vektorraum endlicher Dimension n. Die folgenden Bedingungen an $\alpha \in \text{End}(V)$ sind äquivalent:

(1) α kann durch eine obere Dreiecksmatrix beschrieben werden.

(2) Das charakteristische Polynom von α ist Produkt von Polynomen von Grad 1.

(3) V ist die direkte Summe der verallgemeinerten Eigenräume von α.

Beweis: Die Implikation (1) $\Rightarrow$ (2) folgt aus Beispiel 2 in 10.2.2. Wir beweisen nun die Implikation (2) $\Rightarrow$ (3). Sei also (2) angenommen. Dann hat α mindestens einen Eigenwert $\lambda \in K$. Sei $U := \ker\,(\alpha - \lambda\ \text{Id})^n$ der zugehörige verallgemeinerte Eigenraum, und W das Bild von $(\alpha - \lambda\ \text{Id})^n$. Nach Korollar 11.2.6 gilt $V = U \oplus W$. Wie eben sind U und W invariant unter

α. Beschreibt man α durch eine Matrix bzgl. einer Basis von V, welche sich aus Basen von U und W zusammensetzt, so hat diese Matrix die Blockform des Beispiels in 9.5.2 und somit gilt

$$\chi_\alpha(X) \quad = \quad \chi_{\alpha|_U}(X)\, \chi_{\alpha|_W}(X)$$

Es folgt, dass auch $\chi_{\alpha|_U}(X)$ und $\chi_{\alpha|_W}(X)$ Produkte von Polynomen von Grad 1 sind. Nach Induktion ist die Restriktion von α auf W direkte Summe der verallgemeinerten Eigenräume von $\alpha|_W$. Offenbar ist jeder verallgemeinerte Eigenraum von $\alpha|_W$ in einem verallgemeinerten Eigenraum von α enthalten. Also wird V von verallgemeinerten Eigenräumen von α erzeugt. Nach dem vorhergehenden Satz folgt (3).

Zum Beweis der Implikation (3) $\Rightarrow$ (1) sei schließlich (3) angenommen. Die Restriktion von $\alpha - \lambda\,\mathrm{Id}$ auf $U_\lambda(\alpha)$ ist nilpotent, also nach Korollar 11.2.5 durch eine Dreiecksmatrix mit Nullen auf der Diagonalen beschreibbar. Somit ist die Restriktion von α auf $U_\lambda(\alpha)$ durch eine Dreiecksmatrix mit Diagonaleinträgen λ beschreibbar. Setzt man entsprechende Basen der $U_\lambda(\alpha)$ zu einer Basis von V zusammen (möglich nach (3)), so wird α bzgl. dieser Basis durch eine Blockmatrix beschrieben, deren Diagonalblöcke die obigen Dreiecksmatrizen sind (und Nullen außerhalb). Diese Blockmatrix ist dann selbst eine Dreiecksmatrix. ■

Wir definieren eine Matrix $A \in M_n(K)$ als **triangulierbar**, falls sie zu einer oberen Dreiecksmatrix ähnlich ist. Aus obigem Satz und Beweis folgt:

Korollar 11.3.5

Eine Matrix $A \in M_n(K)$ ist genau dann triangulierbar, wenn das charakteristische Polynom von A Produkt von Polynomen von Grad 1 ist. In diesem Fall gilt

$$\chi_A(X) \quad = \quad \prod_{i=1}^{r} (X - \lambda_i)^{d_i}$$

wobei $\lambda_1, \ldots, \lambda_r$ die (verschiedenen) Eigenwerte von A sind, und d_i die Dimension des verallgemeinerten Eigenraums zum Eigenwert λ_i.

Es ist eine Grundtatsache der Algebra, dass es zu jedem Polynom $f(X)$ aus $K[X]$ einen Erweiterungskörper L von K gibt (den sog. Zerfällungskörper des Polynoms), so dass $f(X)$ Produkt von Polynomen von Grad 1 **mit Koeffizienten aus** L ist. Obiges Korollar besagt demnach, dass jede Matrix $A \in M_n(K)$ über einem geeigneten Erweiterungskörper L von K triangulierbar wird. Damit können wir zeigen:

Korollar 11.3.6

(Der Satz von Cayley-Hamilton) Für das charakteristische Polynom χ_A von $A \in M_n(K)$ gilt $\chi_A(A) = 0$.

Beweis: Nach den Bemerkungen vor dem Korollar können wir annehmen, dass A triangulierbar ist. (Ersetze K durch L). Sei $\alpha := f_A$. Dann ist $\chi := \chi_\alpha$ gleich χ_A. Nach Satz 11.3.4 ist $V_n(K)$ die direkte Summe der verallgemeinerten Eigenräume $U_i := U_{\lambda_i}(\alpha)$ von α. Die U_i sind

α-invariant, es genügt also zu zeigen, dass die Restriktion von $\chi(\alpha)$ auf jedes U_i gleich null ist. Nach Korollar 11.3.5 gilt

$$\chi(X) = \prod_{i=1}^{r} (X - \lambda_i)^{d_i}$$

wo $d_i = \dim U_i$. Auf U_i ist aber $\alpha - \lambda_i$ Id nilpotent, also $(\alpha - \lambda_i \text{ Id})^{d_i}$ ist null auf U_i. Einsetzen von α für X in $\chi(X)$ gibt also null auf jedem U_i. ■

Bemerkung 11.3.7

Nach Definition des charakteristischen Polynoms von $A \in M_n(K)$ gilt

$$\chi_A(\lambda) = (-1)^n \det(A - \lambda E_n)$$

Der naheliegende Beweis obigen Korollars wäre also, hierbei für λ einfach A einzusetzen, was offensichtlich auf der rechten Seite null ergibt. Dieses Vorgehen ist aber nicht korrekt. Zunächst ist zu bemerken, dass für jedes $B \in M_n(K)$ der Ausdruck $\chi_A(B)$ eine Matrix in $M_n(K)$ ist, wohingegen $(-1)^n \det(A - B)$ ein Skalar ist. Selbst wenn man diesen Skalar als Skalarmatrix in $M_n(K)$ interpretiert, ergibt sich nicht die Gleichheit dieser Ausdrücke, was folgendes Beispiel zeigt:

Sei A die Nullmatrix in $M_2(K)$. Dann ist A insbesondere nilpotent, also $\chi := \chi_A(X) = X^2$. Sei $B \in M_2(K)$ die Matrix

$$B = \begin{pmatrix} 1 & 1 \\ 0 & 0 \end{pmatrix}$$

Dann gilt $B^2 = B$, also $\chi(B) = B$. Aber

$$\det(A - B\, E_n) = \det(B) = 0$$

11.4 Die Jordan'sche Normalform

Satz 11.4.1

(Jordan'sche Normalform) Es sei $A \in \mathrm{M}_n(K)$ triangulierbar. Dann ist A ähnlich zu einer Blockmatrix mit Blöcken der Gestalt

$$\begin{pmatrix} \lambda & 1 & 0 & \dots & 0 \\ 0 & \lambda & 1 & \dots & 0 \\ \dots & & & & \\ 0 & 0 & \dots & \lambda & 1 \\ 0 & 0 & \dots & 0 & \lambda \end{pmatrix}$$

längs der Diagonalen und sonst Nullen. Diese Blöcke heißen „Jordankästchen".

Beweis: Nach Satz 11.3.4 können wir annehmen $V_n(K) = U_\lambda(A)$ (d. h. A hat nur einen Eigenwert λ). Dann ist die Matrix $N := A - \lambda E_n$ nilpotent, ist also ähnlich zu einer Blockmatrix mit Diagonalblöcken wie in (11.7). Somit ist $A = N + \lambda E_n$ ähnlich zu einer Blockmatrix der behaupteten Gestalt. ■

11.4.1 Ein Beispiel zur Berechnung der Jordan'schen Normalform

Der Beweis des vorhergehenden Satzes ist konstruktiv, d. h. ergibt einen Algorithmus zur Berechnung der Jordan'schen Normalform (und der zugehörigen Transformationsmatrix). Eine allgemeine Beschreibung des Algorithmus ist etwas kompliziert und erfordert eine Wiederholung verschiedener früherer Argumente. Deshalb verzichten wir auf eine solche allgemeine Beschreibung und illustrieren den Algorithmus stattdessen an einem etwas umfangreicheren Beispiel.

Es sei A die folgende Matrix in $\mathrm{M}_6(\mathbb{Q})$:

$$A = \begin{pmatrix} 0 & 2 & 2 & 1 & 2 & 3 \\ 1 & 1 & -1 & 0 & 0 & -1 \\ 1 & -1 & 1 & 0 & 0 & -1 \\ -1 & 1 & -1 & 3 & 1 & 1 \\ 3 & -3 & -1 & -1 & 1 & -3 \\ -4 & 3 & 3 & 2 & 3 & 7 \end{pmatrix}$$

1. Schritt: Bestimmung des charakteristischen Polynoms und der Eigenwerte.

Maple liefert

$$\chi_A(X) = (X-2)^5\,(X-3)$$

Da das Polynom in Faktoren vom Grad 1 zerfällt, ist die Matrix triangulierbar. Die Eigenwerte sind 2 und 3. Die entsprechenden Faktoren von χ_A haben Vielfachheit 5 bzw. 1, also gilt für die Dimensionen der verallgemeinerten Eigenräume $U_2 := U_2(A)$ und $U_3 := U_3(A)$:

$$\dim U_2 = 5 \quad \text{und} \quad \dim U_3 = 1$$

Sei $f_2 := f_{A-2E_6}$ und $f_3 := f_{A-3E_6}$. Es folgt $U_2 = \mathrm{Ker}(f_2^5)$ und $U_3 = \mathrm{Ker}(f_3)$.

2. Schritt: Der verallgemeinerte Eigenraum zum Eigenwert 3.

Es ist

$$A - 3E_6 = \begin{pmatrix} -3 & 2 & 2 & 1 & 2 & 3 \\ 1 & -2 & -1 & 0 & 0 & -1 \\ 1 & -1 & -2 & 0 & 0 & -1 \\ -1 & 1 & -1 & 0 & 1 & 1 \\ 3 & -3 & -1 & -1 & -2 & -3 \\ -4 & 3 & 3 & 2 & 3 & 4 \end{pmatrix}$$

Der Lösungsraum des zugehörigen homogenen Gleichungssystems ist $\mathrm{Ker}(f_3) = U_3$. Eine Basis für diesen Raum ist der Vektor

$$\boldsymbol{v} := \begin{pmatrix} 1 \\ 0 \\ 0 \\ 0 \\ 0 \\ 1 \end{pmatrix}$$

3. Schritt: Der verallgemeinerte Eigenraum zum Eigenwert 2.

Es ist

$$A - 2E_6 = \begin{pmatrix} -2 & 2 & 2 & 1 & 2 & 3 \\ 1 & -1 & -1 & 0 & 0 & -1 \\ 1 & -1 & -1 & 0 & 0 & -1 \\ -1 & 1 & -1 & 1 & 1 & 1 \\ 3 & -3 & -1 & -1 & -1 & -3 \\ -4 & 3 & 3 & 2 & 3 & 5 \end{pmatrix}$$

Der Lösungsraum des zugehörigen homogenen Gleichungssystems ist $\mathrm{Ker}(f_2)$. Eine Basis für diesen Raum bilden die Vektoren

$$\begin{pmatrix} 1 \\ 0 \\ 0 \\ 1 \\ -1 \\ 1 \end{pmatrix} \quad \text{und} \quad \begin{pmatrix} 0 \\ 1 \\ 1 \\ 2 \\ 0 \\ -2 \end{pmatrix}$$

Es ist

$$(A - 2E_6)^2 = \begin{pmatrix} 1 & -4 & -2 & 3 & 4 & 0 \\ 0 & 1 & 1 & -1 & -1 & 0 \\ 0 & 1 & 1 & -1 & -1 & 0 \\ 0 & -1 & -1 & 1 & 1 & 0 \\ 0 & 3 & 3 & -3 & -3 & 0 \\ 1 & -6 & -4 & 5 & 6 & 0 \end{pmatrix}$$

Der Lösungsraum des zugehörigen homogenen Gleichungssystems ist $\mathrm{Ker}(f_2^2)$. Eine Basis für diesen Raum bilden die Vektoren

$$\begin{pmatrix} 0 \\ 0 \\ 0 \\ 0 \\ 0 \\ 1 \end{pmatrix}, \begin{pmatrix} 0 \\ 1 \\ 0 \\ 0 \\ 1 \\ 0 \end{pmatrix}, \begin{pmatrix} 1 \\ 1 \\ 0 \\ 1 \\ 0 \\ 0 \end{pmatrix}, \begin{pmatrix} -2 \\ -1 \\ 1 \\ 0 \\ 0 \\ 0 \end{pmatrix}$$

Für den Raum $\mathrm{Ker}(f_2^3)$ findet man die Basis

$$\begin{pmatrix} 1 \\ 1 \\ 0 \\ 0 \\ 0 \\ 0 \end{pmatrix}, \begin{pmatrix} 1 \\ 0 \\ -1 \\ 0 \\ 0 \\ 0 \end{pmatrix}, \begin{pmatrix} 1 \\ 0 \\ 0 \\ 0 \\ -1 \\ 0 \end{pmatrix}, \begin{pmatrix} 0 \\ 0 \\ 0 \\ 1 \\ 0 \\ 0 \end{pmatrix}, \begin{pmatrix} 0 \\ 0 \\ 0 \\ 0 \\ 0 \\ 1 \end{pmatrix}$$

Da dieser Kern 5-dimensional ist und in dem 5-dimensionalen Raum $U_2 = \mathrm{Ker}(f_2^5)$ enthalten ist, gilt bereits $U_2 = \mathrm{Ker}(f_2^3)$. Die höheren Potenzen von f_2 müssen also nicht mehr betrachtet werden.

4. Schritt: Bestimmung einer f_2-adaptierten Basis von U_2.

Wir verwenden den durch den Beweis von Satz 11.2.3 gegebenen Algorithmus. Zunächst ist ein Unterraum Z_3 von U_2 mit $U_2 = \mathrm{Ker}(f_2^2) \oplus Z_3$ zu finden. Dazu ergänzen wir die gefundene Basis des 4-dimensionalen Raums $\mathrm{Ker}(f_2^2)$ zu einer Basis des 5-dimensionalen Raums U_2 durch Hinzunahme eines Vektors aus obiger Basis von U_2, der von den vier Basisvektoren von $\mathrm{Ker}(f_2^2)$ linear unabhängig ist. Dies ist etwa der Vektor $\boldsymbol{u}_1 := (0, 0, 0, 1, 0, 0)^t$.

Wir berechnen $\boldsymbol{u}_2 := f_2(\boldsymbol{u}_1) = (1, 0, 0, 1, -1, 2)^t$. Dieser Vektor muss in $\mathrm{Ker}(f_2^2)$ liegen, kann aber nicht in $\mathrm{Ker}(f_2)$ liegen. Als nächstes ist ein Vektor $\boldsymbol{w}_1$ zu finden, so dass der von $\boldsymbol{w}_1$ und $\boldsymbol{u}_2$ erzeugte Unterraum Z_2 die Bedingung $\mathrm{Ker}(f_2^2) = \mathrm{Ker}(f_2) \oplus Z_2$ erfüllt. Dazu beachte man, dass die Vektoren $(1, 0, 0, 1, -1, 1)^t$, $(0, 1, 1, 2, 0, -2)^t$ (obige Basis von $\mathrm{Ker}(f_2)$) zusammen mit $\boldsymbol{u}_2$ ein linear unabhängiges System von drei Vektoren in dem 4-dimensionalen Raum $\mathrm{Ker}(f_2^2)$ bilden. Wir ergänzen dieses System zu einer Basis von $\mathrm{Ker}(f_2^2)$ durch Hinzunahme des Vektors $\boldsymbol{w}_1 := (0, 1, 0, 0, 1, 0)^t$ aus obiger Basis von $\mathrm{Ker}(f_2^2)$.

Die Vektoren

$$\boldsymbol{u}_3 := f_2(\boldsymbol{u}_2) = (3, -1, -1, 1, -3, 5)^t$$

und

$$\boldsymbol{w}_2 := f_2(\boldsymbol{w}_1) = (4, -1, -1, 2, -4, 6)^t$$

bilden nun eine Basis von $\mathrm{Ker}(f_2)$. Somit bilden $\boldsymbol{u}_1, \boldsymbol{u}_2, \boldsymbol{u}_3, \boldsymbol{w}_1, \boldsymbol{w}_2$ eine f_2-adaptierte Basis von U_2.

5. Schritt: Bestimmung der Transformationsmatrix T.

Die f_2-adaptierte Basis $\boldsymbol{u}_3, \boldsymbol{u}_2, \boldsymbol{u}_1, \boldsymbol{w}_2, \boldsymbol{w}_1$ von U_2 zusammen mit der Basis $\boldsymbol{v}$ von U_3 bildet eine Basis von $V_6(K)$. Diese sechs Vektoren (in der gegebenen Reihenfolge) bilden die Spalten der Transformationsmatrix:

$$T = \begin{pmatrix} 3 & 1 & 0 & 4 & 0 & 1 \\ -1 & 0 & 0 & -1 & 1 & 0 \\ -1 & 0 & 0 & -1 & 0 & 0 \\ 1 & 1 & 1 & 2 & 0 & 0 \\ -3 & -1 & 0 & -4 & 1 & 0 \\ 5 & 2 & 0 & 6 & 0 & 1 \end{pmatrix}$$

Wir berechnen T^{-1} mit dem Gauß-Algorithmus:

$$T^{-1} = \begin{pmatrix} -1 & -1 & -1 & 0 & 1 & 1 \\ -1 & 0 & 2 & 0 & 0 & 1 \\ 0 & -1 & -1 & 1 & 1 & 0 \\ 1 & 1 & 0 & 0 & -1 & -1 \\ 0 & 1 & -1 & 0 & 0 & 0 \\ 1 & -1 & 1 & 0 & 1 & 0 \end{pmatrix}$$

Die Matrix $T^{-1}AT$ ist dann in Jordan'scher Normalform:

$$T^{-1}AT = \begin{pmatrix} 2 & 1 & & & & \\ & 2 & 1 & & & \\ & & 2 & & & \\ & & & 2 & 1 & \\ & & & & 2 & \\ & & & & & 3 \end{pmatrix}$$

Wie erhalten also zwei Jordankästchen (der Länge 2 bzw. 3) zum Eigenwert 2 und ein Jordankästchen (der Länge 1) zum Eigenwert 3.

11.5 Anwendung auf lineare Differentialgleichungen

Hier ist wiederum $K = \mathbb{R}$.

11.5.1 Systeme linearer Differentialgleichungen erster Ordnung

Wir kommen zu den in Abschnitt 10.1.3 betrachteten Systemen linearer Differentialgleichungen zurück. Wir hatten gesehen, wie so ein System gelöst werden kann, falls die Koeffizientenmatrix A diagonalisierbar ist. Die Jordan'sche Normalform ist ein Ersatz für die Diagonalisierbarkeit und kann nun dazu verwendet werden, *jedes* solche System zu lösen (evtl. nach Übergang zu einem Erweiterungskörper von K, über dem A triangulierbar wird).

Wir betrachten also ein System von Differentialgleichungen

$$\boldsymbol{y}' = A\,\boldsymbol{y}$$

wie in 10.1.3. Ist $A = T^{-1}JT$, so sieht man wie in 10.1.3 (2. Fall), dass sich die Lösungen $\boldsymbol{y}$ dieses Systems aus den Lösungen $\boldsymbol{z}$ des Systems

$$\boldsymbol{z}' = J\,\boldsymbol{z}$$

durch Linksmultiplikation mit T^{-1} ergeben. Somit genügt es, Systeme zu betrachten, deren Koeffizientenmatrix J in Jordan'scher Normalform ist. Ein solches System zerfällt in voneinander unabhängige Systeme, welche den Jordankästchen entsprechen. Damit haben wir das Problem schließlich auf den Fall reduziert, dass J *aus einem einzigen Jordankästchen* besteht. Das System nimmt dann folgende Form an:

$$\begin{array}{rcl} y_1' &=& \lambda y_1 + y_2 \\ y_2' &=& \qquad \lambda y_2 + y_3 \\ \dots & \dots & \\ y_{n-1}' &=& \qquad\qquad \lambda y_{n-1} + y_n \\ y_n' &=& \qquad\qquad\qquad \lambda y_n \end{array} \tag{11.12}$$

Die Lösung der letzten Gleichung ist (wie in 10.1.3, 1. Fall):

$$y_n(t) = C_n\, e^{\lambda t}$$

Neu ist die Situation bei der vorletzten Gleichung, die nun die folgende Gestalt annimmt:

$$y'_{n-1} = \lambda\, y_{n-1} + C_n\, e^{\lambda t}$$

Die Lösung ist:

$$y_{n-1}(t) = C_n\, t\, e^{\lambda t} + C_{n-1}\, e^{\lambda t}$$

wie man in einführenden Büchern über Differentialgleichungen findet. (Durch Differenzieren kann man natürlich verifizieren, dass dies Lösungen sind. Es ist etwas schwieriger, zu zeigen, dass es keine weiteren Lösungen gibt.)

Die drittletzte Gleichung ist dann

$$y'_{n-2} = \lambda\, y_{n-2} + C_n\, t\, e^{\lambda t} + C_{n-1}\, e^{\lambda t}$$

und die Lösung ist

$$y_{n-2}(t) = \frac{C_n}{2}\, t^2\, e^{\lambda t} + C_{n-1}\, t\, e^{\lambda t} + C_{n-2}\, e^{\lambda t}$$

Es ist nun klar, wie man fortfährt, um auch die restlichen y_i zu bestimmen.

11.5.2 Die lineare Differentialgleichung n-ter Ordnung

Die lineare Differentialgleichung n-ter Ordnung mit konstanten Koeffizienten (in einer Variablen y) ist von der Form

$$y^{(n)} = a_{n-1}\, y^{(n-1)} + \ldots + a_1\, y' + a_0\, y \tag{11.13}$$

mit $a_0, a_1, \ldots, a_{n-1} \in \mathbb{R}$. Offenbar ist (11.13) äquivalent zu dem folgenden System der vorher betrachteten Art:

$$\begin{array}{lcl} y'_0 & = & y_1 \\ y'_1 & = & \qquad\quad y_2 \\ \ldots & \ldots & \\ y'_{n-2} & = & \qquad\qquad\qquad\qquad y_{n-1} \\ y'_{n-1} & = & a_0\, y_0 + a_1\, y_1 + \ldots + a_{n-1}\, y_{n-1} \end{array} \tag{11.14}$$

Die Koeffizientenmatrix dieses Systems ist

$$A = \begin{pmatrix} 0 & 1 & 0 & \ldots & 0 \\ 0 & 0 & 1 & \ldots & 0 \\ \ldots & & & & \\ 0 & 0 & \ldots & & 1 \\ a_0 & a_1 & \ldots & & a_{n-1} \end{pmatrix}$$

Das charakteristische Polynom von A ist

$$\chi_A(X) = X^n - a_{n-1}\, X^{n-1} - \cdots - a_1\, X - a_0$$

wie man leicht durch Induktion (Entwicklung nach der ersten Spalte) beweist (siehe Aufgabe 11.6.1.6).

11.6 Aufgaben

11.6.1 Grundlegende Aufgaben

1. Man beweise die Multiplikationsregel für Blockmatrizen, siehe (11.2).

2. Man zeige, dass eine nilpotente Matrix genau dann diagonalisierbar ist, wenn sie die Nullmatrix ist.

3. Man zeige, dass jede obere Dreiecksmatrix zu einer unteren Dreiecksmatrix ähnlich ist. Bei der Definition von „triangulierbar" kann man also das Adjektiv „oberen" weglassen.

4. Man zeige, dass eine Matrix in $M_2(K)$ genau dann triangulierbar ist, wenn sie mindestens einen Eigenwert (in K) hat.

5. Man zeige: Eine triangulierbare Matrix A ist genau dann diagonalisierbar, wenn $U_\lambda(A) = V_\lambda(A)$ für alle Eigenwerte λ von A.

6. Man zeige die Formel für $\chi_A(X)$ in Abschnitt 11.5.2.

7. Man zeige für $1 < m < n$: Der von $\boldsymbol{e}_1^{(n)}, \ldots, \boldsymbol{e}_m^{(n)}$ erzeugte Unterraum von $V(n, K)$ ist genau dann invariant unter $A \in M_n(K)$, wenn A von der Form
$$A = \begin{pmatrix} A_1 & B \\ 0 & A_2 \end{pmatrix}$$
ist, wobei $A_1 \in M_m(K)$.

8. Sei V der K-Vektorraum der Polynome aus $K[X]$ vom Grad $\leq n-1$. Man zeige, dass die Ableitung $f \mapsto f'$ ein nilpotenter Endomorphismus von V ist und finde die Matrix dieses Endomorphismus bzgl. der kanonischen Basis von V.

9. Man zeige, dass die folgende Matrix $A \in M_3(K)$ nilpotent ist und transformiere sie auf Normalform.
$$A = \begin{pmatrix} 0 & 0 & 0 \\ 1 & 2 & -1 \\ 2 & 4 & -2 \end{pmatrix}$$

10. Sei $A \in M_n(K)$. Man zeige: Ist $A - \lambda E_n$ nilpotent für ein $\lambda \in K$, dann ist λ der einzige Eigenwert von A.

11. Man berechne die Transformationsmatrix auf Jordan'sche Normalform der folgenden Matrix aus $M_5(\mathbb{Q})$:
$$A = \begin{pmatrix} 1 & 1 & 1 & 1 & 1 \\ & 2 & 1 & 1 & 1 \\ & & 1 & 1 & 1 \\ & & & 1 & 1 \\ & & & & 2 \end{pmatrix}$$
Ferner löse man das System linearer Differentialgleichungen mit dieser Koeffizientenmatrix.

12. Man zeige: Die folgende Matrix $B \in M_4(\mathbb{Q})$ ist triangulierbar, und man finde ihre Jordan'sche Normalform. (Transformationsmatrix nicht erforderlich).

$$A = \begin{pmatrix} 3 & 2 & 0 & 1 \\ -1 & 0 & 0 & 0 \\ 0 & 0 & -1 & 0 \\ -1 & -1 & 0 & 0 \end{pmatrix}$$

13. Man löse die Differentialgleichung

$$y^{(5)} = y^{(4)} + 2y^{(3)} - 2y^{(2)} - y' + y$$

11.6.2 Weitergehende Aufgaben

1. Man zeige: Eine Matrix in $A \in M_n(K)$ ist genau dann triangulierbar, wenn es A-invariante Unterräume $U_1 \subset \ldots \subset U_{n-1}$ von $V_n(K)$ gibt mit $\dim U_i = i$ für $i = 1, \ldots, n-1$.
2. Man zeige den Satz von Cayley-Hamilton für diagonalisierbare Matrizen ohne Verwendung der Resultate über nilpotente Matrizen.
3. Man zeige, dass die Potenzen $A^0, A^1, \ldots, A^n$ von $A \in M_n(K)$ in dem K-Vektorraum $M_n(K)$ linear abhängig sind.

11.6.3 Maple

Seien

$$A = \begin{pmatrix} -3 & 43 & 32 & -52 & 32 & -34 & -4 & 45 & 21 \\ 19 & -53 & -28 & 67 & -39 & 58 & 8 & -64 & -28 \\ 25 & -145 & -99 & 188 & -107 & 131 & 18 & -161 & -74 \\ 22 & -148 & -107 & 191 & -111 & 128 & 17 & -162 & -75 \\ 17 & 32 & 46 & -37 & 31 & 0 & 2 & 23 & 14 \\ -52 & 170 & 96 & -234 & 121 & -185 & -29 & 205 & 91 \\ -79 & 397 & 263 & -483 & 293 & -354 & -43 & 435 & 198 \\ -127 & 487 & 296 & -641 & 353 & -494 & -72 & 568 & 254 \\ 124 & -764 & -544 & 990 & -573 & 679 & 93 & -847 & -389 \end{pmatrix}$$

und

$$B = \begin{pmatrix} 15 & -52 & -35 & -5 & -35 & 9 & -12 & -29 & -12 \\ -11 & 98 & 72 & -1 & 67 & -14 & 20 & 55 & 24 \\ -39 & 215 & 153 & 8 & 147 & -37 & 46 & 123 & 52 \\ -49 & 213 & 137 & 22 & 140 & -43 & 46 & 121 & 49 \\ 28 & 1 & 23 & -25 & 11 & 10 & -3 & 3 & 5 \\ 35 & -327 & -239 & 6 & -228 & 59 & -64 & -193 & -83 \\ 111 & -563 & -390 & -36 & -379 & 91 & -123 & -314 & -132 \\ 131 & -852 & -588 & -25 & -579 & 162 & -172 & -495 & -208 \\ -281 & 1175 & 715 & 136 & 760 & -269 & 246 & 677 & 269 \end{pmatrix}.$$

Berechnen Sie die Jordan'sche Normalform und eine zugehörige Transformationsmatrix. Benutzen Sie dazu die Maple-Befehle **eigenvalues** und **kernel**.

Teil IV

Skalarprodukte und Bilinearformen

12 Skalarprodukte und orthogonale Matrizen

Die Wahl eines Skalarprodukts erlaubt es, in einem beliebigen $\mathbb{R}$-Vektorraum von Längen- und Winkelmessung zu sprechen. Damit kann man auch von Näherungslösungen von linearen Gleichungssystemen reden, welche mit der Methode der kleinsten Quadrate gefunden werden.

12.1 Vorbemerkungen über Längen- und Winkelmessung im Anschauungsraum

Hier ist wiederum $K = \mathbb{R}$. Wir betrachten ein rechtwinkliges Koordinatensystem im Anschauungsraum. Dies erlaubt uns, die Punkte des Anschauungsraums in der üblichen Weise mit Vektoren aus $V_3(\mathbb{R})$ zu identifizieren. In diesem Abschnitt ist mit „Vektor" stets ein Element von $V_3(\mathbb{R})$ gemeint.

12.1.1 Die Länge eines Vektors

Die Länge eines Vektors $\boldsymbol{u} = (u_1, u_2, u_3)^t$ ist

$$||\boldsymbol{u}|| = \sqrt{u_1^2 + u_2^2 + u_3^2} \tag{12.1}$$

Dies kann wie folgt in einfacher Weise aus dem Satz von Pythagoras hergeleitet werden. Projiziert man $\boldsymbol{u}$ orthogonal in die Ebene $x_3 = 0$, so erhält man den Vektor $\boldsymbol{u}' = (u_1, u_2, 0)^t$. Der Vektor $\boldsymbol{u} - \boldsymbol{u}' = (0, 0, u_3)^t$ ist orthogonal zu $\boldsymbol{u}'$, also

$$||\boldsymbol{u}||^2 = ||\boldsymbol{u}'||^2 + u_3^2$$

In analoger Weise ist $\boldsymbol{u}'' := (u_1, 0, 0)^t$ orthogonal zu $\boldsymbol{u}' - \boldsymbol{u}'' = (0, u_2, 0)^t$. Also

$$||\boldsymbol{u}'||^2 = u_1^2 + u_2^2$$

Die letzten beiden Gleichungen ergeben zusammen die Behauptung.

12.1.2 Von der Länge zur Orthogonalprojektion

Vom Längenbegriff kommt man zum Begriff der Orthogonalität durch Differenzieren. (Hier zeigt sich die eigentliche Natur des Differenzierens, es bedeutet nämlich **Linearisierung.**)

Seien $\boldsymbol{u} = (u_1, u_2, u_3)^t$, $\boldsymbol{w} = (w_1, w_2, w_3)^t$ linear unabhängige Vektoren. Die **Orthogonalprojektion** von $\boldsymbol{u}$ auf $\mathbb{R}\boldsymbol{w}$ ist $\lambda\boldsymbol{w}$ ($\lambda \in \mathbb{R}$), so dass $\boldsymbol{u} - \lambda\boldsymbol{w}$ minimale Länge hat. Wir berechnen λ durch Differenzieren der Funktion

$$f(\lambda) \;=\; ||\boldsymbol{u} - \lambda\boldsymbol{w}||^2 \;=\; (u_1 - \lambda w_1)^2 + (u_2 - \lambda w_2)^2 + (u_3 - \lambda w_3)^2$$

Die Ableitung

$$f'(\lambda) \;=\; -2\,(u_1 w_1 + u_2 w_2 + u_3 w_3) + 2\lambda\,(w_1^2 + w_2^2 + w_3^2)$$

hat genau eine Nullstelle

$$\lambda_0 \;=\; \frac{u_1 w_1 + u_2 w_2 + u_3 w_3}{w_1^2 + w_2^2 + w_3^2}$$

Dieser Wert von λ liefert die gewünschte Orthogonalprojektion. Offenbar sind die Vektoren $\boldsymbol{u}$ und $\boldsymbol{w}$ genau dann orthogonal, wenn diese Orthogonalprojektion der Nullvektor ist, d. h.

$$u_1 w_1 + u_2 w_2 + u_3 w_3 \;=\; 0 \tag{12.2}$$

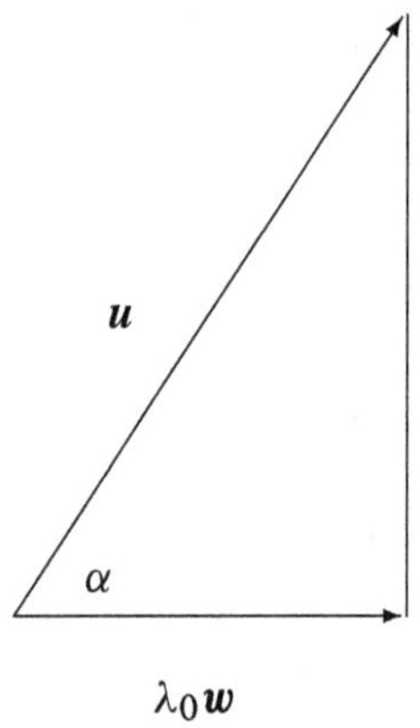

Schließlich ist auch der **Winkel** α zwischen $\boldsymbol{u}$ und $\boldsymbol{w}$ durch die Seiten des durch die Orthogonalprojektion gegebenen Dreiecks berechenbar. Wir wählen für α den eindeutig bestimmten Wert mit $0 < \alpha < \pi$. Nach Definition der Winkelfunktionen gilt zunächst

$$\cos(\alpha) \;=\; \pm\frac{||\lambda_0\boldsymbol{w}||}{||\boldsymbol{u}||} \;=\; \pm\frac{u_1 w_1 + u_2 w_2 + u_3 w_3}{||\boldsymbol{u}|| \cdot ||\boldsymbol{w}||}$$

Offenbar gilt $\alpha < \pi/2$ genau dann, wenn $\lambda_0 > 0$. Also

$$\cos(\alpha) \;=\; \frac{u_1 w_1 + u_2 w_2 + u_3 w_3}{||\boldsymbol{u}|| \cdot ||\boldsymbol{w}||} \tag{12.3}$$

Der im Zähler auftretende Ausdruck kam auch schon bei der Bedingung der Orthogonalität vor. Er heißt das **Skalarprodukt** von $\boldsymbol{u}$ und $\boldsymbol{w}$:

$$\langle\boldsymbol{u},\ \boldsymbol{w}\rangle \;:=\; u_1 w_1 + u_2 w_2 + u_3 w_3 \;=\; \boldsymbol{u}^t \cdot \boldsymbol{w} \tag{12.4}$$

12.1.3 Eigenschaften des Skalarprodukts in $V_3(\mathbb{R})$

Es gilt für alle $\boldsymbol{u}, \boldsymbol{u}', \boldsymbol{w}, \boldsymbol{w}' \in V_3(\mathbb{R})$, $c \in \mathbb{R}$:

- **(Bilinearität)**

$$\langle c\boldsymbol{u} + \boldsymbol{u}', \boldsymbol{w}\rangle = c\,\langle \boldsymbol{u}, \boldsymbol{w}\rangle + \langle \boldsymbol{u}', \boldsymbol{w}\rangle \tag{12.5}$$

  und

$$\langle \boldsymbol{u}, c\boldsymbol{w} + \boldsymbol{w}'\rangle = c\,\langle \boldsymbol{u}, \boldsymbol{w}\rangle + \langle \boldsymbol{u}, \boldsymbol{w}'\rangle \tag{12.6}$$

- **(Symmetrie)**

$$\langle \boldsymbol{u}, \boldsymbol{w}\rangle = \langle \boldsymbol{w}, \boldsymbol{u}\rangle \tag{12.7}$$

- **(Positiv-definite Eigenschaft)**

$$\langle \boldsymbol{u}, \boldsymbol{u}\rangle > 0 \quad \text{wenn} \quad \boldsymbol{u} \neq 0. \tag{12.8}$$

Nach (12.1) und (12.2) hat das Skalarprodukt die folgende geometrische Bedeutung:

- **(Länge eines Vektors)** $||\boldsymbol{u}|| = \sqrt{\langle \boldsymbol{u}, \boldsymbol{u}\rangle}$
- **(Orthogonalität)** $\langle \boldsymbol{u}, \boldsymbol{w}\rangle = 0$ genau dann, wenn die Vektoren $\boldsymbol{u}$ und $\boldsymbol{w}$ orthogonal sind.

Ferner bestimmt das Vorzeichen von $\langle \boldsymbol{u}, \boldsymbol{w}\rangle$, ob der Winkel zwischen $\boldsymbol{u}$ und $\boldsymbol{w}$ spitz oder stumpf ist (siehe (12.3).

12.2 Skalarprodukt, ON-Systeme und das Orthonormalisierungsverfahren von Gram-Schmidt

Motiviert durch obige Betrachtungen definieren wir nun:

Definition 12.2.1

Sei V ein $\mathbb{R}$-Vektorraum und $V \times V$ die Menge der geordneten Paare $(\boldsymbol{u}, \boldsymbol{w})$ mit $\boldsymbol{u}, \boldsymbol{w} \in V$. Ein **Skalarprodukt** auf V ist eine Abbildung $\langle , \rangle : V \times V \to \mathbb{R}$, so dass die Bedingungen (12.5) bis (12.8) für alle $\boldsymbol{u}, \boldsymbol{u}', \boldsymbol{w}, \boldsymbol{w}' \in V$ und $c \in \mathbb{R}$ erfüllt sind.

Beispiel: Das **Standard-Skalarprodukt** auf $V_n(\mathbb{R})$ ist definiert durch

$$\langle \boldsymbol{u}, \boldsymbol{w}\rangle = u_1 w_1 + \ldots + u_n w_n \tag{12.9}$$

wobei $\boldsymbol{u} = (u_1, \ldots, u_n)^t$ und $\boldsymbol{w} = (w_1, \ldots, w_n)^t$. Die Eigenschaften (12.5) bis (12.8) prüft man leicht nach (siehe Aufgabe 12.5.1.1).

Für den Rest dieses Abschnitts ist $\langle , \rangle$ ein Skalarprodukt auf dem $\mathbb{R}$-Vektorraum V (beliebiger Dimension). Wie in (12.1) definieren wir die zugehörige Längenfunktion durch

$$||\boldsymbol{u}|| \quad = \quad \sqrt{\langle \boldsymbol{u},\ \boldsymbol{u} \rangle}.$$

Wir nennen $||\boldsymbol{u}||$ die **Länge** des Vektors $\boldsymbol{u} \in V$ bzgl. des Skalarprodukts $\langle , \rangle$. Man beachte, dass $||\boldsymbol{u}||$ eine wohldefinierte nicht-negative reelle Zahl ist (da $\langle \boldsymbol{u},\ \boldsymbol{u} \rangle \geq 0$ wegen der Positiv-Definitheit). Ein Skalarprodukt ist durch seine Längenfunktion bestimmt:

$$\langle \boldsymbol{u},\ \boldsymbol{w} \rangle \quad = \quad \frac{1}{2}\,(||\boldsymbol{u} + \boldsymbol{w}||^2 \quad - \quad ||\boldsymbol{u}||^2 - \ ||\boldsymbol{w}||^2) \tag{12.10}$$

und es gilt

$$||c\,\boldsymbol{u}|| \quad = \quad |c| \cdot ||\boldsymbol{u}|| \tag{12.11}$$

(wie man durch eine einfache Rechnung sieht, siehe Aufgabe 12.5.1.2).

Ferner heißen Vektoren $\boldsymbol{u}, \boldsymbol{w} \in V$ **orthogonal**, falls $\langle \boldsymbol{u},\ \boldsymbol{w} \rangle \ = \ 0$. Man sagt, Vektoren $\boldsymbol{v}_1, \ldots, \boldsymbol{v}_k \in V$ bilden ein **Orthonormal-System**, kurz **ON-System**, falls gilt:

$$\langle \boldsymbol{v}_i,\ \boldsymbol{v}_j \rangle \quad = \quad 0 \quad \text{für alle} \quad i \neq j$$

und

$$\langle \boldsymbol{v}_i,\ \boldsymbol{v}_i \rangle \quad = \quad 1 \quad \text{für} \quad i = 1, \ldots, k$$

Anders ausgedrückt, die $\boldsymbol{v}_i$ sind Vektoren der Länge 1, von denen je zwei verschiedene aufeinander senkrecht stehen. Offenbar verallgemeinert dieser Begriff des ON-Systems das wohlbekannte Konzept eines rechtwinkligen Koordinatensystems.

Bemerkung 12.2.2

(a) Jedes ON-System ist linear unabhängig.
(b) Ist $\boldsymbol{v} = \sum_{i=1}^{k} c_i \boldsymbol{v}_i$ eine Linearkombination des ON-Systems $\boldsymbol{v}_1, \ldots, \boldsymbol{v}_k$ (mit $c_i \in \mathbb{R}$), so gilt $c_i = \langle \boldsymbol{v}_i,\ \boldsymbol{v} \rangle$.

(a) folgt aus (b) (wegen der Eindeutigkeit der Koeffizienten c_i). Folgende Rechnung zeigt (b):

$$\langle \boldsymbol{v}_i, \sum_{j=1}^{k} c_j \boldsymbol{v}_j \rangle \quad = \quad \sum_{j=1}^{k} c_j\ \langle \boldsymbol{v}_i,\ \boldsymbol{v}_j \rangle \quad = \quad c_j$$

Satz 12.2.3

(Das Orthonormalisierungsverfahren von Gram-Schmidt) Seien $\boldsymbol{u}_1, \ldots, \boldsymbol{u}_k \in V$ linear unabhängig. Dann gibt es ein ON-System $\boldsymbol{v}_1, \ldots, \boldsymbol{v}_k \in V$, so dass die Vektoren $\boldsymbol{u}_1, \ldots, \boldsymbol{u}_j$ und $\boldsymbol{v}_1, \ldots, \boldsymbol{v}_j$ für alle $j = 1, \ldots, k$ denselben Unterraum von V erzeugen. Man kann ferner erreichen, dass

$$\boldsymbol{u}_j = \sum_{\mu=1}^{j} t_{\mu j} \boldsymbol{v}_\mu \tag{12.12}$$

mit $t_{\mu j} \in \mathbb{R}$ und $t_{jj} > 0$.

Beweis: Wir verwenden Induktion nach k. Ist $k = 1$, so setze man

$$\boldsymbol{v}_1 := \frac{1}{||\boldsymbol{u}_1||} \boldsymbol{u}_1$$

Dann gilt $||\boldsymbol{v}_1|| = 1$.

Sei nun angenommen $k > 1$. Nach Induktion gibt es dann für das linear unabhängige System $\boldsymbol{u}_1, \ldots, \boldsymbol{u}_{k-1}$ ein ON-System $\boldsymbol{v}_1, \ldots, \boldsymbol{v}_{k-1}$ mit den gewünschten Eigenschaften. Der fehlende Vektor $\boldsymbol{v}_k$ ist so zu bestimmen, dass $\boldsymbol{v}_1, \ldots, \boldsymbol{v}_k$ ein ON-System ist und

$$\boldsymbol{u}_k = \sum_{\mu=1}^{k} c_\mu \boldsymbol{v}_\mu \tag{12.13}$$

mit $c_k > 0$. Die Bedingung $c_k \neq 0$ impliziert, dass $\boldsymbol{u}_1, \ldots, \boldsymbol{u}_k$ und $\boldsymbol{v}_1, \ldots, \boldsymbol{v}_k$ denselben Unterraum von V erzeugen (da dies für $\boldsymbol{u}_1, \ldots, \boldsymbol{u}_{k-1}$ und $\boldsymbol{v}_1, \ldots, \boldsymbol{v}_{k-1}$ gilt).

Aus (12.13) folgt nach Bemerkung 12.2.2(b), dass

$$c_\mu = \langle \boldsymbol{v}_\mu, \boldsymbol{u}_k \rangle$$

Dadurch sind $c_1, \ldots, c_{k-1}$ bestimmt. Schließlich erhält man c_k aus der Bedingung

$$c_k^2 = ||c_k \boldsymbol{v}_k||^2 = ||\boldsymbol{u}_k - \sum_{\mu=1}^{k-1} c_\mu \boldsymbol{v}_\mu||^2$$

Der Vektor $\boldsymbol{u}_k - \sum_{\mu=1}^{k-1} c_\mu \boldsymbol{v}_\mu$ ist $\neq 0$ (wegen der linearen Unabhängigkeit von $\boldsymbol{u}_1, \ldots, \boldsymbol{u}_k$). Also erhält man für c_k einen Wert > 0. Man prüft nun leicht nach, dass alle gewünschten Bedingungen erfüllt sind, falls man $\boldsymbol{v}_k$ durch (12.13) definiert (mit den gefundenen Werten für die c_μ). ■

Bemerkung 12.2.4

Bilden die Vektoren $\boldsymbol{u}_1, \ldots, \boldsymbol{u}_k$ eine Basis von V, so auch die Vektoren $\boldsymbol{v}_1, \ldots, \boldsymbol{v}_k$ des ON-Systems. Eine solche Basis bekommt einen besonderen Namen.

Definition 12.2.5

Eine Basis von V, welche ein ON-System bildet, heißt eine **Orthonormalbasis**, kurz **ON-Basis**, von V.

Korollar 12.2.6

Jeder endlich-dimensionale $\mathbb{R}$-Vektorraum V mit einem Skalarprodukt hat eine Orthonormalbasis (bzgl. dieses Skalarprodukts).

Bemerkung 12.2.7

Sind $u_1, \ldots, u_n$ (bzw. $w_1, \ldots, w_n$) die Koordinaten von $\boldsymbol{u}$ (bzw. $\boldsymbol{w}$) bzgl. einer ON-Basis von V, so erhält man durch eine einfache Rechnung (siehe Aufgabe 12.5.1.2)

$$\langle \boldsymbol{u}, \boldsymbol{w} \rangle = u_1 w_1 + \ldots + u_n w_n \tag{12.14}$$

Durch die Koordinatenabbildung bzgl. einer ON-Basis identifiziert sich also jedes Skalarprodukt auf einem endlich-dimensionalen $\mathbb{R}$-Vektorraum mit dem Standard-Skalarprodukt auf $V_n(\mathbb{R})$ (siehe (12.9)).

12.3 Orthogonale Matrizen

In diesem Abschnitt sei $\langle , \rangle$ das Standard-Skalarprodukt (12.9) auf $V := V_n(\mathbb{R})$, wo $n \geq 1$. Die Einheitsvektoren $\boldsymbol{e}_1^{(n)}, \ldots, \boldsymbol{e}_n^{(n)}$ bilden dann eine ON-Basis. Zur Vereinfachung der Schreibweise lassen wir den oberen Index weg und schreiben nur $\boldsymbol{e}_1, \ldots, \boldsymbol{e}_n$.

12.3.1 Definition und wichtigste Eigenschaften orthogonaler Matrizen

Bemerkung 12.3.1

Jeder Vektor $\boldsymbol{u} \in V$ mit $\langle \boldsymbol{u}, \boldsymbol{u} \rangle = 1$ gehört zu einer ON-Basis.

Dies folgt daraus, dass $\boldsymbol{u}$ zu einer Basis von V fortgesetzt werden kann, auf welche man das Orthonormalisierungsverfahren anwende.

Lemma 12.3.2

Für $A \in M_n(\mathbb{R}), \boldsymbol{u}, \boldsymbol{w} \in V$ gilt

$$\langle A\boldsymbol{u}, \boldsymbol{w} \rangle = \langle \boldsymbol{u}, A^t \boldsymbol{w} \rangle \tag{12.15}$$

Beweis: Es gilt

$$\langle A\boldsymbol{u}, \boldsymbol{w} \rangle = (A\boldsymbol{u})^t\, \boldsymbol{w} = \boldsymbol{u}^t\, A^t\, \boldsymbol{w} = \langle \boldsymbol{u}, A^t \boldsymbol{w} \rangle.$$

■

Satz 12.3.3

Für $A \in M_n(\mathbb{R})$ sind die folgenden Aussagen äquivalent:

1. $A^t A = E_n$
2. Für alle $\boldsymbol{u} \in V$ gilt
$$||A\boldsymbol{u}|| = ||\boldsymbol{u}||$$
3. Für alle $\boldsymbol{u}, \boldsymbol{w} \in V$ gilt
$$\langle A\boldsymbol{u}, A\boldsymbol{w}\rangle = \langle \boldsymbol{u}, \boldsymbol{w}\rangle$$
4. Die Spalten von A bilden ein ON-System.
5. Die Zeilen von A bilden ein ON-System.

Eine Matrix A mit diesen Eigenschaften heißt **orthogonal**.

Beweis: Gilt $A^t A = E_n$, so
$$||A\boldsymbol{u}||^2 = \langle A\boldsymbol{u}, A\boldsymbol{u}\rangle = \langle \boldsymbol{u}, A^t A\boldsymbol{u}\rangle = \langle \boldsymbol{u}, E_n\boldsymbol{u}\rangle = ||\boldsymbol{u}||^2$$
nach (12.15). Dies zeigt die Implikation (1) $\Rightarrow$ (2). Die Implikation (2) $\Rightarrow$ (3) folgt aus der Identität (12.10) (welche zeigt, dass ein Skalarprodukt durch seine Längenfunktion bestimmt ist).

Sei nun angenommen, dass (3) gilt. Da $\boldsymbol{e}_1, \ldots, \boldsymbol{e}_n$ ein ON-System bilden, gilt dies dann auch für $A\boldsymbol{e}_1, \ldots, A\boldsymbol{e}_n$. Da $A\boldsymbol{e}_1, \ldots, A\boldsymbol{e}_n$ die Spalten von A sind, folgt (4).

Nach Definition der Matrixmultiplikation folgt (1) direkt aus (4). Damit ist die Äquivalenz von (1)–(4) gezeigt. Bedingung (1) ist äquivalent zu $(A^t)^t A^t = A\ A^t = E_n$. Nach dem eben Gezeigten ist dies äquivalent dazu, dass die Spalten von A^t, d. h. die Zeilen von A, eine ON-Basis von V bilden. Also ist (1) auch äquivalent zu (5). ■

Bemerkung 12.3.4

(a) Jede orthogonale Matrix A ist invertierbar, und $A^{-1} = A^t$ ist wiederum orthogonal. Auch das Produkt orthogonaler Matrizen ist wieder orthogonal. Die orthogonalen Matrizen in $M_n(\mathbb{R})$ bilden also eine Untergruppe von $GL_n(\mathbb{R})$, welche mit $O_n(\mathbb{R})$ bezeichnet wird.
(b) Für die Determinante einer orthogonalen Matrix $A \in O_n(\mathbb{R})$ gilt $\det(A) = \pm 1$. Gilt $\det(A) = +1$, so heißtA **speziell-orthogonal**. Die speziell-orthogonalen Matrizen bilden eine Untergruppe von $O_n(\mathbb{R})$, welche mit $SO_n(\mathbb{R})$ bezeichnet wird.
(c) Ist $\lambda \in \mathbb{R}$ ein Eigenwert von $A \in O_n(\mathbb{R})$, so gilt $\lambda = \pm 1$.

Beweis: (a) Die erste Aussage folgt aus (1). Seien nun $A, B \in M_n(\mathbb{R})$ orthogonal. Dann gilt $(AB)^t(AB) = B^t\ A^t A\ B = B^t B = E_n$. Also ist AB orthogonal.
(b) $\det(A) = \pm 1$ folgt aus $\det(A)^2 = \det(A^t)\det(A) = \det(A^t A) = \det(E_n) = 1$.
(c) Sei $\boldsymbol{u}$ ein Eigenvektor zum Eigenwert $\lambda \in \mathbb{R}$. Dann $0 \neq ||\boldsymbol{u}||^2 = ||A\boldsymbol{u}||^2 = \lambda^2\ ||\boldsymbol{u}||^2$. Also $\lambda^2 = 1$. ■

12.3.2 Orthogonale Matrizen in Dimension 2

Wir betrachten nun den Fall $n = 2$. Sei $\boldsymbol{u} = (u_1, u_2)^t$, $\boldsymbol{w} = (w_1, w_2)^t$ eine ON-Basis von $V_2(\mathbb{R})$. Wegen $u_1^2 + u_2^2 = 1$ gilt $-1 \leq u_1 \leq 1$. Also $u_1 = \cos(\alpha)$ mit $0 \leq \alpha \leq 2\pi$. Wegen $u_2^2 = 1 - u_1^2$ gilt dann $u_2 = \pm\sin(\alpha)$. Unter Benutzung der Identitäten

$$\cos(2\pi - \alpha) = \cos(\alpha) \quad \text{und} \quad \sin(2\pi - \alpha) = -\sin(\alpha)$$

folgt: Nach eventuellem Ersetzen von α durch $2\pi - \alpha$ können wir annehmen, dass

$$\boldsymbol{u} = \begin{pmatrix} u_1 \\ u_2 \end{pmatrix} = \begin{pmatrix} \cos(\alpha) \\ \sin(\alpha) \end{pmatrix}$$

Da $\boldsymbol{w}$ ein auf $\boldsymbol{u}$ senkrecht stehender Vektor der Länge 1 ist, gilt dann

$$\boldsymbol{w} = \pm \begin{pmatrix} -\sin(\alpha) \\ \cos(\alpha) \end{pmatrix}$$

Umgekehrt überprüft man leicht, dass je zwei Vektoren $\boldsymbol{u}$, $\boldsymbol{w}$ von dieser Form eine ON-Basis von $V_2(\mathbb{R})$ bilden (für jedes $\alpha \in \mathbb{R}$). Die orthogonalen Matrizen in $M_2(\mathbb{R})$ sind also genau die Matrizen der Form

$$\Delta_\alpha = \begin{pmatrix} \cos(\alpha) & -\sin(\alpha) \\ \sin(\alpha) & \cos(\alpha) \end{pmatrix} \quad \text{bzw.} \quad \Sigma_\alpha = \begin{pmatrix} \cos(\alpha) & \sin(\alpha) \\ \sin(\alpha) & -\cos(\alpha) \end{pmatrix} \tag{12.16}$$

Wir haben in 4.5 gesehen, dass die von Δ_α beschriebene lineare Abbildung die Drehung entgegen dem Uhrzeigersinn um den Winkel α ist. Man sieht ähnlich, dass Σ_α die Spiegelung an der Geraden durch den Vektor $(\sin(\alpha),\ 1 - \cos(\alpha))$ beschreibt. Da $\det(\Delta_\alpha) = +1$ und $\det(\Sigma_\alpha) = -1$, haben wir gezeigt: **Eine Matrix $A \in O_2(\mathbb{R})$ beschreibt eine Drehung (bzw. Spiegelung) der Ebene genau dann, wenn $\det(A) = +1$ (bzw. $\det(A) = -1$). Insbesondere ist also $SO_2(\mathbb{R})$ die Gruppe der Drehungen der Ebene um den Nullpunkt.**

12.3.3 Orthogonale Matrizen in Dimension 3

Wir betrachten nun den Fall $n = 3$. Für $A \in M_3(\mathbb{R})$ ist $\chi_A(X)$ ein Polynom vom Grad 3 mit höchstem Term X^3. Also $\lim_{x\to\infty} \chi_A(x) = \infty$ und $\lim_{x\to-\infty} \chi_A(x) = -\infty$. Nach dem Zwischenwertsatz hat also $\chi_A(X)$ (mindestens) eine reelle Nullstelle, d. h. A hat einen Eigenwert $\lambda \in \mathbb{R}$. Ist $A \in O_3(\mathbb{R})$, so $\lambda = \pm 1$ nach Bemerkung 12.3.4(c).

Sei nun $A \in SO_3(\mathbb{R})$ und sei $\boldsymbol{u}$ ein Eigenvektor von A zum Eigenwert λ. Wir können $||\boldsymbol{u}|| = 1$ annehmen. Man setze $\boldsymbol{u}$ zu einer ON-Basis $\boldsymbol{v}_1 = \boldsymbol{u}$, $\boldsymbol{v}_2$, $\boldsymbol{v}_3$ von $V_3(\mathbb{R})$ fort. Dann ist der 2-dimensionale Unterraum $E := \mathbb{R}\boldsymbol{v}_2 \oplus \mathbb{R}\boldsymbol{v}_3$ invariant unter A. Die durch A beschriebene lineare Abbildung induziert eine längenerhaltende lineare Abbildung $E \to E$. Diese wird also bzgl. einer ON-Basis von E durch eine Matrix $A_0 \in O_2(\mathbb{R})$ beschrieben.

Ist $\lambda = +1$, so $\det(A_0) = 1$ und somit ist die von A in E induzierte Abbildung eine Drehung (nach obigem Fall $n = 2$). Dann ist die von A beschriebene lineare Abbildung des 3-dimensionalen Raums eine Drehung (um denselben Winkel) um die Achse $\mathbb{R}\boldsymbol{u}$.

Ist $\lambda = -1$, so $\det(A_0) = -1$ und somit ist die von A in E induzierte Abbildung eine Spiegelung. Also hat A auch einen Eigenwert $+1$ und ist somit eine Drehung nach Obigem.

Wir haben gezeigt: **Jede Matrix $A \in SO_3(\mathbb{R})$ beschreibt eine Drehung des 3-dimensionalen Raums um eine Gerade durch den Nullpunkt.**

12.3.4 Eine Matrix-Faktorisierung

Satz 12.3.5

Für jedes $A \in M_{m,n}(\mathbb{R})$ vom Rang n gibt es $P \in M_{m,n}(\mathbb{R})$ und $T \in M_n(\mathbb{R})$, so dass $A = PT$ und ferner gilt:

1. Die Spalten von P bilden ein ON-System.
2. T ist eine obere Dreiecksmatrix mit positiven Diagonaleinträgen.

Für $n = m$ ist $P \in O_n(\mathbb{R})$. In diesem Fall sind P und T durch A eindeutig bestimmt.

Beweis: Seien $\boldsymbol{u}_1, \ldots, \boldsymbol{u}_n \in V_m(\mathbb{R})$ die Spaltenvektoren von A. Nach Voraussetzung sind diese linear unabhängig. Wir wenden darauf das Orthonormalisierungsverfahren von Gram-Schmidt an. Dies liefert ein ON-System $\boldsymbol{v}_1, \ldots, \boldsymbol{v}_n$ in $V_m(\mathbb{R})$ und $t_{\mu j} \in \mathbb{R}$ $(1 \leq \mu \leq j)$ mit $t_{jj} > 0$, so dass (12.12) gilt. Setze $t_{\mu j} = 0$ für $\mu > j$. Dann ist $T := (t_{\mu j})$ eine obere Dreiecksmatrix mit positiven Diagonaleinträgen. Sei $P \in M_{m,n}(\mathbb{R})$ die Matrix mit Spaltenvektoren $\boldsymbol{v}_1, \ldots, \boldsymbol{v}_n$. Die Beziehung (12.12) bedeutet dann, dass $A = PT$. Dies zeigt die Existenz der behaupteten Faktorisierung von A.

Sei nun $n = m$ angenommen. Dann gilt $P \in O_n(\mathbb{R})$. Seien nun $P' \in O_n(\mathbb{R})$ und $T' \in M_n(\mathbb{R})$, so dass T' eine obere Dreiecksmatrix mit positiven Diagonaleinträgen ist. Aus $P'T' = PT$ folgt $P^{-1}P' = T(T')^{-1}$. Die Matrix $M := P^{-1}P' = T(T')^{-1}$ ist also sowohl orthogonal als auch eine obere Dreiecksmatrix mit positiven Diagonaleinträgen $c_1, \ldots, c_n$. Dann ist M^{-1} eine obere Dreiecksmatrix mit Diagonaleinträgen $c_1^{-1}, \ldots, c_n^{-1}$. Andererseits ist $M^{-1} = M^t$ eine untere Dreiecksmatrix mit Diagonaleinträgen $c_1, \ldots, c_n$. Also ist M^{-1} und damit auch M eine Diagonalmatrix. Die Diagonaleinträge $c_1, \ldots, c_n$ von M erfüllen $c_i = c_i^{-1} > 0$. Also $c_i = 1$, und somit $M = E_n$. Dies zeigt $P' = P$ und $T' = T$. ∎

12.4 Beste Näherungslösung eines Gleichungssystems — die Methode der kleinsten Quadrate

Wir kommen nun zum Grundproblem der Linearen Algebra zurück: Lineare Gleichungssysteme. Sei $A \in M_{m,n}(\mathbb{R})$ und $\boldsymbol{b} \in V_m(\mathbb{R})$. Wir betrachten das allgemeine Gleichungssystem

$$A \cdot \boldsymbol{x} = \boldsymbol{b} \tag{12.17}$$

In früheren Kapiteln haben wir Lösungsverfahren kennen gelernt. Nun wollen wir uns mit dem Fall beschäftigen, dass das System *keine Lösung* hat. Ziel ist es, eine „bestmögliche Näherungslösung" $\boldsymbol{x}_0$ zu finden. Wir werden gleich sehen, dass eine solche eindeutig existiert, falls $\mathrm{rg}(A) = n$. Sie ist dadurch ausgezeichnet, dass der „Fehler"

$$||A\,\boldsymbol{x} - \boldsymbol{b}||$$

sein Minimum für $\boldsymbol{x} = \boldsymbol{x}_0$ annimmt. Dabei verwenden wir das Standard-Skalarprodukt $\langle , \rangle$ auf $V_m(\mathbb{R})$ und die zugehörige Längenfunktion $|| \cdot ||$ zur Messung der „Fehlergröße“ $||A\,\boldsymbol{x} - \boldsymbol{b}||$.

Erinnern wir uns daran, dass die Menge aller $A\boldsymbol{x}$ mit $\boldsymbol{x} \in V_n(\mathbb{R})$ ein Unterraum U_A von $V_m(\mathbb{R})$ ist (das Bild der linearen Abbildung f_A). Geometrisch formuliert, ist es nun unsere Aufgabe, den Vektor in U_A zu finden, welcher von $\boldsymbol{b}$ minimalen Abstand hat. Dies ist die Orthogonalprojektion von $\boldsymbol{b}$ nach U.

12.4.1 Die Orthogonalprojektion auf einen Unterraum

Sei U ein Unterraum von $V_m(\mathbb{R})$, und $\boldsymbol{b} \in V_m(\mathbb{R})$. Dann gibt es genau ein $\boldsymbol{b}_U \in U$, so dass $\boldsymbol{b} - \boldsymbol{b}_U$ orthogonal zu allen Vektoren aus U ist. Dieses eindeutige $\boldsymbol{b}_U$ heißt die **Orthogonalprojektion** von $\boldsymbol{b}$ nach U.

Zum Beweis wähle man eine ON-Basis $\boldsymbol{v}_1, \ldots, \boldsymbol{v}_k$ von U. Die Bedingung an $\boldsymbol{b}_U$ schreibt sich nun als

$$\langle \boldsymbol{b} - \boldsymbol{b}_U,\ \boldsymbol{v}_i \rangle = 0 \quad \text{für} \quad i = 1, \ldots, k$$

d. h.

$$\langle \boldsymbol{b}_U,\ \boldsymbol{v}_i \rangle = \langle \boldsymbol{b},\ \boldsymbol{v}_i \rangle \quad \text{für} \quad i = 1, \ldots, k$$

Nach Bemerkung 12.2.2(b) gibt es genau ein Element $\boldsymbol{b}_U \in U$ mit dieser Eigenschaft.

Wie von der Anschauung nahegelegt, ist $\boldsymbol{b}_U$ der eindeutig bestimmte Vektor aus U, welcher von $\boldsymbol{b}$ minimalen Abstand hat: Es gilt nämlich für alle $\boldsymbol{u} \in U$ mit $\boldsymbol{u} \neq \boldsymbol{b}_U$

$$||\boldsymbol{b} - \boldsymbol{u}||^2 = ||(\boldsymbol{b}-\boldsymbol{b}_U) + (\boldsymbol{b}_U - \boldsymbol{u})||^2 = ||\boldsymbol{b}-\boldsymbol{b}_U||^2 + ||\boldsymbol{b}_U - \boldsymbol{u}||^2 + 2\,\langle \boldsymbol{b}-\boldsymbol{b}_U,\ \boldsymbol{b}_U - \boldsymbol{u} \rangle =$$

$$||\boldsymbol{b} - \boldsymbol{b}_U||^2 + ||\boldsymbol{b}_U - \boldsymbol{u}||^2 > ||\boldsymbol{b} - \boldsymbol{b}_U||^2$$

12.4.2 Die Methode der kleinsten Quadrate

Die „bestmögliche Näherungslösung“ $\boldsymbol{x}_0$ des Gleichungssystems (12.17) ist nach 12.4.1 dadurch ausgezeichnet, dass $A\boldsymbol{x}_0$ die Orthogonalprojektion von $\boldsymbol{b}$ nach U_A ist; d. h.

$$\langle A\,\boldsymbol{x}_0 - \boldsymbol{b},\ A\boldsymbol{x} \rangle = 0$$

für alle $\boldsymbol{x} \in V_n(\mathbb{R})$. Nach (12.15) ist dies äquivalent zu

$$0 = \langle A^t\,(A\,\boldsymbol{x}_0 - \boldsymbol{b}),\ \boldsymbol{x} \rangle = \langle A^t A\boldsymbol{x}_0 - A^t\boldsymbol{b},\ \boldsymbol{x} \rangle$$

für alle $\boldsymbol{x} \in V(n, \mathbb{R})$. Dies ist äquivalent zu dem linearen Gleichungssystem

$$A^t A\,\boldsymbol{x}_0 = A^t\boldsymbol{b} \tag{12.18}$$

mit Koeffizientenmatrix $A^t A$. (Diese Matrix ist **symmetrisch**, siehe den nächsten Abschnitt).

Die Beziehung $A^t A\,\boldsymbol{x} = 0$ impliziert $0 = \boldsymbol{x}^t A^t A\boldsymbol{x} = (A\boldsymbol{x})^t\,(A\boldsymbol{x}) = ||A\boldsymbol{x}||^2$, also $A\boldsymbol{x} = 0$. Ist $\mathrm{rg}(A) = n$, so hat das homogene Gleichungssystem $A\boldsymbol{x} = 0$ nur die Lösung $\boldsymbol{x} = 0$. Dann ist also die (quadratische) Matrix $A^t A$ invertierbar, und somit hat (12.18) eine **eindeutige Lösung $\boldsymbol{x}_0$**.

12.4.3 Effektive Berechnung von $\boldsymbol{x}_0$ durch das Gram-Schmidt-Verfahren

Sei nun $\operatorname{rg}(A) = n$ angenommen. Wir verwenden die Faktorisierung $A = PT$ von Satz 12.3.5. Dann gilt $A^t A = T^t P^t P T = T^t T$ (denn die Bedingung, dass die Spalten von P ein ON-System bilden, besagt gerade $P^t P = E_n$). Damit schreibt sich (12.18) als $T^t T\, \boldsymbol{x}_0 = T^t P^t \boldsymbol{b}$. Die Matrix T^t ist invertierbar, kann also gekürzt werden. Somit ist nun (12.18) äquivalent zu

$$T\, \boldsymbol{x}_0 = P^t \boldsymbol{b} \tag{12.19}$$

Da T Dreiecksgestalt hat, kann dieses Gleichungssystem sehr einfach gelöst werden.

Die meiste Rechenarbeit bei dieser Vorgehensweise ist bei der Berechnung der Faktorisierung $A = PT$. Diese beruht auf dem Gram-Schmidt Verfahren (wie man am Beweis von Satz 12.3.5 sieht).

12.4.4 Die Anwendung auf Polynominterpolation

Sei $n \geq 1$ eine nicht-negative ganze Zahl. Sei

$$f(X) = \alpha_0 + \alpha_1 X + \ldots + \alpha_{n-1} X^{n-1}$$

ein Polynom in $\mathbb{R}[X]$ vom Grad $\leq n - 1$. Seien $c_1, \ldots, c_m$ verschiedene reelle Zahlen. Seien $b_1, \ldots, b_m \in \mathbb{R}$. Wir wollen $f(X)$ so wählen, dass

$$f(c_i) = b_i \quad \text{für} \quad i = 1, \ldots, m \tag{12.20}$$

Ist $n = m$, so gibt es genau ein solches f nach 9.6.2.

Wichtiger für Anwendungen ist der Fall $m > n$, d. h. man hat „viele" Datenpunkte (c_i, b_i) und will ein Polynom „kleinen" Grades finden, das diese Punkte interpoliert. Eine exakte Lösung, d. h. ein Polynom vom Grad $\leq n - 1$, dessen Graph alle diese Punkte enthält, wird es im Allgemeinen nicht geben. Man nimmt also das lineare Gleichungssystem für die Koeffizienten von f, welches durch die Gleichungen (12.20) gegeben ist (siehe 9.6.2) und finde die Näherungslösung nach der Methode der kleinsten Quadrate.

12.5 Aufgaben

12.5.1 Grundlegende Aufgaben

1. Man verifiziere die Bedingungen (12.5) bis (12.8) für das Standard-Skalarprodukt (12.9).

2. Man verifiziere die Eigenschaften (12.10), (12.11) und (12.2.7) eines Skalarprodukts.

3. Man finde eine Näherungslösung des folgenden Gleichungssystems nach der Methode der kleinsten Quadrate. Ist diese Lösung eindeutig?

$$\begin{aligned} x_1 - x_2 - 2x_3 &= -1 \\ x_1 + 3x_2 + x_3 &= -2 \\ x_1 + x_2 + 2x_3 &= -2 \\ x_1 - x_2 + x_3 &= -2 \end{aligned}$$

4. Sei $\langle , \rangle$ ein Skalarprodukt auf dem $\mathbb{R}$-Vektorraum V. Man zeige: Ist $\boldsymbol{v} \neq 0$ in V, so ist $\frac{1}{\|\boldsymbol{v}\|}\,\boldsymbol{v}$ ein Vektor der Länge 1.

5. Man berechne einen Vektor in der von $(1, 2, 3)$ und $(1, -1, 1)$ aufgespannten Ebene, der im Winkel von 30 Grad zu dem Vektor $(1, -1, 1)$ steht.

6. Sei U ein Unterraum von $V_m(\mathbb{R})$ mit ON-Basis $\boldsymbol{u}_1, \ldots, \boldsymbol{u}_k$, und $\boldsymbol{b} \in V_m(\mathbb{R})$. Dann ist die Orthogonalprojektion von $\boldsymbol{b}$ nach U gleich

$$\sum_{i=1}^{k} \langle \boldsymbol{u}_i, \boldsymbol{b} \rangle\, \boldsymbol{u}_i$$

Das Gram-Schmidt-Verfahren kann also zur Berechnung von Orthogonalprojektionen benutzt werden.

7. Man berechne die Orthogonalprojektion des Vektors $(1, 2, 3, 4)^t$ auf den von $(1, 0, -1, 0)^t$, $(1, 1, -1, 1)^t$, $(1, 2, -1, -1)^t$ erzeugten Unterraum von $V_4(\mathbb{R})$.

8. Man berechne die Faktorisierung von Satz 12.3.5 für die Matrix

$$A = \begin{pmatrix} 0 & 0 & 1 & 1 & 1 \\ 0 & 0 & 0 & -1 & -1 \\ 0 & 0 & 0 & 0 & 1 \\ -1 & -1 & -1 & -1 & -1 \\ 0 & -1 & -1 & -1 & -1 \end{pmatrix}$$

9. Man berechne nach der Methode der kleinsten Quadrate das Polynom vom Grad ≤ 3, welches die folgenden 5 Punkte bestmöglich interpoliert:

$$(-1, 1),\ (0, 2),\ (1, -1),\ (2, 0),\ (3, 1)$$

10. Sei $A \in M_n(\mathbb{R})$ orthogonal oder symmetrisch. Man zeige, dass je zwei verschiedene Eigenräume von A zueinander orthogonal sind (bzgl. des Standard-Skalarprodukts auf $V_n(\mathbb{R})$).

11. Sei $A \in M_n(\mathbb{R})$ orthogonal oder symmetrisch. Sei U ein A-invarianter Unterraum von $V_n(\mathbb{R})$. Man zeige, dass dann auch $U^\perp$ invariant unter A ist (wobei das orthogonale Komplement bzgl. des Standard-Skalarprodukts auf $V_n(\mathbb{R})$ gebildet wird).

12. Man begründe, dass die Matrix Σ_α die Spiegelung an der Geraden durch den Vektor $(\sin(\alpha),\ 1 - \cos(\alpha))^t$ beschreibt.

13. Man zeige, dass nicht jede Matrix $A \in O_3(\mathbb{R})$ mit $\det(A) = -1$ eine Spiegelung des 3-dimensionalen Raums beschreibt.

12.5.2 Weitergehende Aufgaben

Man zeige, dass die Faktorisierung von Satz 12.3.5 auch für $n \neq m$ eindeutig ist.

12.5.3 Maple

Man berechne nach der Methode der kleinsten Quadrate das Polynom vom Grad ≤ 9, welches die Punkte $(i, \sin(i))$, $i = 1, \ldots, 20$, bestmöglich interpoliert.

13 Bilinearformen

Im vorhergehenden Abschnitt haben wir gesehen, wie nützlich der Begriff des Skalarprodukts ist. Dieser Begriff lässt sich nicht unmittelbar auf beliebige Körper übertragen. Deshalb betrachten wir allgemeiner Bilinearformen. Diese benötigen wir später beim Studium der Quadriken (Lösungsmengen quadratischer Gleichungen, siehe Bemerkung 13.2.9 in diesem Abschnitt).

13.1 Beschreibung einer Bilinearform durch eine Matrix

Wir definieren nun den Begriff der Bilinearform für einen beliebigen Vektorraum. Wie bei linearen Abbildungen lässt sich jede Bilinearform (auf einem endlich-dimensionalen Vektorraum) bzgl. einer Basis durch eine Matrix beschreiben.

Definition 13.1.1

Sei V ein K-Vektorraum. Sei $V \times V$ die Menge der geordneten Paare $(\boldsymbol{u}, \boldsymbol{w})$ mit $\boldsymbol{u}, \boldsymbol{w} \in V$. Eine Abbildung $\langle , \rangle \; : \; V \times V \; \to \; K$ heißt eine **Bilinearform** auf V, wenn für alle $\boldsymbol{u}, \boldsymbol{u}', \boldsymbol{w}, \boldsymbol{w}' \in V$, $c \in K$ gilt:

$$\langle c\boldsymbol{u} + \boldsymbol{u}', \boldsymbol{w} \rangle = c \langle \boldsymbol{u}, \boldsymbol{w} \rangle + \langle \boldsymbol{u}', \boldsymbol{w} \rangle$$

und

$$\langle \boldsymbol{u}, c\boldsymbol{w} + \boldsymbol{w}' \rangle = c \langle \boldsymbol{u}, \boldsymbol{w} \rangle + \langle \boldsymbol{u}, \boldsymbol{w}' \rangle$$

Die Bilinearform $\langle , \rangle$ heißt **symmetrisch**, falls

$$\langle \boldsymbol{u}, \boldsymbol{w} \rangle = \langle \boldsymbol{w}, \boldsymbol{u} \rangle$$

für alle $\boldsymbol{u}, \boldsymbol{w} \in V$. Eine Matrix $B \in M_n(K)$ heißt **symmetrisch**, falls $B^t = B$.

Satz 13.1.2

Sei V ein K-Vektorraum mit Basis $\boldsymbol{v}_1, \ldots, \boldsymbol{v}_n$. Sei $f : V \to V_n(K)$ die Koordinatenabbildung bzgl. dieser Basis (siehe Satz 8.2.4).

(a) Für jede Matrix $B \in M_n(K)$ erhält man wie folgt eine Bilinearform auf V:

$$\langle \boldsymbol{u}, \boldsymbol{w} \rangle = f(\boldsymbol{u})^t \, B \, f(\boldsymbol{w}) \tag{13.1}$$

Dies definiert eine Bijektion zwischen $M_n(K)$ und der Menge der Bilinearformen auf V.

(b) Die Matrix $B = (b_{ij})$ ist durch die zugehörige Bilinearform $\langle , \rangle$ wie folgt bestimmt:

$$b_{ij} = \langle \boldsymbol{v}_i, \boldsymbol{v}_j \rangle \tag{13.2}$$

Wir sagen, die **Matrix B beschreibt die Bilinearform** bzgl. der Basis $\boldsymbol{v}_1, \ldots, \boldsymbol{v}_n$.
(c) Die symmetrischen Bilinearformen entsprechen dabei den symmetrischen Matrizen.
(d) **(Basiswechsel)** Sei $\boldsymbol{v}'_1, \ldots, \boldsymbol{v}'_n$ eine weitere Basis von V. Sei T die Transformationsmatrix, deren Spalten die Koordinatenvektoren von $\boldsymbol{v}'_1, \ldots, \boldsymbol{v}'_n$ bzgl. der Basis $\boldsymbol{v}_1, \ldots, \boldsymbol{v}_n$ sind. Sei B (bzw. B') die Matrix, welche die Bilinearform $\langle , \rangle$ bzgl. der Basis $\boldsymbol{v}_1, \ldots, \boldsymbol{v}_n$ (bzw. $\boldsymbol{v}'_1, \ldots, \boldsymbol{v}'_n$) beschreibt. Dann gilt

$$B' \;=\; T^t\, B\, T$$

Beweis: Die Bilinearität der durch (13.1) definierten Abbildung $\langle , \rangle : V \times V \to K$ zeigt man durch eine einfache Rechnung, die auf der Linearität von f und dem Distributivgesetz der Matrixmultiplikation beruht. Damit erhält man eine wohldefinierte Abbildung Φ von $M_n(K)$ in die Menge der Bilinearformen auf V. Sei Ψ die durch (13.2) definierte Abbildung in der umgekehrten Richtung.

Für $\boldsymbol{u} = \boldsymbol{v}_i$ und $\boldsymbol{w} = \boldsymbol{v}_j$ geht (13.1) in (13.2) über. Dies zeigt: $\Psi \circ \Phi \;=\; \mathrm{Id}_{M_n(K)}$. Wir zeigen nun, dass auch $\Phi \circ \Psi$ die Identität ist (auf der Menge der Bilinearformen auf V).

Sei $\langle , \rangle$ eine Bilinearform auf V. Seien $\boldsymbol{u}, \boldsymbol{w} \in V$ und $f(\boldsymbol{u}) = (c_1, \ldots, c_n)^t$, $f(\boldsymbol{w}) = (d_1, \ldots, d_n)^t$. Nach Definition der Koordinatenabbildung gilt dann

$$\boldsymbol{v} \;=\; \sum_{i=1}^{n} c_i \boldsymbol{v}_i, \qquad \boldsymbol{w} \;=\; \sum_{j=1}^{n} d_j \boldsymbol{v}_j$$

Die Bilinearität ergibt

$$\langle \boldsymbol{u},\, \boldsymbol{w} \rangle \;=\; \sum_{i=1}^{n} \sum_{j=1}^{n} c_i d_j\, \langle \boldsymbol{v}_i,\, \boldsymbol{v}_j \rangle$$

Definiert man nun B durch (13.2), so hat man

$$\langle \boldsymbol{u},\, \boldsymbol{w} \rangle \;=\; \sum_{i=1}^{n} \sum_{j=1}^{n} c_i\, b_{ij}\, d_j$$

Dies ist gerade (13.1). Damit ist gezeigt, dass auch $\Phi \circ \Psi$ die Identität ist.

Zum Beweis von (c) sei zunächst angenommen, dass die Bilinearform $\langle , \rangle$ symmetrisch ist. Aus (13.2) folgt dann sofort $b_{ij} = b_{ji}$, d. h. B ist symmetrisch. Nehmen wir nun umgekehrt an, dass B symmetrisch ist. Dann folgt aus (13.1):

$$\langle \boldsymbol{w},\, \boldsymbol{u} \rangle \;=\; f(\boldsymbol{w})^t\, B\, f(\boldsymbol{u}) \;=\; (f(\boldsymbol{w})^t\, B\, f(\boldsymbol{u}))^t \;=\; f(\boldsymbol{u})^t\, B^t\, f(\boldsymbol{w}) \;=\; f(\boldsymbol{u})^t\, B\, f(\boldsymbol{w})$$
$$=\; \langle \boldsymbol{u},\, \boldsymbol{w} \rangle$$

Also ist die zugeordnete Bilinearform symmetrisch.

Zum Beweis von (d) sei $B = (b_{ij})$ und $B' = (b'_{ij})$. Nach (13.2) und (13.1) gilt

$$b'_{ij} \;=\; \langle \boldsymbol{v}'_i,\, \boldsymbol{v}'_j \rangle \;=\; f(\boldsymbol{v}'_i)^t\, B\, f(\boldsymbol{v}'_j)$$
$$=\; (T\, \boldsymbol{e}_i^{(n)})^t\, B\, (T\, \boldsymbol{e}_j^{(n)}) \;=\; (\boldsymbol{e}_i^{(n)})^t\, (T^t\, B\, T)\, \boldsymbol{e}_j^{(n)}$$

Letzteres ist aber gleich dem i, j-Eintrag der Matrix $T^t\, B\, T$. Dies zeigt (d). ∎

Lemma 13.1.3

Sei $\langle , \rangle$ eine Bilinearform auf dem K-Vektorraum V mit Basis $\boldsymbol{v}_1, \ldots, \boldsymbol{v}_n$. Sei $B \in M_n(K)$ die beschreibende Matrix. Dann gilt: B ist genau dann invertierbar, wenn es kein $\boldsymbol{w} \neq 0$ in V gibt mit $\langle \boldsymbol{u}, \boldsymbol{w} \rangle = 0$ für alle $\boldsymbol{u} \in V$. In diesem Fall heißt die Bilinearform **nicht-degeneriert**.

Beweis: B ist genau dann invertierbar, wenn es kein $\boldsymbol{c} \neq 0$ in $V_n(K)$ gibt mit $B\boldsymbol{c} = 0$. Gibt es ein $\boldsymbol{c} \neq 0$ in $V_n(K)$ mit $B\boldsymbol{c} = 0$, so ist $\boldsymbol{c}$ der Koordinatenvektor eines $\boldsymbol{w} \neq 0$ in V mit $\langle \boldsymbol{u}, \boldsymbol{w} \rangle = 0$ für alle $\boldsymbol{u} \in V$ (nach (13.1)). Umgekehrt impliziert letztere Bedingung nach (13.1), dass der Koordinatenvektor $\boldsymbol{c}$ von $\boldsymbol{w}$ erfüllt: $\boldsymbol{d}^t(B\boldsymbol{c}) = 0$ für alle $\boldsymbol{d} \in V_n(K)$. Dies impliziert aber $B\boldsymbol{c} = 0$. ■

Bemerkung: Wir verwenden die Eigenschaft der Nicht-Degeneriertheit als Ersatz für die positiv-definite Eigenschaft (siehe 12.1.3), welche für beliebige Körper nicht definiert ist. Offenbar impliziert die positiv-definite Eigenschaft die Nicht-Degeneriertheit.

Definition 13.1.4

Zwei Matrizen $B, B' \in M_n(K)$ heißen **verwandt**, falls ein $T \in GL_n(K)$ existiert mit $B' = T^t\, B\, T$.

Nach Satz 13.1.2(d) sind zwei Matrizen in $M_n(K)$ genau dann verwandt, wenn sie bzgl. geeigneter Basen von $V_n(K)$ dieselbe Bilinearform beschreiben. Man beachte die Analogie mit dem Begriff der Ähnlichkeit von Matrizen.

13.2 Symmetrische Bilinearformen und symmetrische Matrizen

13.2.1 Orthogonales Komplement und Orthogonalbasis

In diesem Abschnitt ist $\langle , \rangle$ eine symmetrische Bilinearform auf dem K-Vektorraum V. Wir nehmen an, dass $1 + 1 \neq 0$ in K.

Wir definieren Vektoren $\boldsymbol{u}, \boldsymbol{w} \in V$ als **orthogonal** bzgl. $\langle , \rangle$, falls $\langle \boldsymbol{u}, \boldsymbol{w} \rangle = 0$. Wir definieren Unterräume U, W von V als **orthogonal** bzgl. $\langle , \rangle$, falls $\langle \boldsymbol{u}, \boldsymbol{w} \rangle = 0$ für alle $\boldsymbol{u} \in U$, $\boldsymbol{w} \in W$. Das **orthogonale Komplement** $U^\perp$ eines Unterraums U von V ist die Menge aller $\boldsymbol{w} \in V$ mit $\langle \boldsymbol{u}, \boldsymbol{w} \rangle = 0$ für alle $\boldsymbol{u} \in U$. Der Raum $U^\perp$ ist wiederum ein Unterraum von V.

Lemma 13.2.1

Sei $\langle , \rangle$ eine nicht-degenerierte symmetrische Bilinearform auf dem K-Vektorraum V endlicher Dimension n. Sei U ein Unterraum von V. Dann gilt

$$(U^\perp)^\perp = U \tag{13.3}$$

und

$$\dim(U) + \dim(U^\perp) = n. \tag{13.4}$$

Es gilt $V = U \oplus U^\perp$ genau dann, wenn die Einschränkung von $\langle , \rangle$ auf U nicht-degeneriert ist.

Beweis: Wir können $V = V_n(K)$ annehmen (nach Satz 8.2.4). Dann gibt es nach Satz 13.1.2 ein $B \in M_n(K)$, so dass

$$\langle \boldsymbol{u}, \boldsymbol{w} \rangle = \boldsymbol{u}^t B \boldsymbol{w}$$

für alle $\boldsymbol{u}, \boldsymbol{w} \in V$. Sei $\boldsymbol{u}_1, \dots, \boldsymbol{u}_m$ eine Basis von U. Sei M die $m \times n$-Matrix mit Zeilen $\boldsymbol{u}_1^t, \dots, \boldsymbol{u}_m^t$. Ein Vektor $\boldsymbol{w} \in V$ liegt genau dann in $U^\perp$, wenn $\langle \boldsymbol{u}_i, \boldsymbol{w} \rangle = 0$ für $i = 1, \dots, m$. Letzteres ist äquivalent dazu, dass

$$M B \boldsymbol{w} = 0.$$

Somit ist $U^\perp$ der Lösungsraum des homogenen Gleichungssystems mit Koeffizientenmatrix MB, d. h. der Kern von f_{MB}. Die Matrix B ist invertierbar nach Lemma 13.1.3, also $\mathrm{rg}(MB) = \mathrm{rg}(M) = m$. Nach der Dimensionsformel für lineare Abbildungen (Satz 8.3.4) folgt, dass der Kern von f_{MB} die Dimension $n - m$ hat. Dies zeigt (13.4).

Trivialerweise gilt $U \subseteq (U^\perp)^\perp$. Nach (13.4) gilt zudem $\dim(U^\perp)^\perp = \dim(U)$. Dies impliziert (13.3).

Offenbar ist die Einschränkung der Bilinearform $\langle , \rangle$ auf U genau dann nicht-degeneriert, wenn $U \cap U^\perp = \{0\}$. Letzteres ist wegen (13.4) dazu äquivalent, dass $V = U \oplus U^\perp$ (siehe Satz 7.1.4). ∎

Definition 13.2.2

Sei $\langle , \rangle$ eine symmetrische Bilinearform auf dem K-Vektorraum V. Eine Basis $\boldsymbol{v}_1, \dots, \boldsymbol{v}_n$ von V heißt **Orthogonalbasis** bzgl. $\langle , \rangle$, falls

$$\langle \boldsymbol{v}_i, \boldsymbol{v}_j \rangle = 0 \quad \text{für alle} \quad i \neq j$$

Gilt zusätzlich

$$\langle \boldsymbol{v}_i, \boldsymbol{v}_i \rangle = 1 \quad \text{für} \quad i = 1, \dots, n$$

so heißt die Basis **Orthonormalbasis.**

Offenbar ist eine Basis genau dann eine Orthogonalbasis (bzw. Orthonormalbasis), falls die Bilinearform bzgl. dieser Basis durch eine Diagonalmatrix (bzw. durch die Einheitsmatrix) beschrieben wird. Insbesondere nimmt die Formel (13.1) für eine **Orthonormalbasis** $\boldsymbol{v}_1, \dots, \boldsymbol{v}_n$ die folgende einfache Form an:

$$\langle \boldsymbol{u}, \boldsymbol{w} \rangle = u_1 w_1 + \dots + u_n w_n \tag{13.5}$$

Dabei sind $u_1, \dots, u_n$ (bzw. $w_1, \dots, w_n$) die Koordinaten von $\boldsymbol{u}$ (bzw. $\boldsymbol{w}$) bzgl. der Orthonormalbasis $\boldsymbol{v}_1, \dots, \boldsymbol{v}_n$ (vgl. Bemerkung 12.2.7).

Satz 13.2.3

Sei $\langle , \rangle$ eine nicht-degenerierte symmetrische Bilinearform auf dem K-Vektorraum V endlicher Dimension $n \geq 1$. Dann gilt:
(a) V hat eine Orthogonalbasis bzgl. $\langle , \rangle$.
(b) Ist $K = \mathbb{R}$ der Körper der reellen Zahlen, so gibt es eine Orthogonalbasis $\boldsymbol{v}_1, \ldots, \boldsymbol{v}_n$ mit $\langle \boldsymbol{v}_i, \boldsymbol{v}_i \rangle = \pm 1$.
(c) Hat jedes Element von K eine Quadratwurzel in K, so hat V sogar eine Orthonormalbasis.

Beweis: (a) Wir verwenden Induktion nach n. Der Fall $n = 1$ ist klar. Sei nun $n > 1$ angenommen. Für alle $\boldsymbol{u}, \boldsymbol{w} \in V$ gilt:

$$\langle \boldsymbol{u}, \boldsymbol{w} \rangle = \frac{1}{2} \left(\langle \boldsymbol{u} + \boldsymbol{w}, \boldsymbol{u} + \boldsymbol{w} \rangle - \langle \boldsymbol{u}, \boldsymbol{u} \rangle - \langle \boldsymbol{w}, \boldsymbol{w} \rangle \right) \tag{13.6}$$

(Man beachte, dass hier die Voraussetzung $1 + 1 \neq 0$ verwendet wird; wir bezeichnen dieses Körperelement $1 + 1$ mit 2). Wäre $\langle \boldsymbol{v}, \boldsymbol{v} \rangle = 0$ für alle $\boldsymbol{v} \in V$, so wäre auch $\langle \boldsymbol{u}, \boldsymbol{w} \rangle = 0$ für alle $\boldsymbol{u}, \boldsymbol{w} \in V$ nach (13.6). Dies widerspricht der Nicht-Degeneriertheit. Es gibt also ein $\boldsymbol{v}_n \in V$ mit $\langle \boldsymbol{v}_n, \boldsymbol{v}_n \rangle \neq 0$. Dann ist der von $\boldsymbol{v}_n$ erzeugte 1-dimensionale Unterraum U von V nicht-degeneriert. Also $V = U \oplus U^{\perp}$ nach dem Lemma, insbesondere $\dim(U^{\perp}) = n - 1$.

Wegen $V = U \oplus U^{\perp}$ folgt aus dem Lemma, dass auch $U^{\perp}$ nicht-degeneriert ist. Wir können also nach Induktion annehmen, dass $U^{\perp}$ eine Orthogonalbasis $\boldsymbol{v}_1, \ldots, \boldsymbol{v}_{n-1}$ hat. Dann ist $\boldsymbol{v}_1, \ldots, \boldsymbol{v}_n$ eine Orthogonalbasis von V.

(b) und (c): Wir zeigen zunächst, dass die $c_i := \langle \boldsymbol{v}_i, \boldsymbol{v}_i \rangle$ von null verschieden sind. Wäre etwa $c_1 = 0$, so $\langle \boldsymbol{v}_1, \boldsymbol{v}_j \rangle = 0$ für alle $j = 1, \ldots, n$, und dann auch $\langle \boldsymbol{v}_1, \boldsymbol{u} \rangle = 0$ für alle $\boldsymbol{u} \in V$. Letzteres widerspricht der Nicht-Degeneriertheit von $\langle , \rangle$. Also $c_1 \neq 0$. Der allgemeine Fall ist analog.

Offenbar ist mit $\boldsymbol{v}_1, \ldots, \boldsymbol{v}_n$ auch $d_1 \boldsymbol{v}_1, \ldots, d_n \boldsymbol{v}_n$ eine Orthogonalbasis, für $d_i \neq 0$ in K. Es gilt

$$\langle d_i \boldsymbol{v}_i, d_i \boldsymbol{v}_i \rangle = d_i^2 \langle \boldsymbol{v}_i, \boldsymbol{v}_i \rangle = d_i^2 c_i$$

Ist $K = \mathbb{R}$, so gibt es $d_i \neq 0$ in $\mathbb{R}$ mit $d_i^2 c_i = \pm 1$. Dies zeigt (b). Hat jedes Element von K eine Quadratwurzel in K, so gibt es $d_i \neq 0$ in K mit $d_i^2 c_i = 1$. Dies zeigt (c). ∎

Korollar 13.2.4

Jede invertierbare symmetrische Matrix B in $M_n(K)$ ist zu einer Diagonalmatrix verwandt. Ist $K = \mathbb{R}$, so ist B zu einer Diagonalmatrix mit Diagonaleinträgen ± 1 verwandt. Hat jedes Element von K eine Quadratwurzel in K, so ist B sogar zur Einheitsmatrix E_n verwandt.

Dies folgt aus dem vorhergehenden Korollar und Satz 13.1.2(d).

Jede komplexe Zahl hat eine Quadratwurzel in $\mathbb{C}$, also gibt es für jede nicht-degenerierte symmetrische Bilinearform auf einem endlich-dimensionalen $\mathbb{C}$-Vektorraum eine Orthonormalbasis. Für $K = \mathbb{R}$ ist die Situation etwas komplizierter, wie wir im nächsten Unterabschnitt sehen werden.

13.2.2 Symmetrische Bilinearformen und symmetrische Matrizen über den reellen Zahlen

In diesem Abschnitt ist $\langle , \rangle$ eine symmetrische Bilinearform auf dem $\mathbb{R}$-Vektorraum V endlicher Dimension $n \geq 1$. Wir sagen, $\langle , \rangle$ ist **positiv-definit** (bzw. **negativ-definit**), falls $\langle \boldsymbol{u}, \boldsymbol{u} \rangle > 0$ (bzw. $\langle \boldsymbol{u}, \boldsymbol{u} \rangle < 0$) für alle $\boldsymbol{u} \neq 0$ in V.

Lemma 13.2.5

Die symmetrische Bilinearform $\langle , \rangle$ ist genau dann positiv-definit, wenn V eine Orthonormalbasis bzgl. $\langle , \rangle$ hat.

Beweis: Sind $u_1, \ldots, u_n$ die Koordinaten eines Vektors $\boldsymbol{u} \neq 0$ aus V bzgl. einer Orthonormalbasis, so gilt nach (13.5):

$$\langle \boldsymbol{u}, \boldsymbol{u} \rangle = u_1^2 + \ldots + u_n^2 > 0$$

Die Existenz einer Orthonormalbasis impliziert also die Positiv-Definitheit. Die Umkehrung wurde in Korollar 12.2.6 gezeigt. ■

Definition 13.2.6

Ein Unterraum U von V heißt **positiv-definit** (bzw. **negativ-definit**) bzw. $\langle , \rangle$, falls die Einschränkung von $\langle , \rangle$ auf U positiv-definit (bzw. negativ-definit) ist.

Satz 13.2.7

Sei $\langle , \rangle$ eine nicht-degenerierte symmetrische Bilinearform auf V. Dann gibt es eine ganze Zahl t mit $0 \leq t \leq n$ und eine Orthogonalbasis $\boldsymbol{v}_1, \ldots, \boldsymbol{v}_n$ von V mit $\langle \boldsymbol{v}_i, \boldsymbol{v}_i \rangle = 1$ für $i = 1, \ldots, t$ und $\langle \boldsymbol{v}_i, \boldsymbol{v}_i \rangle = -1$ für $i = t+1, \ldots, n$. Dieses t ist die maximale Dimension eines positiv-definiten Unterraums von V, falls ein solcher existiert; andernfalls $t = 0$. Wir nennen t den **Trägheitsindex** von $\langle , \rangle$.

Beweis: Nach Satz 13.2.3 gibt es eine Orthogonalbasis $\boldsymbol{v}_1, \ldots, \boldsymbol{v}_n$ von V mit $\langle \boldsymbol{v}_i, \boldsymbol{v}_i \rangle = 1$ für $i = 1, \ldots, t$ und $\langle \boldsymbol{v}_i, \boldsymbol{v}_i \rangle = -1$ für $i = t+1, \ldots, n$. Sei U (bzw. W) der von $\boldsymbol{v}_1, \ldots, \boldsymbol{v}_t$ (bzw. $\boldsymbol{v}_{t+1}, \ldots, \boldsymbol{v}_n$) erzeugte Unterraum von V. Dann ist $\dim U = t$ und $\dim W = n-t$. Nach Lemma 13.2.5 ist U (bzw. W) positiv-definit (bzw. negativ-definit), falls von $\{0\}$ verschieden.

Gäbe es einen positiv-definiten Unterraum U' von V mit $\dim U' > t$, so

$$\dim(U' \cap W) = \dim U' + \dim W - \dim(U' + W) > t + (n-t) - n = 0$$

Also $U' \cap W \neq \{0\}$. Der Raum $U' \cap W$ ist aber sowohl positiv- als auch negativ-definit, ein Widerspruch. Dies zeigt die Behauptung. ■

Korollar 13.2.8

(Trägheitssatz von Sylvester) Für jede invertierbare symmetrische Matrix $B \in M_n(\mathbb{R})$ gibt es genau eine ganze Zahl t mit $0 \leq t \leq n$, so dass B zu einer Diagonalmatrix mit t Diagonaleinträgen gleich 1 und $n - t$ Diagonaleinträgen gleich -1 verwandt ist. Wir nennen t den **Trägheitsindex** von B. Zwei invertierbare symmetrische Matrizen in $M_n(\mathbb{R})$ sind genau dann verwandt, wenn sie denselben Trägheitsindex haben.

Da im vorhergehenden Satz eine basisunabhängige Charakterisierung des Trägheitsindex einer Bilinearform gegeben wurde, folgt dies aus Satz 13.1.2(d).

Bemerkung 13.2.9

Zusammenhang mit **quadratischen Gleichungen** der Form:

$$\sum_{i,j=1}^{n} a_{ij} x_i x_j \quad = \quad 0 \tag{13.7}$$

Die linke Seite dieser Gleichung ist gleich $\boldsymbol{x}^t B \boldsymbol{x}$, wo $\boldsymbol{x} = (x_1, \ldots, x_n)^t$ und $B = (b_{ij}) \in M_n(\mathbb{R})$ mit $b_{ij} = (a_{ij} + a_{ji})/2$ für $i \neq j$ und $b_{ii} = a_{ii}$. Somit ist B eine **symmetrische Matrix**. Wir betrachten hier nur den Fall, dass B invertierbar ist. Dann existiert nach dem Satz von Sylvester ein $T \in GL_n(\mathbb{R})$, so dass $D := T^t B T$ eine Diagonalmatrix der Form $D = \operatorname{diag}(1, \ldots, 1, -1, \ldots, -1)$ ist. Mit $\boldsymbol{y} = T^{-1}\boldsymbol{x}$ gilt dann

$$\boldsymbol{x}^t B \boldsymbol{x} \quad = \quad \boldsymbol{y}^t T^t B T \boldsymbol{y} \quad = \quad \boldsymbol{y}^t D \boldsymbol{y}$$

Somit ist die ursprüngliche Gleichung 13.7 äquivalent zu

$$y_1^2 + \ldots + y_t^2 - y_{t+1}^2 - \ldots - y_n^2 \quad = \quad 0$$

Die Lösungsmenge einer solchen Gleichung heißt eine **Quadrik**, siehe Abschnitt 15.3.2.

Satz 13.2.10

Jede symmetrische Matrix $B \in M_n(\mathbb{R})$ ist diagonalisierbar (über $\mathbb{R}$). Genauer gibt es eine orthogonale Matrix $P \in O_n(\mathbb{R})$, so dass $P^t B P \; (= P^{-1} B P)$ eine Diagonalmatrix ist. Ferner hat $V_n(\mathbb{R})$ eine ON-Basis aus Eigenvektoren von B (bzgl. des Standard-Skalarprodukts auf $V_n(\mathbb{R})$).

Beweis: Wir verwenden das Standard-Skalarprodukt auf $V_n(\mathbb{R})$. Wir zeigen zunächst, dass je zwei Eigenvektoren $\boldsymbol{u}$, $\boldsymbol{w}$ von B zu **verschiedenen** Eigenwerten λ, μ orthogonal sind. Dies folgt unter Verwendung von (12.15):

$$\lambda \, \langle \boldsymbol{u}, \, \boldsymbol{w} \rangle \quad = \quad \langle B\boldsymbol{u}, \, \boldsymbol{w} \rangle \quad = \quad \langle \boldsymbol{u}, \, B\boldsymbol{w} \rangle \quad = \quad \mu \, \langle \boldsymbol{u}, \, \boldsymbol{w} \rangle$$

Dies ergibt $(\lambda - \mu) \, \langle \boldsymbol{u}, \, \boldsymbol{w} \rangle \; = 0$, also $\langle \boldsymbol{u}, \, \boldsymbol{w} \rangle \; = 0$ da $\lambda \neq \mu$. Man beachte, dass dies auch für komplexe Eigenwerte und Eigenvektoren von B gilt, wobei man die symmetrische Bilinearform $\langle , \rangle$ auf $V_n(\mathbb{C})$ durch dieselbe Formel (12.9) definiert.

Wir müssen den sogenannten Hauptsatz der Algebra verwenden, nämlich dass jedes Polynom mit komplexen Koeffizienten eine Nullstelle in $\mathbb{C}$ hat. Demnach hat das charakteristische Polynom χ_B eine Nullstelle $\lambda \in \mathbb{C}$. Da χ_B reelle Koeffizienten hat, ist dann auch das konjugiert Komplexe $\bar{\lambda}$ eine Nullstelle von χ_B, d. h. ein Eigenwert von B. Sei $\boldsymbol{v} = (v_1, \ldots, v_n)^t \in V_n(\mathbb{C})$ ein Eigenvektor von B zum Eigenwert λ. Dann ist $\bar{\boldsymbol{v}} := (\bar{v}_1, \ldots, \bar{v}_n)^t$ ein Eigenvektor von B zum Eigenwert $\bar{\lambda}$. Es gilt:

$$\langle \boldsymbol{v}, \bar{\boldsymbol{v}} \rangle = v_1\bar{v}_1 + \ldots + v_n\bar{v}_n = |v_1|^2 + \ldots + |v_n|^2 > 0 \tag{13.8}$$

Da $\boldsymbol{v}$ und $\bar{\boldsymbol{v}}$ nicht orthogonal sind, folgt $\lambda = \bar{\lambda}$, d. h. $\lambda \in \mathbb{R}$, aus der zu Beginn des Beweises gezeigten Aussage.

Wir können einen Eigenvektor $\boldsymbol{v} \in V_n(\mathbb{R})$ von B zum Eigenwert λ wählen mit $\langle \boldsymbol{v}, \boldsymbol{v} \rangle = 1$ (durch Skalieren eines beliebigen Eigenvektors). Nach Bemerkung 12.3.1 gibt es eine ON-Basis $\boldsymbol{v}_1, \ldots, \boldsymbol{v}_n$ von $V_n(\mathbb{R})$ mit $\boldsymbol{v}_n = \boldsymbol{v}$. Die Matrix A mit Spalten $\boldsymbol{v}_1, \ldots, \boldsymbol{v}_n$ ist dann orthogonal (nach (3)) und $A\boldsymbol{e}_n = \boldsymbol{v}$. Also ist $B' := A^t BA$ wieder symmetrisch, und $B'\boldsymbol{e}_n = \lambda\boldsymbol{e}_n$. Durch Ersetzen von B durch B' können wir also annehmen $B\boldsymbol{e}_n = \lambda\boldsymbol{e}_n$.

Wir zeigen nun durch Induktion nach n, dass es eine orthogonale Matrix $P \in O_n(\mathbb{R})$ gibt, so dass $P^t BP$ eine Diagonalmatrix ist. Der Fall $n = 1$ ist klar. Sei also nun $n > 1$ angenommen. Sei W das orthogonale Komplement des von $\boldsymbol{e}_n$ erzeugten 1-dimensionalen Unterraums E von V. Dann gilt $\dim W = n - 1$ nach Lemma 13.2.1. Da $\boldsymbol{e}_1, \ldots, \boldsymbol{e}_{n-1} \in W$, ist W der von $\boldsymbol{e}_1, \ldots, \boldsymbol{e}_{n-1}$ erzeugte Unterraum von V. Für $\boldsymbol{w} \in W$ gilt

$$\langle B\boldsymbol{w}, \boldsymbol{e}_n \rangle = \langle \boldsymbol{w}, B\boldsymbol{e}_n \rangle = \lambda \langle \boldsymbol{w}, \boldsymbol{e}_n \rangle = 0$$

Also liegt auch $B\boldsymbol{w}$ in W, d. h. W ist B-invariant. Somit ist B von der Form

$$B = \begin{pmatrix} B_{n-1} & 0 \\ 0 & \lambda \end{pmatrix}$$

Mit B ist dann auch die Matrix $B_{n-1} \in M_{n-1}(\mathbb{R})$ symmetrisch. Nach Induktion existiert also ein $P_{n-1} \in O_{n-1}(\mathbb{R})$, so dass $D_{n-1} := P_{n-1}^t B_{n-1} P_{n-1}$ eine Diagonalmatrix ist. Die Matrix

$$P = \begin{pmatrix} P_{n-1} & 0 \\ 0 & 1 \end{pmatrix}$$

ist dann orthogonal, und

$$P^t BP = \begin{pmatrix} P_{n-1}^t B_{n-1} P_{n-1} & 0 \\ 0 & \lambda \end{pmatrix} = \begin{pmatrix} D_{n-1} & 0 \\ 0 & \lambda \end{pmatrix}$$

ist eine Diagonalmatrix. Die Spalten von P bilden dann eine ON-Basis von $V_n(\mathbb{R})$, welche aus Eigenvektoren von B besteht. ■

13.3 Aufgaben

13.3.1 Grundlegende Aufgaben

1. Man berechne eine ON-Basis aus Eigenvektoren der symmetrischen Matrix B und benutze dies zur Diagonalisierung von B.

$$B = \begin{pmatrix} 57 & -24 & 0 & 0 \\ -24 & 43 & 0 & 0 \\ 0 & 0 & 34 & 12 \\ 0 & 0 & 12 & 41 \end{pmatrix}$$

2. Man zeige, dass durch

$$\langle f, g \rangle = \int_0^1 f(x)\, g(x)\, dx$$

eine symmetrische Bilinearform auf dem $\mathbb{R}$-Vektorraum der stetigen Funktionen $[0, 1] \to \mathbb{R}$ definiert wird.

3. Man zeige, dass durch

$$\langle f, g \rangle = f(0)\, g(0)$$

eine symmetrische Bilinearform auf dem $\mathbb{R}$-Vektorraum der stetigen Funktionen $[0, 1] \to \mathbb{R}$ definiert wird.

4. Man zeige, dass durch

$$\langle \boldsymbol{u}, \boldsymbol{w} \rangle = \det[\boldsymbol{u}, \boldsymbol{w}]$$

eine Bilinearform auf $V_2(K)$ definiert wird. Ist sie symmetrisch?

5. Man zeige, dass durch

$$\langle A, B \rangle = \mathrm{Sp}(A\, B)$$

eine Bilinearform auf $V_2(K)$ definiert wird. Ist sie symmetrisch?

6. Man zeige, dass die Einschränkung einer (symmetrischen) Bilinearform auf einen Unterraum U von V eine (symmetrische) Bilinearform auf U ergibt. Überträgt sich auch die Eigenschaft der Nicht-Degeneriertheit auf die Einschränkung?

7. Man zeige, dass das orthogonale Komplement eines Unterraums U der größte Unterraum W ist, der zu U orthogonal ist.

8. Sei $\langle , \rangle$ eine nicht-degenerierte symmetrische Bilinearform auf dem K-Vektorraum V endlicher Dimension n. Seien U, W Unterräume von V. Dann gilt $U \subseteq W$ genau dann, wenn $W^\perp \subseteq U^\perp$.

9. Sei $\boldsymbol{u}_1, \ldots, \boldsymbol{u}_m$ eine Basis von U. Man zeige, dass ein Vektor $\boldsymbol{w} \in V$ genau dann in $U^\perp$ liegt, wenn $\langle \boldsymbol{u}_i, \boldsymbol{w} \rangle = 0$ für $i = 1, \ldots, m$.

10. Sei $\langle , \rangle$ eine symmetrische Bilinearform auf dem $\mathbb{R}$-Vektorraum V endlicher Dimension $n \geq 1$ mit Trägheitsindex t. Man zeige, dass die folgenden Bedingungen äquivalent sind:
(1) $\langle , \rangle$ ist positiv- oder negativ-definit.
(2) $t = 0$ oder $t = n$.
(3) Es gibt kein $\boldsymbol{u} \neq 0$ in V mit $\langle \boldsymbol{u}, \boldsymbol{u} \rangle = 0$.
Ferner zeige man: Wird $\langle , \rangle$ bzgl. einer Basis durch die Matrix B beschrieben, so wird $-\langle , \rangle$ durch die Matrix $-B$ beschrieben. Dabei ist $-\langle , \rangle$ die symmetrische Bilinearform, die dem Paar $(\boldsymbol{u}, \boldsymbol{w})$ den Skalar $-\langle \boldsymbol{u}, \boldsymbol{w} \rangle$ zuordnet. Schließlich zeige man, dass $\langle , \rangle$ genau dann positiv-definit ist, wenn $-\langle , \rangle$ negativ-definit ist.

11. Sei $B \in M_2(\mathbb{R})$ eine invertierbare symmetrische Matrix. Sei t ihr Trägheitsindex. Man zeige, dass genau dann $t = 1$ gilt, wenn $\det(B) < 0$.

13.3.2 Weitergehende Aufgaben

1. Das **Radikal** R einer symmetrischen Bilinearform $\langle , \rangle$ auf V besteht aus den Vektoren, die zu allen anderen orthogonal sind. Man zeige, dass R ein Unterraum von V ist. Ist $V = R \oplus W$, so ist die Einschränkung von $\langle , \rangle$ auf W nicht-degeneriert.

Teil V

Affine und projektive Geometrie

14 Affine Räume

Jeder Vektorraum hat ein ausgezeichnetes Element, den Nullvektor. Will man ein geometrisches Modell eines Vektorraums, wo alle Punkte gleichberechtigt sind, gelangt man zum Begriff des affinen Raums. Es zeigt sich, dass die Lösungen eines linearen Gleichungssystems einen affinen Unterraum bilden. Wir untersuchen auch die Lösungsmenge einer quadratischen Gleichung als geometrisches Objekt im affinen Raum.

14.1 Die Beziehung zwischen affinen Räumen und Vektorräumen

Wir definieren Grundbegriffe der affinen Geometrie.

Definition 14.1.1

(a) Ein nicht-leerer **affiner Raum** über einem Körper K besteht aus einer zugrundeliegenden Menge $A \neq \emptyset$ von **Punkten**, einem K-Vektorraum V_A, sowie einer Abbildung, die einem geordneten Paar von Punkten (p, q) den **Verbindungsvektor** $\overrightarrow{pq} \in V_A$ zuordnet, so dass folgende Axiome erfüllt sind:

(AR1) Zu jedem Punkt $p \in A$ und jedem Vektor $\boldsymbol{v} \in V_A$ gibt es genau einen Punkt $q \in A$ mit $\boldsymbol{v} = \overrightarrow{pq}$.

(AR2) Für $p, q, r \in A$ gilt: $\overrightarrow{pq} + \overrightarrow{qr} = \overrightarrow{pr}$.

Wir definieren auch die leere Menge $A = \emptyset$ als affinen Raum. Ihr ist kein Vektorraum zugeordnet. In gewohnter abkürzender Sprechweise reden wir nur von dem affinen Raum A.
(b) Seien A, A' nicht-leere affine Räume mit zugeordneten Vektorräumen V, V' (über demselben Körper K). Eine Bijektion $\alpha : A \to A'$ heißt **Isomorphismus affiner Räume**, falls es einen Isomorphismus von Vektorräumen $V \to V'$ gibt, welcher $\overrightarrow{pq}$ auf $\overrightarrow{\alpha(p)\alpha(q)}$ abbildet (für alle $p, q \in A$). Die affinen Räume A, A' heißen **isomorph**, falls es einen Isomorphismus zwischen ihnen gibt.

Axiom (AR2) ergibt $\overrightarrow{pp} + \overrightarrow{pp} = \overrightarrow{pp}$, also $\overrightarrow{pp} = 0$. Ist umgekehrt $\overrightarrow{pq} = 0$, so folgt wegen der Eindeutigkeit in (AR1), dass $p = q$. Wir haben also gezeigt:

$$\overrightarrow{pq} = 0 \quad \text{genau dann, wenn} \quad p = q \tag{14.1}$$

(AR2) ergibt ferner $\overrightarrow{pq} + \overrightarrow{qp} = \overrightarrow{pp} = 0$, also

$$\overrightarrow{pq} = -\overrightarrow{qp} \tag{14.2}$$

Axiom (AR1) kann so umformuliert werden: Wählt man einen beliebigen Punkt $p_0 \in A$, so ist die Abbildung

$$A \to V_A, \quad p \mapsto \overrightarrow{p_0 p} \tag{14.3}$$

eine Bijektion. Jeder nicht-leere affine Raum steht also in Bijektion zu seinem zugeordneten Vektorraum V_A. Diese Bijektion hängt von der Wahl des Grundpunkts $p_0 \in A$ ab, welcher auf $0 \in V_A$ abgebildet wird.

Durch diese Bijektion wird die Struktur eines affinen Raums auf den Vektorraum V_A übertragen. Diese Struktur eines affinen Raums kann man für jeden Vektorraum V in folgender Weise direkt definieren:

Lemma 14.1.2

(a) Sei V ein K-Vektorraum. Definiert man für $p, q \in V$ den Verbindungsvektor

$$\overrightarrow{pq} = q - p$$

so erhält man einen affinen Raum A_V mit zugrundeliegender Menge $A_V = V$ und zugeordnetem Vektorraum V. Wählt man in diesem affinen Raum A_V den Grundpunkt $p_0 = 0$, so ist die zugehörige Bijektion (14.3) die Identität $A_V \to V$.
(b) Sei A ein affiner Raum und $p_0 \in A$. Dann ist die durch (14.3) definierte Bijektion $\alpha : A \to V_A$ ein Isomorphismus von A auf den in (a) definierten affinen Raum A_{V_A}.

Beweis: (a) Bei Vorgabe von $\boldsymbol{v} \in V$ und $p \in A_V = V$ gibt es genau ein $q \in A_V = V$ mit $\boldsymbol{v} = \overrightarrow{pq} = q - p$, nämlich $q = p + \boldsymbol{v}$. Also gilt (AR1).
Es gilt auch (AR2), denn für $p, q, r \in A_V$ erhält man

$$\overrightarrow{pq} + \overrightarrow{qr} = (q - p) + (r - q) = r - p = \overrightarrow{pr}$$

Die letzte Behauptung in (a) folgt, da $\overrightarrow{0p} = p - 0 = p$.
(b) Für alle $p, q \in A$ gilt

$$\overrightarrow{\alpha(p)\alpha(q)} = \alpha(q) - \alpha(p) = \overrightarrow{p_0 q} - \overrightarrow{p_0 p} = \overrightarrow{pp_0} + \overrightarrow{p_0 q} = \overrightarrow{pq}.$$

Dies ist die definierende Bedingung für einen Isomorphismus affiner Räume (wobei als Isomorphismus der zugeordneten Vektorräume die Identität $V_A \to V_A$ fungiert). ∎

Bemerkung 14.1.3

Das Lemma zeigt, dass die Begriffe „affiner Raum mit festem Grundpunkt p_0" und „Vektorraum" im Wesentlichen äquivalent sind. Sachverhalte geometrischer Natur lassen sich besser in der Sprache der affinen Räume ausdrücken.

Das Lemma ordnet dem K-Vektorraum $V_n(K)$ einen affinen Raum zu, welcher dieselbe zugrundeliegende Menge hat. Es ist jedoch hilfreich, für die Punkte des affinen Raums ein neues Symbol einzuführen. Dies erleichtert die Unterscheidung zwischen den verschiedenen Betrachtungsweisen.

Definition 14.1.4

Der affine Raum $A(n, K)$**:**
Sei $A(n, K)$ der affine Raum, der vermöge Lemma 14.1.2(a) aus dem Vektorraum $V_n(K)$ entsteht. Den Punkt p von $A(n, K)$, der dem Vektor $(p_1, \ldots, p_n)^t \in V_n(K)$ entspricht, wird als $p = [p_1, \ldots, p_n]$ bezeichnet.

Der Verbindungsvektor zweier Punkte $p = [p_1, \ldots, p_n]$, $q = [q_1, \ldots, q_n]$ von $A(n, K)$ ist dann

$$\overrightarrow{pq} \quad = \quad (q_1 - p_1, \ldots, q_n - p_n)^t \in V_n(K)$$

Der affine Raum $A(2, K)$ heißt die **affine Ebene** über K. Der affine Raum $A(1, \mathbb{R})$ heißt die **affine Gerade** über K.

Definition 14.1.5

Sei A ein affiner Raum über K. Für $A \neq \emptyset$ definieren wir die **Dimension** von A als

$$\dim A \quad = \quad \dim V_A$$

Für $A = \emptyset$ setzen wir $\dim A \; = \; -1$.

Satz 14.1.6

Jeder affine Raum über K endlicher Dimension $n \geq 0$ ist zu $A(n, K)$ isomorph.

Beweis: Zufolge Lemma 14.1.2(b) ist A zu einem affinen Raum der Form A_V isomorph, wobei V ein K-Vektorraum der Dimension n ist. Nach Satz 8.2.4 ist V isomorph zu $V_n(K)$ (als K-Vektorraum). Somit ist A_V isomorph zu $A(n, K)$ (als affiner Raum). ■

Bemerkung: Der affine Raum $A(3, \mathbb{R})$ dient uns als Modell für den 3-dimensionalen Anschauungsraum. Der Punkt $[p_1, p_2, p_3]$ von $A(3, \mathbb{R})$ entspricht dem Punkt des Anschauungsraums mit Koordinaten p_1, p_2, p_3 bzgl. eines fest gewählten Koordinatensystems. Der Verbindungsvektor $\overrightarrow{pq}$ hat dann die übliche geometrische Bedeutung. Desgleichen dient die affine Ebene $A(2, \mathbb{R})$ als Modell für die Anschauungsebene.

14.2 Unterräume eines affinen Raums

Seien p, q verschiedene Punkte des affinen Raums $A(3, \mathbb{R})$. Die Gerade G durch diese zwei Punkte ist als die folgende Teilmenge von $A(3, \mathbb{R})$ zu definieren:

$$G \quad = \quad \{p' \in A(3, \mathbb{R}) \mid \overrightarrow{pp'} \in \mathbb{R}\overrightarrow{pq}\ \}$$

Dies motiviert die folgende Definition eines affinen Unterraums.

Definition 14.2.1

Eine Teilmenge A' eines affinen Raumes A heißt **(affiner) Unterraum** von A, wenn entweder $A' = \emptyset$ oder wenn es ein $p' \in A'$ und einen Unterraum V' von V_A gibt mit

$$A' \quad = \quad \{p \in A \mid \overrightarrow{pp'} \in V'\} \tag{14.4}$$

Für jedes $p'' \in A'$ gilt dann

$$A' \quad = \quad \{p \in A \mid \overrightarrow{pp''} \in V'\}$$

da $\overrightarrow{pp''} = \overrightarrow{pp'} + \overrightarrow{p'p''}$ und $\overrightarrow{p'p''} \in V'$. Insbesondere hängt V' *nicht* von der Wahl von p' ab (sondern nur von A'). Wir schreiben also $V_{A'} := V'$.

Der Unterraum A' ist somit in natürlicher Weise selbst ein affiner Raum mit zugeordnetem Vektorraum V' (siehe Aufgabe 14.6.1).

Definition 14.2.2

Unterräume der Dimension 1 eines affinen Raumes A werden **Geraden**, Unterräume der Dimension 2 **Ebenen** genannt. Hat A endliche Dimension n und ist H ein Unterraum von A der Dimension $n - 1$, so heißt H eine **Hyperebene** von A.

Die Unterräume der Dimension 0 sind offenbar genau die einelementigen Teilmengen von A. Ist $\dim A = 2$, so sind die Hyperebenen die Geraden in A. Ist $\dim A = 3$, so sind die Hyperebenen die Ebenen in A.

Zwei Geraden G, H eines affinen Raumes A heißen **parallel**, falls $V_G = V_H$.

Lemma 14.2.3

Zwei Geraden G, H der affinen Ebene $A(2, K)$ sind entweder parallel oder schneiden sich in genau einem Punkt.

Beweis: Nehmen wir an, G und H sind nicht parallel. Dann gilt $V_G = K\boldsymbol{v}$, $V_H = K\boldsymbol{w}$ für linear unabhängige Vektoren $\boldsymbol{v}, \boldsymbol{w} \in V_2(K)$. Sei $p \in G, q \in H$. Dann gilt

$$G \quad = \quad \{p + c\boldsymbol{v} : c \in K\} \quad \text{und} \quad H \quad = \quad \{q + d\boldsymbol{w} : d \in K\}$$

Also besteht $G \cap H$ aus den Punkten der Form

$$p + c\boldsymbol{v} \;=\; q + d\boldsymbol{w}$$

mit $c, d \in K$. Da $\boldsymbol{v}$, $\boldsymbol{w}$ eine Basis von $V_2(K)$ bilden, gibt es eindeutige $c, d \in K$ mit

$$c\boldsymbol{v} - d\boldsymbol{w} \;=\; q - p$$

Also besteht $G \cap H$ aus genau einem Punkt. ■

14.2.1 Der Lösungsraum eines Gleichungssystems ist ein affiner Unterraum

Sei $C \in M_{m,n}(K)$ und $\boldsymbol{b} \in V_m(K)$. Sei L der Lösungsraum des linearen Gleichungssystems

$$C\boldsymbol{x} \;=\; \boldsymbol{b}$$

L ist genau dann ein Unterraum des Vektorraums $V_n(K)$, wenn $\boldsymbol{b} = 0$ (d. h. das Gleichungssystem ist homogen). Für beliebiges $\boldsymbol{b}$ ist entweder $L = \emptyset$ oder L besteht aus allen Vektoren der Form

$$\boldsymbol{u}_0 + \boldsymbol{v}$$

wobei $\boldsymbol{u}_0 \in L$ fest gewählt ist und $\boldsymbol{v}$ den Lösungsraum des homogenen Gleichungssystems $C\boldsymbol{x} = 0$ durchläuft (siehe Satz 3.5.2). Daraus folgt:

Satz 14.2.4

Sei $C \in M_{m,n}(K)$ und $\boldsymbol{b} \in V_m(K)$. Der Lösungsraum A des linearen Gleichungssystems

$$C\boldsymbol{x} \;=\; \boldsymbol{b}$$

ist ein affiner Unterraum des affinen Raums $A(n, K)$. Der zugeordnete Vektorraum V_A ist der Lösungsraum des homogenen Gleichungssystems $C\boldsymbol{x} = 0$.

14.2.2 Der von einer Teilmenge aufgespannte Unterraum

Lemma 14.2.5

Der Durchschnitt D einer nicht leeren Familie von Unterräumen A' von A ist wieder ein Unterraum von A. Ist $D \neq \emptyset$, so ist V_D der Durchschnitt der $V_{A'}$.

Beweis: Falls $D = \emptyset$ ist nichts zu zeigen. Ist $D \neq \emptyset$, so sei $p' \in D$. Dann schreibt sich jedes A' in der Form (14.4). Daraus folgt leicht die Behauptung. ■

Definition 14.2.6

Sei M eine Teilmenge des affinen Raumes A. Nach dem Lemma ist der Durchschnitt aller Unterräume von A, welche M enthalten, wieder ein Unterraum von A. Er heißt der von M **aufgespannte** Unterraum und wird mit $\langle M\rangle$ bezeichnet.

Sei $p_0 \in M$ fest gewählt. Dann ist $V_{\langle M\rangle}$ der Unterraum von V_A, der von den $\overrightarrow{p_0 p}$ $(p \in M)$ erzeugt wird. Also besteht $\langle M\rangle$ aus allen $q \in A$, so dass $\overrightarrow{p_0 q}$ eine Linearkombination der $\overrightarrow{p_0 p}$ $(p \in M)$ ist.

Definition 14.2.7

Seien $A_1, \ldots, A_k$ Unterräume des affinen Raumes A. Wir definieren den **Verbindungsraum** $A_1 \vee \cdots \vee A_k$ als den von $A_1 \cup \cdots \cup A_k$ aufgespannten Unterraum von A. Statt $\{p\} \vee \{q\}$ schreibt man auch $p \vee q$.

Für $p \neq q$ ist $p \vee q$ eine Gerade (siehe Aufgabe 14.6.2). Sie heißt die **Verbindungsgerade** der Punkte $p, q \in A$.

14.3 Die Automorphismengruppe eines affinen Raums

Ein Automorphismus eines affinen Raums A ist ein Isomorphismus $A \to A$. Die Komposition von zwei Isomorphismen affiner Räume ist — falls definiert — wiederum ein Isomorphismus affiner Räume, und auch das Inverse eines Isomorphismus ist wiederum ein Isomorphismus. Also bilden die Automorphismen von A eine Gruppe bzgl. Komposition, die **Automorphismengruppe** von A. Wir wollen hier die Automorphismengruppe eines endlich-dimensionalen affinen Raums A untersuchen. Nach Satz 14.1.6 genügt es, den Fall $A = A(n, K)$ zu betrachten. **Wir bezeichnen die Automorphismengruppe des affinen Raums** $A(n, K)$ **mit** $AGL_n(K)$.

Satz 14.3.1

Zu jedem $\alpha \in AGL_n(K)$ gibt es eindeutige $M \in GL_n(K)$ und $\boldsymbol{v} \in V_n(K)$, so dass folgendes gilt: Das α-Bild $p' = [p'_1, \ldots, p'_n]$ eines jeden Punkts $p = [p_1, \ldots, p_n] \in A(n, K)$ ist durch

$$\begin{pmatrix} p'_1 \\ \vdots \\ p'_n \end{pmatrix} = M \begin{pmatrix} p_1 \\ \vdots \\ p_n \end{pmatrix} + \boldsymbol{v} \tag{14.5}$$

gegeben. Umgekehrt wird für jedes $M \in GL_n(K)$ und $\boldsymbol{v} \in V_n(K)$ durch (14.5) ein Automorphismus α von $A(n, K)$ definiert. Ist $M = E_n$, so heißt α eine **Translation**.

Beweis: Der affine Raum $A(n, K)$ hat dieselbe zugrundeliegende Menge wie der Vektorraum $V_n(K)$. Für p, q in dieser Menge ist $\overrightarrow{pq} = q - p$ der Verbindungsvektor. Seien nun $M \in$

$GL_n(K)$ und $\boldsymbol{v} \in V_n(K)$ vorgegeben. Dann ist die Abbildung $\alpha : p \mapsto q = Mp + \boldsymbol{v}$ eine Bijektion $V_n(K) \to V_n(K)$ mit Umkehrabbildung $q \mapsto p = M^{-1}q - M^{-1}\boldsymbol{v}$. Ferner

$$\overrightarrow{\alpha(p)\alpha(q)} = \alpha(q) - \alpha(p) = M\,(q-p) = M\,\overrightarrow{pq}$$

Also ist α ein Isomorphismus affiner Räume mit zugeordnetem Vektorraum-Isomorphismus $V_n(K) \to V_n(K)$ gegeben durch Multiplikation mit M.

Sei nun umgekehrt α ein Automorphismus von $A(n, K)$. Nach Komposition mit einer Translation können wir annehmen $\alpha(0) = 0$. Nach Definition gibt es dann einen Vektorraum-Isomorphismus $f : V_n(K) \to V_n(K)$ mit

$$\alpha(p) = \overrightarrow{\alpha(p)\alpha(0)} = f(\overrightarrow{pq}) = f(p)$$

Dieses f wird durch Multiplikation mit einer invertierbaren Matrix gegeben. Dies zeigt die Behauptung. ■

Satz 14.3.2

(a) Für $\boldsymbol{v} \in V_n(K)$ sei $\tau_{\boldsymbol{v}}$ die Translation $p \mapsto p + \boldsymbol{v}$. Für alle $\boldsymbol{v}, \boldsymbol{w} \in V_n(K)$ gilt dann

$$\tau_{\boldsymbol{v}} \circ \tau_{\boldsymbol{w}} = \tau_{\boldsymbol{v}+\boldsymbol{w}}$$

Die Translationen bilden also eine Untergruppe von $AGL_n(K)$, welche zur additiven Gruppe von $V_n(K)$ isomorph ist.
(b) Für je zwei Paare verschiedener Punkte (p, q) und (p', q') in $A(1, K)$ gibt es genau ein $\alpha \in AGL_1(K)$ mit $\alpha(p) = p'$ und $\alpha(q) = q'$.
(c) Für je zwei Tripel nicht-kollinearer Punkte (p, q, r) und (p', q', r') in $A(2, K)$ gibt es genau ein $\alpha \in AGL_2(K)$ mit $\alpha(p) = p'$, $\alpha(q) = q'$ und $\alpha(r) = r'$.

Beweis: (a) $(\tau_{\boldsymbol{v}} \circ \tau_{\boldsymbol{w}})(p) = \tau_{\boldsymbol{v}}(p + \boldsymbol{w}) = p + \boldsymbol{v} + \boldsymbol{w} = \tau_{\boldsymbol{v}+\boldsymbol{w}}(p)$.
(b) Jedes $\alpha \in AGL_1(K)$ ist von der Form

$$\alpha(p) = mp + v$$

mit $m, v \in K$ und $m \neq 0$. Die Bedingung von (b) ergibt das lineare Gleichungssystem

$$mp + v = p', \quad mq + v = q'$$

für die Unbekannten m, v. Wegen $p \neq q$ gibt es eine eindeutige Lösung. Diese erfüllt $m \neq 0$, da $p' \neq q'$.
(c) Wir zeigen zunächst, dass es für je drei nicht-kollineare Punkte p, q, r in $A(2, K)$ ein $\beta \in AGL_2(K)$ gibt mit $\beta(p) = [0, 0]$, $\beta(q) = [0, 1]$ und $\beta(r) = [1, 0]$. Es gibt eine Translation $\tau \in AGL_2(K)$ mit $\tau(p) = [0, 0]$. Ersetzt man die Punkte p, q, r durch ihre Bilder unter τ, so genügt es zu zeigen, dass es ein $\gamma \in AGL_2(K)$ gibt mit $\gamma[0, 0] = [0, 0]$, $\gamma(q) = [0, 1]$ und $\gamma(r) = [1, 0]$. Dann kann man $\beta = \gamma\tau$ wählen. Die Existenz von γ folgt daraus, dass die Vektoren $\overrightarrow{0q}$ und $\overrightarrow{0r}$ linear unabhängig sind, also durch Multiplikation mit einer invertierbaren Matrix M auf $[0, 1]$ und $[1, 0]$ abgebildet werden können.

Ein α mit der in (c) geforderten Eigenschaft erhält man nun als $\alpha = (\beta')^{-1}\beta$, wobei β wie im vorhergehenden Absatz ist, und β' das analoge Element mit $\beta'(p') = [0, 0]$, $\beta'(q') = [0, 1]$ und $\beta'(r') = [1, 0]$ ist.

Man zeigt in ähnlicher Weise, dass es für die Eindeutigkeit von α genügt, den folgenden Spezialfall zu beweisen: Jedes $\alpha \in AGL_2(K)$, welches die Punkte $[0, 0]$, $[0, 1]$ und $[1, 0]$ fixiert, ist die Identität. Ist nun α in der Form (14.5) gegeben, so besagt die Bedingung $\alpha[0, 0] = [0, 0]$, dass $\boldsymbol{v} = 0$. Dann ist M eine Matrix mit $M\ (0, 1)^t = (0, 1)^t$ und $M\ (1, 0)^t = (1, 0)^t$. Also $M = E_2$ und somit $\alpha = \mathrm{Id}$, wie behauptet. ■

14.4 Affine Quadriken und Kegelschnitte

Wir haben gesehen, dass der Lösungsraum eines linearen Gleichungssystems ein affiner Unterraum von $A(n, K)$ ist. Nicht-lineare Gleichungen gehören eigentlich nicht in die Lineare Algebra. Eine Ausnahme ist das Studium der Lösungsmenge einer einzelnen Gleichung **vom Grad 2**, denn wegen des Zusammenhangs mit Bilinearformen kann man hierzu Methoden der Linearen Algebra verwenden. Im projektiven Fall ist die Theorie wesentlich eleganter (siehe Abschnitt 15.3.3). Im affinen Fall behandeln wir nur das Beispiel $n = 2$ zur Illustration des Unterschieds zum projektiven Fall.

Definition 14.4.1

Eine **affine Quadrik** ist die Lösungsmenge in $A(n, K)$ einer Gleichung der Form

$$\sum_{i,j=1}^{n} a_{ij}x_i x_j \ + \ \sum_{k=1}^{n} b_k x_k \ = \ c$$

mit $a_{ij}, b_k, c \in K$, wobei nicht alle a_{ij} null sind.

Satz 14.4.2

Jede nicht-leere affine Quadrik in $A(2, \mathbb{R})$ kann durch Elemente von $AGL_2(\mathbb{R})$ auf genau eine der folgenden Standard-Quadriken abgebildet werden:

1. $x^2 + y^2 = 1$ **(Ellipse)**
2. $x^2 - y^2 = 1$ **(Hyperbel)**
3. $x^2 - y = 0$ **(Parabel)**
4. $x^2 - y^2 = 0$ **(Geradenpaar mit Schnittpunkt)**
5. $x^2 = 1$ **(Paralleles Geradenpaar)**
6. $x^2 = 0$ **(Doppelgerade)**
7. $x^2 + y^2 = 0$ **(Punkt)**

Beweis: Jede affine Quadrik in $A(2,\mathbb{R})$ schreibt sich in der Form

$$ax^2 + bxy + cy^2 + dx + ey + h = 0 \tag{14.6}$$

mit $a, b, c, d, e, h \in \mathbb{R}$, so dass mindestens einer der Koeffizienten a, b, c von null verschieden ist. Es ist zu zeigen, dass jede solche Gleichung durch eine Substitution der Form

$$x = \lambda x' + \mu y' + t, \qquad y = \delta x' + \epsilon y' + s$$

in Standard-Form transformiert werden kann, wobei $\lambda, \mu, \delta, \epsilon, t, s \in \mathbb{R}$ und $\lambda\epsilon - \mu\delta \neq 0$. Da $AGL_2(\mathbb{R})$ eine Gruppe ist, kann man auch beliebige Hintereinanderschaltungen solcher Substitutionen verwenden.

1. Schritt: Reduktion auf den Fall $b = 0$.
Dazu können wir $a \neq 0$ annehmen. Ist nämlich $a = 0$ und $b \neq 0$, so substituiere man $x = x'$, $y = \lambda x' + y'$ mit $b\lambda + c\lambda^2 \neq 0$.

Sobald $a \neq 0$ gilt, können wir (14.6) wie folgt umschreiben:

$$a\left(x + \frac{b}{2a}y\right)^2 + \left(c - \frac{b^2}{4a}\right)y^2 + dx + ey + h = 0$$

Substituiert man nun

$$x' = x + \frac{b}{2a}y, \qquad y' = y,$$

so erhalten wir eine Gleichung der Form (14.6) (in x' und y') mit $b = 0$.

2. Schritt: Diskussion der Gleichung

$$f(x) + g(y) = 0$$

wobei $f(x)$ und $g(y)$ Polynome in x bzw. y vom Grad ≤ 2 sind. Durch quadratische Ergänzung und Skalierung bringt man diese Gleichung in Standard-Form. ∎

Bemerkung 14.4.3

Die affinen Quadriken in $A(2,\mathbb{R})$ heißen auch **Kegelschnitte**, da sie genau diejenigen ebenen Kurven sind, welche als Schnitt eines Kegels mit einer Ebene im Anschauungsraum entstehen. Ellipse, Hyperbel und Parabel heißen **nicht-degenerierte Kegelschnitte**, die anderen heißen **degeneriert**. Die nicht-degenerierten Fälle unterscheiden sich untereinander wie folgt:

1. **Ellipse:** Ein Ast endlicher Länge.
2. **Hyperbel:** Zwei Äste unendlicher Länge.
3. **Parabel:** Ein Ast unendlicher Länge.

Als formale Definition für den Begriff „Ast" kann man den topologischen Begriff der Zusammenhangskomponente nehmen.

Beispiel: Wir untersuchen hier die affine Quadrik Q

$$x^2 - xy + 2y^2 - 2x + 3y = 1$$

Zuerst schreiben wir dies als

$$(x - \frac{1}{2}y)^2 + \frac{7}{4}y^2 - 2x + 3y = 1$$

Das durch die Substitution

$$u = x - \frac{1}{2}y, \quad v = y$$

definierte Element von $AGL_2(\mathbb{R})$ bildet also Q auf die folgende Quadrik Q' ab:

$$u^2 + \frac{7}{4}v^2 - 2u + 2v = 1$$

Durch quadratische Ergänzung ergibt sich

$$(u-1)^2 + \left(\frac{\sqrt{7}}{2}v + \frac{2}{\sqrt{7}}\right)^2 = \frac{18}{7}$$

Durch die Translation

$$z = u - 1, \quad w = \frac{\sqrt{7}}{2}v + \frac{2}{\sqrt{7}}$$

geht Q' in die folgende Quadrik Q'' über:

$$z^2 + w^2 = \frac{18}{7}$$

Auch die Skalierung

$$r = \sqrt{\frac{7}{18}}\,z, \quad s = \sqrt{\frac{7}{18}}\,w$$

definiert ein Element von $AGL_2(\mathbb{R})$, und dieses bildet schließlich Q'' auf die Standard-Ellipse

$$r^2 + s^2 = 1$$

ab.

14.5 Affine Räume mit Skalarprodukt und die euklidische Bewegungsgruppe

Wir betrachten wieder den affinen Raum $A(n, \mathbb{R})$, und versehen den zugehörigen Vektorraum $V_n(\mathbb{R})$ mit dem **Standard-Skalarprodukt**

$$\langle \boldsymbol{u}, \boldsymbol{w} \rangle = u_1 w_1 + \ldots + u_n w_n$$

wobei $\boldsymbol{u} = (u_1, \ldots, u_n)^t$ und $\boldsymbol{w} = (w_1, \ldots, w_n)^t$. Der **Abstand** zweier Punkte $p, q \in A(n, \mathbb{R})$ ist dann definiert als $||\overrightarrow{pq}||$. Ferner ist der **Kosinus** des **Winkels** (p, q, r) mit p als Scheitel definiert als

$$\cos(\overrightarrow{pq}, \overrightarrow{pr}) = \frac{\langle \overrightarrow{pq}, \overrightarrow{pr} \rangle}{||\overrightarrow{pq}|| \cdot ||\overrightarrow{pr}||}$$

siehe 12.3.

Ein Element α von $AGL_n(\mathbb{R})$ heißt eine **euklidische Bewegung**, falls α den Abstand von je zwei Punkten erhält, d. h.

$$||\overrightarrow{\alpha(p)\alpha(q)}|| = ||\overrightarrow{pq}||$$

für alle $p, q \in A(n, \mathbb{R})$. Offenbar bilden diese Elemente eine Untergruppe von $AGL_n(\mathbb{R})$, die **euklidische Bewegungsgruppe** $EB_n(\mathbb{R})$.

Lemma 14.5.1

Die Gruppe $EB_n(\mathbb{R})$ besteht aus allen Abbildungen der Form (14.5), wobei $M \in O_n(\mathbb{R})$. Mit anderen Worten, ein Element von $AGL_n(\mathbb{R})$ ist genau dann eine euklidische Bewegung, wenn die zugehörige Matrix M orthogonal ist. Insbesondere ist jede Translation eine euklidische Bewegung.

Beweis: Ist α durch (14.5) gegeben, so gilt

$$||\overrightarrow{\alpha(p)\alpha(q)}|| = ||\alpha(q) - \alpha(p)|| = ||M\,(q - p)|| = ||M\,\overrightarrow{pq}||$$

Die Behauptung folgt somit aus Satz 12.3.3. ■

Bemerkung 14.5.2

Nach Abschnitt 12.3.2 ist jede euklidische Bewegung der Ebene $A(2, \mathbb{R})$ die Hintereinanderschaltung einer Drehung oder Spiegelung mit einer Translation. Zwei Teilmengen der Ebene heißen **kongruent**, wenn sie durch eine euklidische Bewegung ineinander übergeführt werden können. Man kann nun die Kongruenzsätze für Dreiecke beweisen (siehe Aufgabe 14.6.4).

Nach Satz 14.3.2(c) können je zwei Dreiecke in $A(2, \mathbb{R})$ durch ein Element von $AGL_2(\mathbb{R})$ ineinander übergeführt werden. Jedoch können sie nur dann durch ein Element von $EB_2(\mathbb{R})$ ineinander übergeführt werden, wenn sie die Voraussetzung eines der Kongruenzsätze erfüllen (also z. B. wenn sie dieselben Seitenlängen haben).

Desgleichen können je zwei Ellipsen in $A(2, \mathbb{R})$ durch ein Element von $AGL_2(\mathbb{R})$ ineinander übergeführt werden. Unter $EB_2(\mathbb{R})$ wird ein Kreis jedoch wieder auf einen Kreis abgebildet (nicht auf eine Ellipse, die kein Kreis ist).

14.6 Aufgaben

1. Man zeige, dass jeder Unterraum eines affinen Raums wiederum ein affiner Raum ist.

2. Man zeige, dass für je zwei verschiedene Punkte p, q eines affinen Raums A der Verbindungsraum $p \vee q$ eine Gerade ist. Sie heißt die **Verbindungsgerade** der Punkte $p, q \in A$.

3. Man beweise die von der Schule bekannten Kongruenzsätze für Dreiecke in $A(2, \mathbb{R})$.

4. Seien zwei Elemente α_1, α_2 von $AGL_n(K)$ gegeben durch
$$\alpha_i(p) \quad = \quad M_i\, p \,+\, \boldsymbol{v}_i \quad \text{für } i = 1, 2$$
wobei $M_i \in GL_n(K)$ und $\boldsymbol{v}_i \in V(n, K)$. Man zeige: Die Verknüpfung $\alpha_2 \circ \alpha_1$ ist genau dann eine Translation, wenn M_1 und M_2 invers zueinander sind.

5. Für die Punkte $p = [1]$, $q = [5]$, $p' = [3]$, $q' = [11]$ in $A(1, \mathbb{R})$ finde man $\alpha \in AGL_1(\mathbb{R})$, so dass $\alpha p = p'$ und $\alpha q = q'$.

6. Sei U der von $(1, 0, 1)^t$ und $(1, 1, 0)^t$ erzeugte Unterraum von $V(3, \mathbb{R})$. Sei W der von $(1, 1, 1)^t$ erzeugte Unterraum von $V(3, \mathbb{R})$. Für die Punkte $p_0 = [0, 0, 1]$ und $q_0 = [1, 2, 3]$ in $A(3, \mathbb{R})$ definiere man die affinen Unterräume
$$A \;=\; \{p \in A(3, \mathbb{R}) \mid \overrightarrow{p_0 p} \in U\}$$
$$B \;=\; \{q \in A(3, \mathbb{R}) \mid \overrightarrow{q_0 q} \in W\}$$
von $A(3, \mathbb{R})$. Man berechne den Schnitt $A \cap B$.

7. Sei $\boldsymbol{v} \in V(n, K)$. Sei $\tau : A(n, K) \to A(n, K)$ die Translation mit $\tau(p) = p + \boldsymbol{v}$ für alle $p \in A(n, K)$. Sei A ein affiner Unterraum von $A(n, K)$. Man zeige, dass $B := \tau(A)$ ein affiner Unterraum von $A(n, K)$ mit $V_B = V_A$ ist.

8. In der affinen Ebene $A(2, \mathbb{R})$ ist durch die Gleichung
$$4x^2 + 12xy + 9y^2 - 7x - 8y + 1 \;=\; 0$$
ein Kegelschnitt $\mathcal{P}$ gegeben. Man transformiere $\mathcal{P}$ durch ein Element von $AGL_2(\mathbb{R})$ in Standardform.

9. Es sei A ein affiner Raum und $G \subseteq A$ eine Gerade. Man zeige: Ist $p \in A \setminus G$, so ist der Verbindungsraum $G \vee p$ eine Ebene.

15 Projektive Räume

Nimmt man zu der affinen Ebene $A(2, K)$ die unendlich fernen Punkte hinzu, welche den Scharen paralleler Geraden entsprechen, so erhält man die projektive Ebene $P(2, K)$. In analoger Weise bettet man den affinen Raum $A(n, K)$ in den projektiven Raum $P(n, K)$ ein. Obwohl der projektive Raum in enger Beziehung zur affinen Geometrie steht, lässt er sich unabhängig von ihr in einfacher Weise durch einen Vektorraum definieren. Viele Sachverhalte der affinen Geometrie vereinfachen sich erheblich im projektiven Kontext. Wir illustrieren dies am Beispiel der Klassifikation der Quadriken.

15.1 Die projektive Ebene über K

Ein Unterraum U des K-Vektorraums $V_3(K)$ hat die Dimension 0, 1, 2 oder 3. Von der Dimension 0 (bzw. 3) gibt es nur einen Unterraum, nämlich $U = \{0\}$ (bzw. $U = V_3(K)$). Wir interessieren uns für die anderen Unterräume.

Definition 15.1.1

Die Menge der Unterräume U von $V_3(K)$ der Dimension 1 oder 2 heißt die **projektive Ebene** über K und wird mit $P(2, K)$ bezeichnet. Ist $\dim U = 1$ (bzw. 2), so nennen wir U einen **Punkt** (bzw. eine **Gerade**) von $P(2, K)$. Wir sagen, der Punkt U von $P(2, K)$ liegt auf der Geraden W, falls $U \subseteq W$.

Der Grund für diese Definition ergibt sich aus dem folgenden Lemma.

Lemma 15.1.2

Je zwei verschiedene Punkte von $P(2, K)$ liegen auf genau einer (gemeinsamen) Geraden, und je zwei verschiedene Geraden von $P(2, K)$ schneiden sich in genau einem Punkt.

Beweis: Je zwei verschiedene Punkte von $P(2, K)$ sind von der Form $K\boldsymbol{u}$ und $K\boldsymbol{u}'$, wobei $\boldsymbol{u}, \boldsymbol{u}' \in V_3(K)$ linear unabhängig sind. Somit erzeugen $\boldsymbol{u}, \boldsymbol{u}'$ einen 2-dimensionalen Unterraum W. Dieser ist eine Gerade, welche die Punkte $K\boldsymbol{u}$, $K\boldsymbol{u}'$ enthält. Umgekehrt wird jeder 2-dimensionale Unterraum von $V_3(K)$, welcher $\boldsymbol{u}, \boldsymbol{u}'$ enthält, von diesen beiden Vektoren erzeugt, fällt also mit W zusammen.

Seien nun W, W' zwei verschiedene Geraden von $P(2, K)$. Nach der Dimensionsformel für Unterräume gilt

$$\dim(W \cap W') = \dim W + \dim W' - \dim(W + W') \geq \dim W + \dim W' - 3 = 1$$

Wegen $W \neq W'$ gilt $\dim(W \cap W') < \dim W = 2$, also $\dim(W \cap W') = 1$. Also schneiden sich die Geraden W, W' in genau einem Punkt. ■

Definition 15.1.3

(Homogene Koordinaten in $P(2, K)$)
Jeder Punkt von $P(2, K)$ ist von der Form $K\boldsymbol{u}$, wobei der von 0 verschiedene Vektor $\boldsymbol{u} = (x, y, z)^t$ bis auf Multiplikation mit einem Skalar $c \neq 0$ aus K eindeutig bestimmt ist. Wir bezeichnen den Punkt $K\boldsymbol{u}$ mit dem Symbol $(x : y : z)$, und nennen dies die **homogenen Koordinaten** des Punkts.

Das Symbol $(x : y : z)$ ist also für Skalare $x, y, z \in K$ definiert, welche nicht alle null sind. Ferner gilt $(x : y : z) = (x' : y' : z')$ genau dann, wenn ein $d \neq 0$ in K existiert mit $x' = dx$, $y' = dy$ und $z' = dz$.

Jeder 2-dimensionale Unterraum von $V_3(K)$ ist der Lösungsraum einer linearen Gleichung

$$ax + by + cz = 0 \tag{15.1}$$

wobei a, b, c Skalare aus K sind, welche nicht alle null sind. Wir bezeichnen die entsprechende Gerade von $P(2, K)$ mit dem Symbol $\langle a : b : c\rangle$, und nennen dies die **homogenen Koordinaten** der Geraden. Auch die homogenen Koordinaten einer Geraden sind bis auf Multiplikation mit einem Skalar $d \neq 0$ bestimmt. Der Punkt $(x : y : z)$ liegt genau dann auf der Geraden $\langle a : b : c\rangle$, wenn (15.1) gilt. (Man beachte, dass sich die Gültigkeit von (15.1) nicht ändert, wenn man x, y, z (bzw. a, b, c) mit einem von null verschiedenem Skalar multipliziert.) Wir fassen zusammen:

Lemma 15.1.4

Die Punkte (bzw. Geraden) von $P(2, K)$ werden durch homogene Koordinaten $(x : y : z)$ (bzw. $\langle a : b : c\rangle$) beschrieben. Der Punkt $(x : y : z)$ liegt genau dann auf der Geraden $\langle a : b : c\rangle$, wenn

$$ax + by + cz = 0$$

Sei G_∞ die Gerade von $P(2, K)$ mit homogenen Koordinaten $\langle 0 : 0 : 1\rangle$ (d. h. sie entspricht dem Unterraum $z = 0$ von $V_3(K)$). Sei A die Menge der Punkte von $P(2, K)$, welche nicht auf G_∞ liegen. Dann ist A die Menge der Punkte $(x : y : z)$ mit $z \neq 0$. Durch Skalieren mit z^{-1} schreibt sich jeder Punkt von A **eindeutig** als $(x : y : 1)$. Wir nennen dann $[x, y]$ die **affinen Koordinaten** dieses Punkts. Die Punkte von A entsprechen also den Punkten der affinen Ebene $A(2, K)$. Die Punkte von G_∞ nennt man die **uneigentlichen** oder die **unendlich fernen** Punkte von A. Ferner heißt G_∞ die **unendlich ferne** Gerade von A.

Sei G eine Gerade von $P(2, K)$ mit $G \neq G_\infty$. Dann hat G homogene Koordinaten $\langle a : b : c\rangle$, wobei a, b nicht beide null sind. Ein Punkt von A mit affinen Koordinaten $[x, y]$ liegt genau dann auf G, wenn

$$ax + by + c = 0.$$

Also schneidet G die affine Ebene A in einer affinen Geraden von A, und jede affine Gerade von A ist von dieser Form $G \cap A$ (vgl. Aufgabe 15.4.1.3). Der Punkt $G \cap G_\infty$ heißt der **unendlich ferne** Punkt der affinen Geraden $G \cap A$.

Seien G_1, G_2 zwei verschiedene Geraden $\neq G_\infty$ von $P(2, K)$. Seien G'_1, G'_2 die zugehörigen (affinen) Geraden von A. Der Schnittpunkt $G_1 \cap G_2$ liegt dann entweder auf G_∞ oder ist ein Punkt von A. Im letzteren Fall schneiden sich die affinen Geraden G'_1, G'_2 in diesem affinen Punkt, im ersteren Fall haben G'_1, G'_2 keinen Schnittpunkt in A, sind also **parallel**. Je zwei (verschiedene) parallele Geraden von A schneiden sich also in einem unendlich fernen Punkt. Dies kann man auch so ausdrücken: Jeder Punkt von G_∞ entspricht einer Schar paralleler Geraden von A (welche sich alle in diesem unendlich fernen Punkt schneiden).

Beispiel 1: Die projektive Ebene über $\mathbb{R}$.
Sei S die Oberfläche der Einheitskugel $x^2 + y^2 + z^2 = 1$ in $A(3, \mathbb{R})$. Jeder Unterraum von $V_3(\mathbb{R})$ der Dimension 1 (bzw. 2) schneidet S in zwei diametral gegenüberliegenden Punkten (bzw. in einem Großkreis). Die Menge der Punkte von $P(2, \mathbb{R})$ erhält man also aus S, indem man je zwei diametral gegenüberliegende Punkte identifiziert. Die Geraden von $P(2, \mathbb{R})$ entsprechen dann den Großkreisen.

Beispiel 2: Die projektive Ebene über $\mathbb{F}_2$ hat 7 Punkte und 7 Geraden. Jede Gerade trägt 3 Punkte, und durch jeden Punkt gehen genau 3 Geraden.

Bemerkung 15.1.5

Durch Axiomatisierung der Inzidenzeigenschaften der projektiven Ebene $P(2, K)$ (siehe Lemma 15.1.2) gelangt man zum Begriff der abstrakten projektiven Ebene (siehe Anhang B).

15.2 Der projektive Raum $P(m, K)$ und seine Projektivitäten

Wir definieren nun projektive Räume beliebiger Dimension $m \geq 1$. Sei $n := m + 1$.

Definition 15.2.1

(a) Die Menge der Unterräume U von $V_n(K)$ mit $0 < \dim U < n$ heißt der **projektive Raum** über K der Dimension m und wird mit $P(m, K)$ bezeichnet. Ist $\dim U = 1$ (bzw. 2 bzw. $n - 1$), so nennen wir U einen **Punkt** (bzw. eine **Gerade** bzw. eine **Hyperebene**) von $P(m, K)$. Für allgemeines U setzen wir p-dim$(U) := \dim(U) - 1$ und nennen dies die **projektive Dimension** von U. Wir sagen, zwei Elemente von $P(m, K)$ sind **inzident**, falls die entsprechenden Unterräume U, W von $V_n(K)$ die Bedingung $U \subseteq W$ oder $W \subseteq U$ erfüllen.
(b) Jeder Punkt von $P(m, K)$ ist von der Form $K\boldsymbol{u}$, wobei der von 0 verschiedene Vektor $\boldsymbol{u} = (u_1, \ldots, u_n)^t$ bis auf Multiplikation mit einem Skalar $c \neq 0$ aus K eindeutig bestimmt ist. Wir bezeichnen den Punkt $K\boldsymbol{u}$ mit dem Symbol $(u_1 : u_2 : \ldots : u_n)$, und nennen dies die **homogenen Koordinaten** des Punkts.

Ähnlich wie im Fall $m = 2$ (siehe Abschnitt 15.1) kann man den affinen Raum $A(m, K)$ in den projektiven Raum $P(m, K)$ einbetten, so dass der Punkt $(u_1, \ldots, u_m)$ von $A(m, K)$ mit dem Punkt $(u_1 : \ldots : u_m : 1)$ von $P(m, K)$ identifiziert wird (siehe Aufgabe 15.4.1.3).

Für jede Matrix $A \in GL_n(K)$ bezeichne wiederum $f_A : V_n(K) \to V_n(K)$ die bijektive lineare Abbildung $\boldsymbol{v} \mapsto A\boldsymbol{v}$. Für jeden Unterraum U von $V_n(K)$ ist dann $f_A(U)$ ein Unterraum von $V_n(K)$ derselben Dimension wie U. Somit ergibt die Abbildung $U \mapsto f_A(U)$ eine Bijektion $p_A : P(m, K) \to P(m, K)$. Eine Bijektion $P(m, K) \to P(m, K)$ der Form p_A heißt eine **Projektivität**. Jede Projektivität p_A erhält die Inzidenz, d. h. $U, W \in P(m, K)$ sind genau dann inzident, wenn $p_A(U)$, $p_A(W)$ inzident sind.

Für $A, B \in GL_n(K)$ gilt offenbar

$$p_{AB} = p_A \circ p_B \quad \text{und} \quad p_{A^{-1}} = p_A^{-1}$$

Also bilden die Projektivitäten $P(m, K) \to P(m, K)$ eine Gruppe bzgl. Hintereinanderschaltung, welche wir mit $PGL_n(K)$ bezeichnen. Die Abbildung

$$GL_n(K) \to PGL_n(K), \quad A \mapsto p_A$$

ist ein surjektiver Homomorphismus von Gruppen, dessen Kern die Gruppe der Skalarmatrizen $c\,E_n$, $c \in K, c \neq 0$ ist (siehe Aufgabe 15.4.1.5).

Beispiel: Die Gruppe $PGL_3(\mathbb{F}_2)$ der Projektivitäten der projektiven Ebene über $\mathbb{F}_2$ ist die (eindeutig bestimmte) einfache Gruppe mit 168 Elementen. (Eine Gruppe heißt einfach, wenn sie als homomorphe Bilder nur sich selbst und die triviale Gruppe $\{1\}$ hat.) Siehe Aufgabe 15.4.2.1.

15.3 Quadriken in $P(m, K)$

Wir untersuchen hier projektive Quadriken, das projektive Analogon der in Abschnitt 14.4 behandelten affinen Quadriken. Jede projektive Quadrik entsteht aus einer affinen Quadrik durch Hinzunahme ihrer unendlich fernen Punkte. Die Klassifikation projektiver Quadriken ist wesentlich übersichtlicher, wie man schon im Fall $m = 2$ sieht (siehe Bemerkung 15.3.10).

Wir nehmen hier wiederum an, dass $1 + 1 \neq 0$ in K.

15.3.1 Quadratische Formen

Sei V ein K-Vektorraum und $\beta : V \times V \to K$ eine Bilinearform. Die Abbildung $Q := Q_\beta : V \to K$, $\boldsymbol{v} \mapsto \beta(\boldsymbol{v}, \boldsymbol{v})$, hat dann die folgende Eigenschaft:

(Q1) $Q(c\boldsymbol{v}) = c^2\, Q(\boldsymbol{v})$ für alle $c \in K$.

Ferner gilt

$$\beta(\boldsymbol{v}, \boldsymbol{w}) + \beta(\boldsymbol{w}, \boldsymbol{v}) = Q(\boldsymbol{v} + \boldsymbol{w}) - Q(\boldsymbol{v}) - Q(\boldsymbol{w}) \tag{15.2}$$

Durch $(\boldsymbol{v}, \boldsymbol{w}) \mapsto \beta(\boldsymbol{v}, \boldsymbol{w}) + \beta(\boldsymbol{w}, \boldsymbol{v})$ wird eine symmetrische Bilinearform auf V definiert. Dies motiviert die folgende Definition.

Definition 15.3.1

Eine **quadratische Form** auf dem K-Vektorraum V ist eine Abbildung $Q : V \to K$ mit folgenden Eigenschaften:

(Q1) $Q(c\boldsymbol{v}) \;=\; c^2\, Q(\boldsymbol{v})$ für alle $c \in K$.

(Q2) Die Abbildung $V \times V \to K$, $(\boldsymbol{v}, \boldsymbol{w}) \mapsto Q(\boldsymbol{v} + \boldsymbol{w}) - Q(\boldsymbol{v}) - Q(\boldsymbol{w})$, ist eine Bilinearform (welche offenbar symmetrisch ist).

Lemma 15.3.2

Die Abbildung $\Phi : \beta \mapsto Q_\beta$ ist eine Bijektion zwischen der Menge der symmetrischen Bilinearformen auf V und der Menge der quadratischen Formen auf V.

Beweis: Sei Ψ die Abbildung von der Menge der quadratischen Formen auf V in die Menge der symmetrischen Bilinearformen auf V, welche eine quadratische Form Q auf die Bilinearform

$$(\boldsymbol{v}, \boldsymbol{w}) \mapsto \frac{1}{2}\,(Q(\boldsymbol{v} + \boldsymbol{w}) - Q(\boldsymbol{v}) - Q(\boldsymbol{w}))$$

abbildet. Nach (15.2) gilt dann $\Psi \circ \Phi(\beta) = \beta$ für jede symmetrische Bilinearform β auf V. Ferner gilt für $Q' := \Phi \circ \Psi(Q)$, dass

$$Q'(\boldsymbol{v}) \;=\; \frac{1}{2}\,(Q(\boldsymbol{v} + \boldsymbol{v}) - Q(\boldsymbol{v}) - Q(\boldsymbol{v})) \;=\; Q(\boldsymbol{v})$$

Also $\Phi \circ \Psi(Q) = Q$. Daraus folgt die Behauptung. ■

Korollar 15.3.3

Sei V ein K-Vektorraum mit Basis $\boldsymbol{v}_1, \ldots, \boldsymbol{v}_n$. Sei $f : V \to V_n(K)$ die Koordinatenabbildung bzgl. dieser Basis (siehe Satz 8.2.4).
(a) Für jede symmetrische Matrix $B \in M_n(K)$ wird durch

$$Q(\boldsymbol{v}) \;=\; f(\boldsymbol{v})^t\; B\; f(\boldsymbol{v})$$

eine quadratische Form Q auf V definiert. Wir sagen, Q wird bzgl. der Basis $\boldsymbol{v}_1, \ldots, \boldsymbol{v}_n$ durch die Matrix B beschrieben. Dies ergibt eine Bijektion zwischen der Menge der symmetrischen Matrizen in $M_n(K)$ und der Menge der quadratischen Formen auf V (welche von der Wahl der Basis $\boldsymbol{v}_1, \ldots, \boldsymbol{v}_n$ abhängt).
(b) **(Basiswechsel)** Sei $\boldsymbol{v}'_1, \ldots, \boldsymbol{v}'_n$ eine weitere Basis von V. Sei T die Transformationsmatrix, deren Spalten die Koordinatenvektoren von $\boldsymbol{v}'_1, \ldots, \boldsymbol{v}'_n$ bzgl. der Basis $\boldsymbol{v}_1, \ldots, \boldsymbol{v}_n$ sind. Sei B (bzw. B') die Matrix, welche die quadratische Form Q bzgl. der Basis $\boldsymbol{v}_1, \ldots, \boldsymbol{v}_n$ (bzw. $\boldsymbol{v}'_1, \ldots, \boldsymbol{v}'_n$) beschreibt. Dann gilt

$$B' \;=\; T^t\; B\; T$$

Dies folgt aus dem Lemma und der Beschreibbarkeit von symmetrischen Bilinearformen durch symmetrische Matrizen (Satz 13.1.2).

Der Nullmatrix entspricht hierbei die quadratische Form Q mit $Q(\boldsymbol{v}) = 0$ für alle $\boldsymbol{v} \in V$. Wir bezeichnen diese quadratische Form mit $Q = 0$.

Bemerkung 15.3.4

Sei $A \in GL_n(K)$ und β eine symmetrische Bilinearform auf $V_n(K)$ sowie $Q := Q_\beta$. Dann ist auch die Abbildung $V_n(K) \times V_n(K) \to K$, $(\boldsymbol{v}, \boldsymbol{w}) \mapsto \beta(A\boldsymbol{v}, A\boldsymbol{w})$ eine symmetrische Bilinearform. Die zugehörige quadratische Form ist gegeben durch $\boldsymbol{v} \mapsto Q(A\boldsymbol{v})$.

15.3.2 Quadriken

Sei $Q \neq 0$ eine quadratische Form auf $V := V_n(K)$. Ist dann $\boldsymbol{u} \in V$, $\boldsymbol{u} \neq 0$, mit $Q(\boldsymbol{u}) = 0$, so gilt auch $Q(c\boldsymbol{u}) = 0$ für alle $c \in K$ (nach Eigenschaft **(Q1)**). Die Bedingung $Q(\boldsymbol{u}) = 0$ hängt also nur von dem projektiven Punkt $K\boldsymbol{u}$ ab. Wir bezeichnen die Menge aller $K\boldsymbol{u}$, welche diese Bedingung erfüllen, mit $\tilde{Q}$. Eine Teilmenge $\mathcal{Q}$ von $P(m, K)$, $m = n-1$, von der Form $\mathcal{Q} = \tilde{Q}$ heißt eine **projektive Quadrik**.

Sei $\boldsymbol{v}_1, \ldots, \boldsymbol{v}_n$ eine Basis von V, und sei $B = (b_{ij})$ die Matrix, welche Q bzgl. dieser Basis beschreibt. Dann gilt für jedes $\boldsymbol{v} \in V$ mit Koordinatenvektor $(x_1, \ldots, x_n)$ bzgl. dieser Basis:

$$Q(\boldsymbol{v}) = \sum_{i,j=1}^{n} b_{ij}\, x_i\, x_j \tag{15.3}$$

(siehe Korollar 15.3.3). (Daher auch der Name „quadratische Form".)

Wir wollen nun den Schnitt der Quadrik $\mathcal{Q} = \tilde{Q}$ mit einer Geraden G von $P(m, K)$ untersuchen. Sei U der 2-dimensionale Unterraum von V, welcher G entspricht. Wir können die Basis $\boldsymbol{v}_1, \ldots, \boldsymbol{v}_n$ so wählen, dass U von $\boldsymbol{v}_1$ und $\boldsymbol{v}_2$ erzeugt wird. Für $\boldsymbol{u} = x_1\boldsymbol{v}_1 + x_2\boldsymbol{v}_2 \in U$ gilt dann

$$Q(\boldsymbol{u}) = b_{11}\, x_1^2 + 2b_{12}\, x_1 x_2 + b_{22}\, x_2^2$$

Somit gibt es die folgenden Möglichkeiten:

1. Es gilt $b_{11} = b_{12} = b_{22} = 0$. In diesem Fall ist die Gerade G in $\mathcal{Q}$ enthalten.
2. Es gilt $b_{11} = b_{22} = 0$, $b_{12} \neq 0$. In diesem Fall besteht $G \cap \mathcal{Q}$ aus den zwei Punkten $K\boldsymbol{v}_1$ und $K\boldsymbol{v}_2$.
3. Es gilt $b_{11} \neq 0$ oder $b_{22} \neq 0$. Durch Vertauschen von $\boldsymbol{v}_1$ und $\boldsymbol{v}_2$ können wir $b_{11} = Q(\boldsymbol{v}_1) \neq 0$ annehmen. Verschwindet also Q auf $\boldsymbol{u} = x_1\boldsymbol{v}_1 + x_2\boldsymbol{v}_2$, so gilt $x_2 \neq 0$ und wir können $x_2 = 1$ annehmen (nach Ersetzen von $\boldsymbol{u}$ durch ein skalares Vielfaches). Die Bedingung $Q(\boldsymbol{u}) = 0$ schreibt sich dann als

   $$b_{11}\, x_1^2 + 2b_{12}\, x_1 + b_{22} = 0$$

   Diese quadratische Gleichung hat entweder 0, 1 oder 2 Lösungen $x_1 \in K$. Damit ist bewiesen:

Lemma 15.3.5

Der Schnitt einer Quadrik mit einer Geraden G von $P(m, K)$ besteht aus 0, 1, 2 oder allen Punkten von G. Im Fall von 2 Schnittpunkten sagen wir, die Gerade schneidet die Quadrik **transversal**.

Wir kommen nun auf den Begriff der „nicht-degenerierten Bilinearform“ zurück, und untersuchen dessen geometrische Bedeutung.

Lemma 15.3.6

Sei $Q \neq 0$ eine quadratische Form auf V. Sei β (bzw. $\mathcal{Q}$) die zugehörige symmetrische Bilinearform (bzw. Quadrik). Dann sind die folgenden Bedingungen äquivalent:

1. Bzgl. jeder Basis von V wird Q durch eine invertierbare Matrix beschrieben.
2. Die Bilinearform β ist nicht-degeneriert.
3. Durch jeden Punkt von $\mathcal{Q}$ geht mindestens eine Gerade von $P(m, K)$, welche $\mathcal{Q}$ transversal schneidet.

In diesem Fall heißt die Quadrik $\mathcal{Q}$ **nicht-ausgeartet**.

Beweis: Die Äquivalenz von (1) und (2) folgt aus Lemma 13.1.3.

Die Bilinearform β ist genau dann nicht-degeneriert, wenn es zu jedem $\boldsymbol{v} \neq 0$ in V ein $\boldsymbol{w} \in V$ gibt mit $\beta(\boldsymbol{v}, \boldsymbol{w}) \neq 0$. Sei nun angenommen, dies gilt. Sei $K\boldsymbol{v}$ ein Punkt von $\mathcal{Q}$, d. h. $Q(\boldsymbol{v}) = \beta(\boldsymbol{v}, \boldsymbol{v}) = 0$. Sei $\boldsymbol{w} \in V$ mit $b := \beta(\boldsymbol{v}, \boldsymbol{w}) \neq 0$. Dann sind $\boldsymbol{v}, \boldsymbol{w}$ linear unabhängig. Für $\boldsymbol{u} = x_1\boldsymbol{v} + x_2\boldsymbol{w} \in U$ gilt dann

$$Q(\boldsymbol{u}) \quad = \quad 2bx_1x_2 \, + \, Q(\boldsymbol{w})x_2^2$$

Dies wird genau dann null, wenn entweder $x_2 = 0$ (d. h. $K\boldsymbol{u} = K\boldsymbol{v}$) oder $x_2 \neq 0$ und $x_1/x_2 = -Q(\boldsymbol{w})/(2b)$. Also schneidet die Gerade, die dem von $\boldsymbol{v}$ und $\boldsymbol{w}$ erzeugten Unterraum U entspricht, die Quadrik $\mathcal{Q}$ transversal. Dies zeigt die Implikation (2)⇒(3).

Sei nun umgekehrt angenommen, dass ein $\boldsymbol{v} \neq 0$ in V existiert mit $\beta(\boldsymbol{v}, \boldsymbol{w}) = 0$ für alle $\boldsymbol{w} \in V$. Dann liegt insbesondere der Punkt $K\boldsymbol{v}$ auf $\mathcal{Q}$. Ist $\boldsymbol{w} \in V$ linear unabhängig von $\boldsymbol{v}$ und $\boldsymbol{u} = x_1\boldsymbol{v} + x_2\boldsymbol{w}$, so gilt

$$Q(\boldsymbol{u}) \quad = \quad Q(\boldsymbol{w})\, x_2^2$$

Ist $Q(\boldsymbol{w}) = 0$, so liegt die Gerade, die aus diesen Punkten $\boldsymbol{u}$ besteht, ganz in $\mathcal{Q}$. Ist $Q(\boldsymbol{w}) \neq 0$, so schneidet diese Gerade die Quadrik $\mathcal{Q}$ nur in dem einzigen Punkt $K\boldsymbol{v}$. Somit gibt es keine Gerade, welche $\mathcal{Q}$ im Punkt $K\boldsymbol{v}$ transversal schneidet. ■

Definition 15.3.7

Sei $\mathcal{Q}$ eine Quadrik in $P(m, K)$. Wir sagen, ein Element U von $P(m, K)$ ist in $\mathcal{Q}$ enthalten, falls alle mit U inzidenten Punkte auf $\mathcal{Q}$ liegen. Sei d die maximale (projektive) Dimension eines in $\mathcal{Q}$ enthaltenen Elements von $P(m, K)$. Der **Index** von $\mathcal{Q}$ wird als $d + 1$ definiert.

Beispiel: Die Quadrik $x_1x_2 = 0$ in $P(2, K)$ ist die Vereinigung der zwei Geraden $G_1 : x_1 = 0$ und $G_2 : x_2 = 0$. Diese Quadrik ist ausgeartet, denn im Schnittpunkt $(0 : 0 : 1)$ von G_1 und G_2 schneidet keine Gerade transversal. Die Quadrik hat Index 2.

Bemerkung 15.3.8

Sei $\mathcal{Q}$ eine (nicht-ausgeartete) Quadrik in $P(m, K)$ und $\pi \in PGL_n(K)$. Das Bild $\pi(\mathcal{Q})$ ist ebenfalls eine (nicht-ausgeartete) Quadrik und hat denselben Index.

Die Begriffe „nicht-ausgeartet" und „Index" sind durch die Inzidenzrelation von $P(m, K)$ definiert und bleiben somit unter Projektivitäten erhalten. Somit ist nur zu zeigen, dass $\pi(\mathcal{Q})$ eine Quadrik ist. Sei dazu $A \in GL_n(K)$ mit $\pi = p_A$. Ferner sei β eine symmetrische Bilinearform auf V mit zugehöriger quadratischer Form Q, so dass $\mathcal{Q} = \tilde{Q}$. Nach Bemerkung 15.3.4 ist die Abbildung $\boldsymbol{v} \mapsto Q(A^{-1}\boldsymbol{v})$ wiederum eine quadratische Form. Die zugehörige Quadrik ist $\pi(\mathcal{Q})$, denn für $\boldsymbol{v} \neq 0$ in V liegt $K\boldsymbol{v}$ genau dann auf $\pi(\mathcal{Q})$, wenn $\pi^{-1}(K\boldsymbol{v}) = K(A^{-1}\boldsymbol{v})$ auf $\mathcal{Q}$ liegt. Letztere Bedingung ist dazu äquivalent, dass $Q(A^{-1}\boldsymbol{v}) = 0$.

15.3.3 Normalform von Quadriken über $\mathbb{R}$

Der Trägheitssatz von Sylvester erlaubt die Klassifikation der Quadriken in $P(m, \mathbb{R})$ bis auf Äquivalenz unter der Gruppe der Projektivitäten.

Satz 15.3.9

(a) Sei Q eine nicht-ausgeartete nicht-leere Quadrik in $P(m, \mathbb{R})$. Sei t der Index von Q. Dann gilt $1 \leq t \leq n/2$.
(b) Für jede ganze Zahl t mit $1 \leq t \leq n/2$ definiert die Gleichung

$$x_1^2 + \ldots + x_t^2 - x_{t+1}^2 - \ldots - x_n^2 = 0$$

eine nicht-ausgeartete Quadrik $\mathcal{Q}_t$ in $P(m, \mathbb{R})$ vom Index t.
(c) Jede nicht-ausgeartete nicht-leere Quadrik in $P(m, \mathbb{R})$ vom Index t kann durch ein Element von $PGL_n(\mathbb{R})$ auf $\mathcal{Q}_t$ abgebildet werden. Folglich gilt: Zwei nicht-ausgeartete nicht-leere Quadriken in $P(m, \mathbb{R})$ können genau dann durch ein Element von $PGL_n(\mathbb{R})$ aufeinander abgebildet werden, wenn sie denselben Index haben.

Beweis: Sei $Q \neq 0$ eine quadratische Form auf $V := V_n(K)$, so dass die Quadrik $\mathcal{Q} = \tilde{Q}$ nicht-ausgeartet ist. Sei β die zugehörige nicht-degenerierte symmetrische Bilinearform auf V. Nach Satz 13.2.7 gibt es eine ganze Zahl t mit $0 \leq t \leq n$ und eine Orthogonalbasis $\boldsymbol{v}_1, \ldots, \boldsymbol{v}_n$ von V mit $\beta(\boldsymbol{v}_i, \boldsymbol{v}_i) = 1$ für $i = 1, \ldots, t$ und $\beta(\boldsymbol{v}_i, \boldsymbol{v}_i) = -1$ für $i = t+1, \ldots, n$. Ist $t = n$, so ist β positiv-definit nach Lemma 12.8, und somit $\mathcal{Q} = \emptyset$. Ist $t = 0$, so ist β negativ-definit, und dann wiederum $\mathcal{Q} = \emptyset$. Nehmen wir also nun an, dass $\mathcal{Q} \neq \emptyset$. Dann gilt $1 \leq t \leq n-1$.

Offenbar wird durch $(\boldsymbol{v}, \boldsymbol{w}) \mapsto -\beta(\boldsymbol{v}, \boldsymbol{w})$ wiederum eine nicht-degenerierte symmetrische Bilinearform auf V definiert, welche wir mit $-\beta$ bezeichnen. Ersetzen wir β durch $-\beta$, so wird Q durch $-Q$ ersetzt, jedoch die Quadrik $\mathcal{Q}$ bleibt unverändert. Durch ein eventuelles solches Ersetzen können wir annehmen, dass $t \leq n/2$ (d. h., dass es in der Orthogonalbasis $\boldsymbol{v}_1, \ldots, \boldsymbol{v}_n$ mindestens so viele Vektoren mit $\beta(\boldsymbol{v}_i, \boldsymbol{v}_i) = -1$ wie Vektoren mit $\beta(\boldsymbol{v}_i, \boldsymbol{v}_i) = 1$ gibt). Unter dieser Annahme gilt:

Behauptung 1: *Die Quadrik $\mathcal{Q}$ hat Index $\geq t$.*

Beweis: Sei $\boldsymbol{w}_i := \boldsymbol{v}_i + \boldsymbol{v}_{n+1-i}$ für $i = 1, \ldots, t$. Dann gilt $\beta(\boldsymbol{w}_i, \boldsymbol{w}_i) = \beta(\boldsymbol{v}_i, \boldsymbol{v}_i) + \beta(\boldsymbol{v}_{n+1-i}, \boldsymbol{v}_{n+1-i}) = 1 - 1 = 0$. Also $\beta(\boldsymbol{w}_i, \boldsymbol{w}_j) = 0$ für alle $i, j = 1, \ldots, t$. Die $\boldsymbol{w}_i$ sind linear unabhängig, erzeugen also einen t-dimensionalen Unterraum W von V mit $Q(\boldsymbol{w}) = 0$ für alle $\boldsymbol{w} \in W$. Also hat $\mathcal{Q}$ einen Index $\geq t$.

Behauptung 2: *Die Quadrik $\mathcal{Q}$ hat Index t.*

Beweis: Nach Satz 13.2.7 ist t die maximale Dimension eines (bzgl. β) positiv-definiten Unterraums von V. Wendet man dies auf $-\beta$ an, so folgt, dass $n - t$ die maximale Dimension eines (bzgl. β) negativ-definiten Unterraums ist. Sei also N ein negativ-definiter Unterraum von V der Dimension $n - t$. Sei U ein Unterraum von V, welcher einem in $\mathcal{Q}$ enthaltenen Element von $P(m, \mathbb{R})$ entspricht. Dann gilt $U \cap N = \{0\}$, denn für jeden von null verschiedenen Vektor $\boldsymbol{v}$ in U (bzw. N) ist $Q(\boldsymbol{v}) = 0$ (bzw. $Q(\boldsymbol{v}) < 0$).

Wegen $U \cap N = \{0\}$ folgt aus der Dimensionsformel für Unterräume (Satz 7.1.2), dass

$$\dim U = \dim(U + N) - \dim N \leq n - (n - t) = t$$

Dies zeigt Behauptung 2.

Wegen $1 \leq t \leq n/2$ impliziert Behauptung 2 die Aussage (a) des Satzes.

Beweis von (c):
Sei $A \in GL_n(\mathbb{R})$ die Matrix mit Spalten $\boldsymbol{v}_1, \ldots, \boldsymbol{v}_n$. Dann gilt $A\boldsymbol{e}_i^{(n)} = \boldsymbol{v}_i$ für $i = 1, \ldots, n$. Sei $\pi = p_{A^{-1}}$ die von A^{-1} induzierte Projektivität. Nach Bemerkung 15.3.8 wird die Quadrik $\mathcal{Q}' := \pi(\mathcal{Q})$ durch die Bilinearform $\beta' : (\boldsymbol{v}, \boldsymbol{w}) \mapsto \beta(A\boldsymbol{v}, A\boldsymbol{w})$ definiert. Wegen

$$\beta'(\boldsymbol{e}_i^{(n)}, \boldsymbol{e}_j^{(n)}) = \beta(A\boldsymbol{e}_i^{(n)}, A\boldsymbol{e}_j^{(n)}) = \beta(\boldsymbol{v}_i, \boldsymbol{v}_j)$$

folgt $\mathcal{Q}' = \mathcal{Q}_t$ (nach (15.3)). Damit ist (c) bewiesen.

Beweis von (b):
Die Matrix $\operatorname{diag}(1, \ldots, 1, -1, \ldots, -1)$ beschreibt bzgl. der kanonischen Basis von $V_n(\mathbb{R})$ eine symmetrische Bilinearform, deren zugehörige quadratische Form die Quadrik $\mathcal{Q}_t$ definiert. Da diese Matrix invertierbar ist, folgt aus Lemma 15.3.6, dass die Quadrik $\mathcal{Q}_t$ nicht-ausgeartet ist. Schließlich folgt aus Behauptung 2, dass $\mathcal{Q}_t$ den Index t hat. (Man kann dabei $\boldsymbol{v}_1, \ldots, \boldsymbol{v}_n$ als die Standard-Basis von V wählen). ■

Bemerkung 15.3.10

Der Satz besagt für $m = 2$: Jede nicht-ausgeartete Quadrik in der projektiven Ebene $P(2, \mathbb{R})$ kann durch ein Element von $PGL_3(\mathbb{R})$ auf die Quadrik

$$x^2 + y^2 = z^2$$

abgebildet werden.

Sei nun G_∞ eine Gerade in $P(2, \mathbb{R})$, welche obige Quadrik $\mathcal{Q}$ in 0, 1 bzw. 2 Punkten schneidet. Sei A die affine Ebene, die aus $P(2, \mathbb{R})$ durch Weglassen der Punkte von G_∞ entsteht. Dann ist $\mathcal{Q} \cap A$ eine Ellipse, Parabel bzw. Hyperbel in A (siehe Aufgabe 15.4.1.4).

15.4 Aufgaben

15.4.1 Grundlegende Aufgaben

1. Man berechne den Index der folgenden Quadrik in $P(3, \mathbb{R})$:

$$2x^2 + 5y^2 - z^2 + xy + 3xz - yz = 0$$

2. Analog wie im Fall $m = 2$ kann man die Hyperebenen von $P(m, K)$ durch homogene Koordinaten beschreiben. Man zeige: Jeder Unterraum H von $V_n(K)$ der Dimension $n - 1$ ist der Lösungsraum einer linearen Gleichung

$$a_1x_1 + \ldots + a_nx_n = 0 \tag{15.4}$$

wobei $a_1, \ldots, a_n$ Skalare aus K sind, welche nicht alle null sind. Wir bezeichnen die entsprechende Hyperebene von $P(m, K)$ mit dem Symbol $\langle a_1 : \ldots : a_n \rangle$, und nennen dies die **homogenen Koordinaten dieser Hyperebene** von $P(m, K)$. Auch die homogenen Koordinaten einer Hyperebene sind bis auf Multiplikation mit dem Skalar $c \neq 0$ bestimmt. Der Punkt $(u_1 : u_2 : \ldots : u_n)$ liegt genau dann auf der Hyperebene $\langle a_1 : \ldots : a_n \rangle$, wenn $a_1x_1 + \ldots + a_nx_n = 0$.

3. Sei H_∞ die Hyperebene von $P(m, K)$ mit homogenen Koordinaten $\langle 0 : \ldots : 0 : 1 \rangle$ (d. h. sie entspricht dem Unterraum $x_n = 0$ von $V_n(K)$). Sei A die Menge der Punkte von $P(m, K)$, welche nicht auf H_∞ liegen. Dann besteht A aus den Punkten $(u_1 : \ldots : u_n)$ mit $u_n \neq 0$. Durch Skalieren mit u_n^{-1} schreibt sich jeder Punkt von A **eindeutig** als $(u_1 : \ldots : u_{n-1} : 1)$. Wir nennen dann $[u_1, \ldots, u_{n-1}]$ die **affinen Koordinaten** dieses Punkts. Die Punkte von A entsprechen also den Punkten der affinen Ebene $A(m, K)$. Die Punkte von H_∞ nennt man die **uneigentlichen** oder die **unendlich fernen** Punkte von A. Man zeige:
(a) Unter dieser Identifikation von A mit $A(m, K)$ entsprechen die Unterräume von $A(m, K)$ genau den Teilmengen von A der Form $A \cap S$, wobei S die Menge der Punkte eines Elements von $P(m, K)$ ist, welches nicht in H_∞ enthalten ist.
(b) Unter dieser Identifikation von A mit $A(m, K)$ entspricht die Automorphismengruppe $\mathrm{AGL}_m(K)$ von $A(m, K)$ der Untergruppe von $\mathrm{PGL}_n(K)$, welche aus den Projektivitäten besteht, die H_∞ fixieren.

4. Sei $\mathcal{Q}$ eine nicht-ausgeartete Quadrik $\mathcal{Q}$ von $P(2, \mathbb{R})$ und G_∞ eine Gerade in $P(2, \mathbb{R})$. Sei A die affine Ebene, die aus $P(2, \mathbb{R})$ durch Weglassen der Punkte von G_∞ entsteht. Dann ist $\mathcal{Q} \cap A$ eine Ellipse, Parabel bzw. Hyperbel, falls die Gerade G_∞ die Quadrik $\mathcal{Q}$ in 0, 1 bzw. 2 Punkten schneidet.

5. Der Kern der natürlichen Abbildung $GL_n(K) \to PGL_n(K)$ ist die Gruppe der Skalarmatrizen $\{c\,E_n : c \in K, c \neq 0\}$. Also induzieren zwei Matrizen $A, B \in GL_n(K)$ genau dann dieselbe Projektivität, wenn $A^{-1}B$ eine Skalarmatrix ist.

6. Sei K ein endlicher Körper mit q Elementen. In der projektiven Ebene $P(2, K)$ gibt es dann genau $q^2 + q + 1$ Punkte und ebenso viele Geraden. Jede Gerade hat $q + 1$ Punkte und durch jeden Punkt gehen genau $q + 1$ Geraden.

15.4.2 Weitergehende Aufgaben

1. Die Gruppe $PGL_3(\mathbb{F}_2)$ der Projektivitäten der projektive Ebene über $\mathbb{F}_2$ hat genau 168 Elemente.

2. Sei $\mathcal{Q}$ eine nicht-ausgeartete Quadrik in $P(2, K)$. Man zeige, dass es zu jedem Punkt p von $\mathcal{Q}$ genau eine Gerade in $P(2, K)$ gibt, die $\mathcal{Q}$ in p nicht transversal schneidet. Diese Gerade heißt die **Tangente** an $\mathcal{Q}$ in p.

3. Seien $P_1, \dots, P_4$ und $Q_1, \dots, Q_4$ Punkte in der projektiven Ebene $P(2, K)$. Wir nehmen an, dass keine drei der Punkte $P_1, \dots, P_4$ (bzw. $Q_1, \dots, Q_4$) auf einer Geraden liegen. Man zeige, dass es dann eine Projektivität π von $P(2, K)$ gibt mit $\pi(P_i) = Q_i$ für $i = 1, \dots, 4$.

A Die endlichen Primkörper

Hier gehen wir der in Kapitel 1 aufgeworfenen Frage nach, ob es außer $\mathbb{Q}$ noch andere Primkörper gibt. Es zeigt sich, dass jeder solche Körper endliche Kardinalität p hat, wobei p eine Primzahl ist. Umgekehrt wird auch für jede Primzahl p ein Körper $\mathbb{F}_p$ der Kardinalität p konstruiert. (Daher stammt die Bezeichnung „Primkörper").

Wir beweisen zuerst ein allgemeines Lemma über die Lösbarkeit von Gleichungen in endlichen algebraischen Strukturen.

A.1 Lösbarkeit von Gleichungen und das Schubfachprinzip

Das Schubfachprinzip ist ein einfaches Beweisprinzip der endlichen Kombinatorik. Es besagt, dass bei der Verteilung von n Objekten auf n Schubfächer entweder alle Schubfächer besetzt werden oder ein Schubfach mit mindestens zwei Objekten besetzt wird.

Lemma A.1.1

Sei E eine endliche Menge mit einer Operation, die jedem Paar (a, b) von Elementen von E ein Element ab von E zuordnet. Es gelte die Kürzungsregel: Ist $ac = bc$ für $a, b, c \in E$ so folgt $a = b$. Dann sind alle Gleichungen der Form $yc = b$ mit $b, c \in E$ eindeutig in E lösbar (nach y).

Beweis: Die Elemente von E betrachten wir als Schubfächer. Die auf die Schubfächer zu verteilenden Objekte sind ebenfalls die Elemente von E. Die Verteilung ist dabei wie folgt definiert. Wir legen das Objekt y in das Schubfach yc. Sind y_1, y_2 verschiedene Elemente von E, so kommen sie wegen der Kürzungsregel in verschiedene Schubfächer. Es folgt, dass jedes Schubfach besetzt wird. Insbesondere wird das Schubfach b besetzt, d. h. es gibt ein $y \in Y$ mit $yc = b$. Dies war zu zeigen. (Die Eindeutigkeit der Lösung folgt aus der Kürzungsregel). ∎

A.2 Die endlichen Primkörper

Kommen wir zurück zu der Frage, die Primkörper P zu klassifizieren. Dazu betrachten wir die Teilmenge M_P von P, die aus allen Elementen der Form $n * 1_P$ für $n \in \mathbb{Z}$ besteht (siehe 1.3.8. für die Notation $n * 1_P$). Man beachte, dass gewisse dieser Elemente zusammenfallen können, somit ist M_P nicht notwendig eine unendliche Menge. Ist M_P tatsächlich unendlich, so kann P mit dem Körper $\mathbb{Q}$ identifiziert werden; der Beweis dieser Aussage ist eigentlich nicht schwierig, wird hier aber weggelassen, da wir keine strenge Definition des Zahlsystems gegeben haben.

Interessanter ist der verbleibende Fall, dass M_P endlich ist. Dann gilt:

Satz A.2.1

Sei P ein Primkörper, der nur endlich viele (verschiedene) Elemente der Form $n * 1_P$ mit $n \in \mathbb{Z}$ enthält. Dann besteht P nur aus Elementen dieser Form. Insbesondere ist P ein endlicher Körper. Die Kardinalität von P ist eine Primzahl.

Beweis: 1. Schritt: M_P ist ein Teilkörper von P.
Beweis: Wegen $k*1_P+m*1_P = (k+m)*1_P$ (siehe 1.3.8.) und $(k*1_P)\cdot(m*1_P) = (km)*1_P$ (siehe Aufgabe 1.5.1.2) ist M_P unter den Operationen von P abgeschlossen. Ferner enthält M_P die Elemente 1_P und 0_P $(= 0 * 1_P)$, also $|M_P| \geq 2$. Somit bleibt nur zu zeigen, dass für alle $a, b, c \in M_P$ mit $c \neq 0$ die Gleichungen $x + a = b$ und $y \cdot c = b$ eine Lösung in M_P haben. Alle anderen Körperaxiome gelten automatisch für M_P, da sie für P gelten.

Die Lösung $x = b - a = b + (-1) * a$ der Gleichung $x + a = b$ liegt wiederum in M_P (nach den Formeln im letzten Absatz). Für die Gleichung $y \cdot c = b$ müssen wir die Endlichkeit von M_P verwenden. Ist $b = 0$, so ist offenbar $y = 0$ eine Lösung in M_P.

Sei nun $b \neq 0$ angenommen, und sei $E := M_P \setminus \{0\}$. Nach 1.3.4. und wegen der Abgeschlossenheit von M_P ist E unter der Multiplikation abgeschlossen. Die Kürzungsregel gilt nach 1.3.3. Somit folgt die Lösbarkeit der Gleichung $y \cdot c = b$ in M_P aus dem Lemma im vorhergehenden Abschnitt.

2. Schritt: Da P ein Primkörper ist, folgt $P = M_P$. Da M_P endlich ist, gibt es $k, m \in \mathbb{Z}$ mit $k \neq m$ und $k*1_P = m*1_P$. Sei etwa $k > m$. Für $n := k-m \in \mathbb{N}$ gilt dann $n*1_P = 0_P$. Sei p die kleinste natürliche Zahl mit dieser Eigenschaft $p*1_P = 0_P$. Wegen $1*1_P = 1_P \neq 0_P$ gilt $p > 1$. Ist $p = km$ für natürliche Zahlen k, m, so gilt $(k * 1_P) \cdot (m * 1_P) = (km) * 1_P = 0_P$, also $k * 1_P = 0_P$ oder $m * 1_P = 0_P$ (nach 1.3.4.); dies impliziert $k = p$ oder $m = p$ wegen der Minimalität von p. Damit ist bewiesen, dass p keine echten Teiler hat, also eine **Primzahl** ist.

Bekannterweise schreibt sich jedes $n \in \mathbb{Z}$ eindeutig als $n = qp + r$ mit $q, r \in \mathbb{Z}$ und $0 \leq r \leq p - 1$ (Division mit Rest). Dann gilt $n * 1_P = r * 1_P + q * (p * 1_P) = r * 1_P$. Wegen $P = M_P$ hat man schließlich

$$P = \{0_P, 1_P, \ldots, (p-1) * 1_P\}$$

Diese Elemente $0_P, 1_P, \ldots, (p-1) * 1_P$ sind wegen der Minimalität von p alle verschieden. Somit hat der Körper P genau p Elemente. ∎

Bemerkung A.2.2

Die Körperoperationen von P sind vermöge der Formeln $k * 1_P + m * 1_P = (k + m) * 1_P$ und $(k * 1_P) \cdot (m * 1_P) = (km) * 1_P$ durch die Addition und Multiplikation ganzer Zahlen „modulo p" gegeben. Wir sind von einem beliebigen, von $\mathbb{Q}$ verschiedenen Primkörper P

ausgegangen und haben gezeigt, dass er auf obige Weise durch Addition und Multiplikation ganzer Zahlen modulo p entsteht, für eine Primzahl p. Es bleibt nun umgekehrt zu zeigen, dass man auf diese Weise tatsächlich einen Körper definieren kann. Dies erfolgt im nächsten Abschnitt.

A.3 Der Körper $\mathbb{F}_p$ der Restklassen modulo p

Wir geben hier eine anschauliche Konstruktion und verzichten auf technische Beweisdetails, da der Stoff für die Entwicklung der Linearen Algebra nicht benötigt wird. Wir verweisen auf die Algebra-Vorlesung, wo die Technik der Restklassenbildung eine wichtige Rolle spielt.

Wir wählen eine ganze Zahl $m > 1$ und ein reguläres m-Eck. Ferner zeichnen wir eine Ecke des m-Ecks aus und beschriften sie mit 0. Die im Uhrzeigersinn nächstgelegene Ecke beschriften wir mit 1, die davon im Uhrzeigersinn nächstgelegene Ecke mit 2 usw. Wir gehen weiterhin im Uhrzeigersinn um das m-Eck herum und beschriften die Ecken sukzessive mit den positiven ganzen Zahlen. Nach m Schritten sind wir wieder bei der ursprünglich mit 0 beschrifteten Ecke angelangt, welche nun weiterhin mit m beschriftet wird. Wir fahren fort und gehen immer wieder um das m-Eck im Uhrzeigersinn herum. Auf diese Weise werden alle nicht-negativen ganzen Zahlen aufgetragen.

Die negativen ganzen Zahlen werden in analoger Weise aufgetragen, indem wir wieder bei der mit 0 beschrifteten Ecke anfangen und gegen den Uhrzeigersinn um das m-Eck laufen. Damit werden alle ganzen Zahlen aufgetragen. Die ganzzahligen Vielfachen von m kommen alle auf dieselbe Ecke zu liegen, welche wir mit $\bar{0}$ bezeichnen. Die Zahlen 1, $1+m$, $1+2m$, usw. sowie $1-m$, $1-2m$, usw. kommen ebenfalls alle auf dieselbe Ecke zu liegen, welche wir mit $\bar{1}$ bezeichnen. Auf diese Weise werden die Ecken mit den Symbolen $\bar{0}$, $\bar{1}$, ..., $\overline{m-1}$ bezeichnet. Diese Symbole bzw. die ihnen zugeordneten Teilmengen von $\mathbb{Z}$ heißen **Restklassen modulo** m.

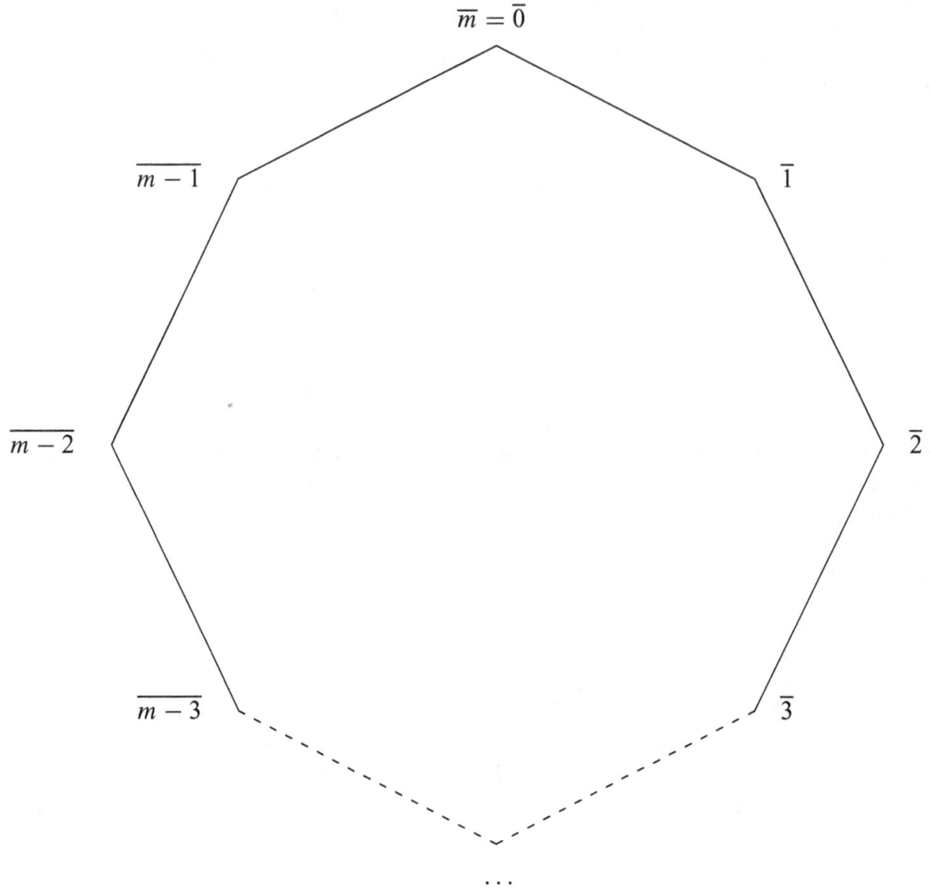

Summe und Produkt der Restklassen $\bar{i}$ und $\bar{j}$ werden als Restklasse von $i + j$ bzw. ij definiert, in Zeichen: $\bar{i} + \bar{j} := \overline{i + j}$ und $\bar{i} \cdot \bar{j} := \overline{ij}$. Man rechnet leicht nach, dass dies wohl-definiert ist (d. h. nicht von der Auswahl der Repräsentanten i, j abhängt). Geometrisch kann man dies für die Addition daran sehen, dass das Eck $\bar{i} + \bar{j}$ dadurch erreicht wird, dass man ausgehend vom Eck $\bar{i}$ um j Schritte um das m-Eck läuft, wobei die Richtung durch das Vorzeichen von j gegeben ist. Ferner kann das Produkt $\bar{i}\bar{j}$ für positives j als iterierte Addition $\bar{i} + \ldots + \bar{i}$ (j Summanden) aufgefasst werden.

Satz A.3.1

Sei $m > 1$ eine ganze Zahl. Die Restklassen modulo m mit der oben eingeführten Addition und Multiplikation bilden genau dann einen Körper, wenn m eine Primzahl ist.

Beweis: Kommutativgesetz, Assoziativgesetz und Distributivgesetz übertragen sich sofort von $\mathbb{Z}$ auf die Addition und Multiplikation der Restklassen modulo m. Die Gleichung $\bar{x} + \bar{i} = \bar{j}$ hat die eindeutige Lösung $\bar{x} = \overline{j - i}$.

Sei nun $m = p$ eine Primzahl, und $E := \{\bar{1}, \ldots, \overline{p-1}\}$. Dann ist E unter der Multiplikation abgeschlossen, da das Produkt von zwei zu p teilerfremden ganzen Zahlen wiederum zu p teilerfremd ist. Ferner gilt die Kürzungsregel für $\bar{i}, \bar{j}, \bar{k} \in E$: Aus $\bar{i}\bar{k} = \bar{j}\bar{k}$ folgt $\overline{(i-j)}\bar{k} = \bar{0}$. Da E unter der Multiplikation abgeschlossen ist, folgt $\overline{(i-j)} = \bar{0}$, also $\bar{i} = \bar{j}$. Somit gilt das Lösbarkeitsaxiom nach Lemma A.1.1, und wir haben gezeigt, dass die Restklassen modulo p einen Körper bilden.

Ist jedoch m keine Primzahl, etwa $m = m_1 m_2$ mit $m_i > 1$, so gilt $\overline{m_i} \neq \bar{0}$ und $\overline{m_1} \cdot \overline{m_2} = \overline{m_1 m_2} = \overline{m} = \bar{0}$; somit ist die Regel 1.3.4. verletzt und die Restklassen bilden keinen Körper.

Definition A.3.2

Sei p eine Primzahl. Der Körper der Restklassen modulo p wird mit $\mathbb{F}_p$ bezeichnet.

B Endliche projektive Ebenen und ihre Inzidenzmatrizen

In den projektiven Ebenen $P(2, K)$ gilt: Je zwei verschiedene Punkte liegen auf genau einer (gemeinsamen) Geraden, und je zwei verschiedene Geraden schneiden sich in genau einem Punkt (siehe Lemma 15.1.2). Diese grundlegenden Inzidenzbeziehungen nimmt man als Axiome einer „abstrakten projektiven Ebene". Es zeigt sich, dass es eine nicht überschaubare Vielzahl solcher abstrakter projektiven Ebenen gibt, welche nicht zu einer Ebene der Form $P(2, K)$ isomorph sind. Wir konstruieren in diesem Abschnitt das kleinste Beispiel.

Im Gegensatz zum Fall $n = 2$ lassen sich die projektiven Räume $P(n, K)$ für $n > 2$ durch geometrische Axiomensysteme charakterisieren, d. h. die „abstrakten projektiven Räume" fallen mit den Räumen $P(n, K)$ zusammen. Darauf wird hier nicht eingegangen.

B.1 Abstrakte projektive Ebenen

Eine (abstrakte) **projektive Ebene** Π besteht aus nicht-leeren Mengen $\mathcal{P}$ und $\mathcal{G}$ und aus einer Menge $\mathcal{I}$ von Paaren (P, G) mit $P \in \mathcal{P}$, $G \in \mathcal{G}$. Die Elemente von $\mathcal{P}$ (bzw. $\mathcal{G}$) heißen **Punkte** (bzw. **Geraden**). Ein Punkt P und eine Gerade G heißen **inzident**, falls $(P, G) \in \mathcal{I}$. Die Inzidenzbeziehungen zwischen Punkten und Geraden werden durch die folgenden Axiome geregelt:

- **(PE1)** Je zwei verschiedene Punkte liegen auf genau einer (gemeinsamen) Geraden, und je zwei verschiedene Geraden schneiden sich in genau einem Punkt.
- **(PE2)** Auf jeder Geraden liegen mindestens drei Punkte und jeder Punkt liegt auf mindestens drei Geraden.

Beispiele (abstrakter) projektiver Ebenen sind die $P(2, K)$, wo K ein beliebiger Körper ist (siehe 15.1). Axiom **(PE1)** gilt nach Lemma 15.1.2. Die Verifikation von Axiom **(PE2)** ist eine einfache Übungsaufgabe (siehe Aufgabe 15.4.1.6).

Ein Isomorphismus zwischen zwei projektiven Ebenen Π, Π' besteht aus Bijektionen der Punktmenge (bzw. der Geradenmenge) von Π auf die von Π', so dass ein Punkt und eine Gerade von Π genau dann inzident sind, wenn ihre Bilder in Π' inzident sind. Ein Isomorphismus von Π auf sich selbst heißt **Kollineation**. Die Kollineationen von Π bilden eine Gruppe, die **Kollineationsgruppe** von Π. Die Kollineationsgruppe von $P(2, K)$ enthält die Gruppe $PGL_3(K)$ der Projektivitäten (ist jedoch im Allgemeinen größer).

Ein **vollständiges Viereck** in Π ist eine Menge von vier Punkten $P_1, \ldots, P_4$, von denen keine drei auf einer (gemeinsamen) Geraden liegen, zusammen mit allen Verbindungsgeraden von je zweien dieser Punkte. Diese Verbindungsgeraden heißen die **Kanten** des Vierecks. Die Punkte P_1, P_2, P_3, P_4 heißen die **Ecken** des Vierecks. Die von den Ecken verschiedenen Schnittpunkte je zweier Kanten heißen die **Diagonalpunkte** des Vierecks. Man überlegt sich leicht, dass jedes vollständige Viereck genau 3 verschiedene Diagonalpunkte und 6 verschiedene Kanten hat.

Lemma B.1.1

(a) Jede projektive Ebene Π enthält ein vollständiges Viereck.
(b) In der projektiven Ebene $P(2, K)$, wo K ein beliebiger Körper ist, gibt es zu je zwei vollständigen Vierecken eine Kollineation, welche die beiden Vierecke aufeinander abbildet.
(c) Sei Π eine projektive Ebene, welche sowohl vollständige Vierecke enthält, deren Diagonalpunkte auf einer (gemeinsamen) Geraden liegen, als auch solche, für die das nicht gilt. Dann ist Π zu keiner der Ebenen $P(2, K)$ isomorph.

Beweis: (a) Da $\mathcal{G} \neq \emptyset$, existiert eine Gerade G_1 in Π. Nach **(PE2)** gibt es Punkte $P_1 \neq P_2$, die auf G liegen. Ferner gibt es Geraden G_2, G_3 durch P_1, so dass G_1, G_2, G_3 paarweise verschieden sind. Außerdem gibt es einen Punkt P_3 auf G_3, welcher von P_1 verschieden ist. Schließlich gibt es einen Punkt P_4 auf G_2, welcher von P_1 und vom Schnittpunkt der Verbindungsgeraden von P_2 und P_3 mit G_2 verschieden ist. Die Punkte P_1, P_2, P_3, P_4 sind dann die Ecken eines vollständigen Vierecks.
(b) Siehe Aufgabe 15.4.2.3.
(c) Dies folgt aus (b). ■

B.2 Ordnung und Inzidenzmatrix einer endlichen projektiven Ebene

Eine endliche projektive Ebene Π ist eine abstrakte projektive Ebene, die nur endlich viele Punkte hat. Beispiele endlicher projektiver Ebenen sind die $P(2, K)$, wo K ein endlicher Körper ist (siehe 15.1 und Aufgabe 15.4.1.6). Im nächsten Abschnitt wird gezeigt, dass es endliche projektive Ebenen gibt, welche zu keiner Ebene $P(2, K)$ isomorph sind.

Sei nun Π eine endliche projektive Ebene. Sei G eine Gerade von Π und P ein Punkt, der nicht auf G liegt. Nach **(PE1)** schneidet G jede Gerade durch P in genau einem Punkt, und umgekehrt gibt es zu jedem Punkt von G genau eine Gerade durch diesen Punkt und durch P. Dies ergibt eine umkehrbar eindeutige Beziehung zwischen den Geraden durch P und den Punkten auf G. Insbesondere gibt es genauso viele Geraden durch P wie Punkte auf G.

Sei nun G' eine von G verschiedene Gerade von Π. Nach **(PE2)** gibt es einen Punkt Q auf G (bzw. Q' auf G'), welcher vom Schnittpunkt von G und G' verschieden ist. Die Verbindungsgerade von Q und Q' hat mindestens einen weiteren Punkt P, welcher dann weder auf G noch auf G' liegt. Es folgt nun aus dem vorhergehenden Absatz, dass G und G' gleich viele Punkte haben. Also trägt jede Gerade von Π gleich viele Punkte und jeder Punkt von Π liegt auf gleich vielen Geraden.

Definition B.2.1

Die **Ordnung** einer endlichen projektiven Ebene ist diejenige ganze Zahl $k \geq 2$, so dass jede Gerade von Π genau $k+1$ Punkte trägt und jeder Punkt von Π auf genau $k+1$ Geraden liegt.

Die Ordnung von $P(2, K)$ ist dann gerade $k = |K|$. (Dies ist auch der Grund dafür, dass die Ordnung in obiger Weise definiert wird).

Sei nun Π eine endliche projektive Ebene der Ordnung k. Sei P ein fester Punkt von Π. Jeder Punkt, der von P verschieden ist, liegt auf genau einer der $k+1$ Geraden durch P, und jede dieser Geraden besitzt k von P verschiedene Punkte. Daraus folgt, dass Π genau $k^2 + k + 1$ Punkte hat. Die Anzahl der Geraden berechnet man analog. Damit ist bewiesen:

Lemma B.2.2

Sei Π eine endliche projektive Ebene der Ordnung k. Dann hat Π genau $n := k^2 + k + 1$ Punkte und ebenso viele Geraden.

Man nummeriere nun die Punkte (bzw. Geraden) von Π als $P_1, \ldots, P_n$ (bzw. $G_1, \ldots, G_n$). Die zu dieser Nummerierung gehörige **Inzidenzmatrix** von Π ist dann die Matrix $I \in M_n(\mathbb{Q})$, deren (i, j)-Eintrag gleich 1 (bzw. 0) ist, falls der Punkt P_i auf der Geraden G_j liegt (bzw. nicht auf G_j liegt). Axiom **(PE1)** ergibt dann

$$I \cdot I^t \; = \; I^t \cdot I \; = \; J_n + kE_n \tag{B.1}$$

wobei $J_n \in M_n(\mathbb{Q})$ die Matrix ist, deren Einträge alle gleich 1 sind (und I^t ist die Transponierte von I, sowie E_n die Einheitsmatrix). Ist umgekehrt $I \in M_n(\mathbb{Q})$ eine Matrix, deren Einträge alle gleich 0 oder 1 sind, welche (B.1) erfüllt und so, dass jede Spalte und Zeile von I mindestens 3 Einsen enthält, dann erhält man folgendermaßen eine projektive Ebene der Ordnung k (wo $n = k^2 + k + 1$): Die Punkte (bzw. Geraden) sind die Zeilen (bzw. Spalten) von I, und eine Zeile inzidiert genau dann mit einer Spalte, wenn an deren Kreuzung eine 1 steht. Das Studium der endlichen projektiven Ebenen ist also äquivalent zum Studium dieser Matrizen I.

Beispiel: Die Ebene der Ordnung $k = 2$.
Sei Π eine Ebene der Ordnung 2. Nach Lemma B.1.1 enthält Π ein vollständiges Viereck. Die 4 Ecken und 3 Diagonalpunkte dieses Vierecks umfassen dann alle 7 Punkte von Π. Neben den 6 Kanten gibt es genau eine weitere Gerade G in Π. Jeder Diagonalpunkt liegt auf genau 2 Kanten, muss also auch auf G liegen (nach **(PE2)**). Damit sind alle Inzidenzen in Π bestimmt. Es gibt also bis auf Isomorphie nur eine Ebene der Ordnung 2, nämlich $\Pi = P(2, \mathbb{F}_2)$. Hier ist eine zugehörige Inzidenzmatrix:

$$I = \begin{pmatrix} 1&0&1&0&1&0&0 \\ 0&1&0&1&1&0&0 \\ 1&0&0&1&0&1&0 \\ 0&1&1&0&0&1&0 \\ 1&1&0&0&0&0&1 \\ 0&0&1&1&0&0&1 \\ 0&0&0&0&1&1&1 \end{pmatrix}$$

Die Ebene $P(2, \mathbb{F}_2)$ hat auch eine hübsche grafische Darstellung:

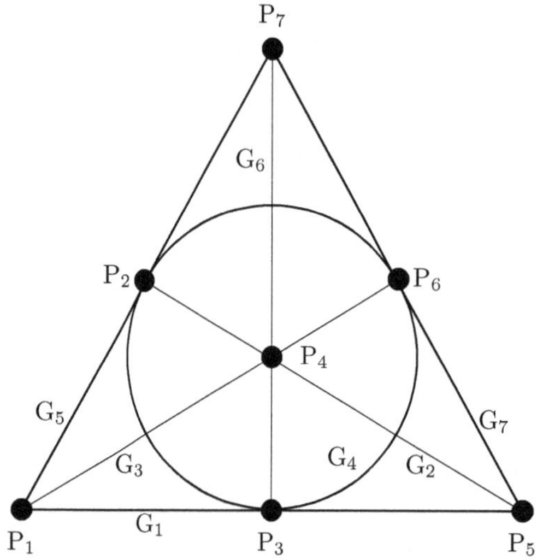

Die sieben Punkte sind in dieser Darstellung durch • veranschaulicht, die sieben Geraden durch Strecken und einen Kreis.

B.3 Eine projektive Ebene der Ordnung 9, welche nicht von der Form $P(2, K)$ ist

Der Körper $\mathbb{F}_3$ hat als Elemente $\overline{0}, \overline{1}, \overline{-1}$, die wir mit $0, 1, -1$ identifizieren. Man nehme nun $p = 3$ in Aufgabe 8.6.2.10. Sei $\mathbb{F}_9$ der resultierende Körper mit den 9 Elementen $\epsilon + i\eta$, $\epsilon, \eta \in \mathbb{F}_3$, wo $i^2 = -1$.

Behält man die Addition von $\mathbb{F}_9$ bei, ersetzt aber die Multiplikation von $\mathbb{F}_9$ durch

$$z_1 \circ z_2 = \begin{cases} z_1 \cdot z_2 & \text{, wenn } z_2 \text{ ein Quadrat ist, d. h. } z_2 \in \{0, \pm 1, \pm i\} \\ \bar{z_1} \cdot z_2 & \text{sonst,} \end{cases}$$

so erhält man eine algebraische Struktur $(F, +, \circ)$ (sie heißt **Fastkörper**) mit den folgenden Eigenschaften:

1. $(F, +)$ ist eine kommutative Gruppe
2. $z \circ 0 = 0 \circ z = 0$
3. $(F \setminus \{0\}, \circ)$ ist eine nicht-kommutative Gruppe
4. $(z_1 + z_2) \circ z_3 = z_1 \circ z_3 + z_2 \circ z_3$ für alle $z_1, z_2, z_3 \in F$.

$(F, +, \circ)$ erfüllt alle Körperaxiome mit Ausnahme des linken Distributivgesetzes. Das linke Distributivgesetz

$$z_3 \circ (z_1 + z_2) = z_3 \circ z_1 + z_3 \circ z_2$$

ist verletzt. Zum Beispiel gilt

$$i \circ (1 + i + i) = -i - 1 \neq -i = i \circ (1 + i) + i \circ i.$$

Die Elemente 1 und -1 sind die einzigen von null verschiedenen Elemente, die mit allen Elementen von F kommutieren. Darüber hinaus gilt:

$$a \circ a \quad = \quad -1 \tag{B.2}$$

für jedes Element der Form $a = \epsilon + i\eta$ mit $\eta \neq 0$. Ist $b \neq \pm a$ und hat b die Form $b = \epsilon' + i\eta'$ mit $\eta' \neq 0$, so gilt

$$a \circ b + b \circ a = 0 \tag{B.3}$$

Die Gleichung (B.2) ist offensichtlich.

Ist $\epsilon = 0$, so ist $\epsilon' \neq 0$, und b ist kein Quadrat. Daraus folgt $a \circ b + b \circ a = -a \cdot b + a \cdot b = 0$. Ist $\epsilon \neq 0$ und $\epsilon' = 0$, so folgt (B.3) wie eben. Ist $\epsilon \neq 0$ und $\epsilon' \neq 0$, so ist $b = \pm(\epsilon - \eta i)$. Wegen $(\epsilon + \eta i) \circ (\epsilon - \eta i) = (\epsilon - \eta i) \cdot (\epsilon - \eta i) = \epsilon\eta i = -(\epsilon + \eta i) \cdot (\epsilon + \eta i) = (\epsilon - \eta i) \circ (\epsilon + \eta i)$, folgt (B.3) auch in diesem Fall.

Der Fastkörper F ist nahe genug an einem Körper, um die Konstruktion einer projektiven Ebene 'über" F in Analogie zu Abschnitt 15.1 zu gestatten. Wir definieren die **Punkte** als die Tripel (x_1, x_2, x_3) aus der Menge

$$\{(a,\ b,\ 1) \mid a, b \in F\} \cup \{(1,\ a,\ 0) \mid a \in F\} \cup \{(0, 1, 0)\}.$$

Ferner definieren wir die **Geraden** als die Tripel $\langle u_1, u_2, u_3 \rangle$ aus der Menge

$$\{\langle a,\ 1,\ b \rangle \mid a, b \in F\} \cup \{\langle 1,\ 0,\ a \rangle \mid a \in F\} \cup \{\langle 0,\ 0,\ 1 \rangle\}.$$

Der Punkt (x_1, x_2, x_3) inzidiert mit der Geraden $\langle u_1, u_2, u_3 \rangle$ genau dann, wenn

$$x_1 \circ u_1 + x_2 \circ u_2 + x_3 \circ u_3 = 0\,. \tag{B.4}$$

Es wird nun gezeigt, dass dadurch eine projektive Ebene Π definiert wird.

B.3.1 Verifizierung der Axiome **(PE1)** und **(PE2)**

Zunächst wird gezeigt, dass je zwei Punkte eine eindeutig bestimmte Gerade festlegen. Dazu genügt es jeweils, eine Geradengleichung anzugeben; die Eindeutigkeit folgt aus der eindeutigen Lösbarkeit von Gleichungen in $(F, +, \circ)$.
1. Fall: Zwei verschiedene Punkte $(a_1, b_1, 1)$ und $(a_2, b_2, 1)$ von Π inzidieren entweder mit einer Geraden der Form $\langle 1, 0, u_3 \rangle$ oder mit einer Geraden der Form $\langle u_1, 1, u_3 \rangle$.
Der erste Fall gilt wegen (B.4) genau dann, wenn

$$a_1 \circ 1 + b_1 \circ 0 + 1 \circ u_3 = a_2 \circ 1 + b_2 \circ 0 + 1 \circ u_3 = 0,$$

also $a_1 + u_3 = a_2 + u_3$ gilt, woraus $a_1 = a_2 =: a$ folgt. Beide Punkte liegen also auf der Geraden $\langle 1, 0, -a \rangle$.
Im zweiten Fall inzidieren die beiden Punkte genau dann mit der Geraden $\langle u_1, 1, u_3 \rangle$, wenn gilt:

$$a_1 \circ u_1 + b_1 + u_3 = a_2 \circ u_1 + b_2 + u_3 = 0,$$

daraus folgt insbesondere $a_1 \circ u_1 + b_1 = a_2 \circ u_1 + b_2$ und $(a_1 - a_2) \circ u_1 = b_2 - b_1$. Wegen $a_1 \neq a_2$ liegen die Punkte auf der Geraden

$$\langle (a_1 - a_2)^{-1} \circ (b_2 - b_1), 1, -b_1 - a_1 \circ (a_1 - a_2)^{-1} \circ (b_2 - b_1) \rangle,$$

denn
$a_2 \circ (a_1 - a_2)^{-1} \circ (b_2 - b_1) + (b_2 - b_1) - a_1 \circ (a_1 - a_2)^{-1} \circ (b_2 - b_1)$
$= [a_2 \circ (a_1 - a_2)^{-1} + 1 - a_1 \circ (a_1 - a_2)^{-1}] \circ (b_2 - b_1)$
$= [(a_2 - a_1) \circ (a_1 - a_2)^{-1} + 1] \circ (b_2 - b_1) = 0 \circ (b_2 - b_1) = 0.$
2. Fall: Die verschiedenen Punkte $(1, b_1, 0)$ und $(a_2, b_2, 1)$ können nur mit einer Geraden der Form $\langle u_1, 1, u_3 \rangle$ inzidieren. Es gelten dann $u_1 + b_1 = 0$, also $u_1 = -b_1$, und $a_2 \circ u_1 + b_2 + u_3 = 0$, woraus sich $u_3 = a_2 \circ b_1 - b_2$ ergibt. Also liegen die Punkte auf der Geraden

$$\langle -b_1, 1, a_2 \circ b_1 - b_2 \rangle.$$

3. Fall: Der Punkt $(0, 1, 0)$ und ein Punkt der Form $(a, b, 1)$ inzidieren mit der Geraden $\langle 1, 0, -a \rangle$.
4. Fall: Zwei verschiedene Punkte der Form $(1, b_1, 0)$ und $(1, b_2, 0)$ inzidieren nur mit der Geraden $\langle 0, 0, 1 \rangle$.
5. Fall: Ebenso inzidieren der Punkt $(0, 1, 0)$ und ein Punkt der Form $(1, b, 0)$ nur mit der Geraden $\langle 0, 0, 1 \rangle$.
Damit ist **(PE1)** vollständig gezeigt.

Zum Beweis von **(PE2)** ist jeweils zu zeigen, dass es zu je zwei Geraden genau einen Punkt gibt, der mit den beiden Geraden inzidiert. Wieder sind Fälle zu unterscheiden:
1. Fall: Die verschiedenen Geraden $\langle a_1, 1, b_1 \rangle$ und $\langle a_2, 1, b_2 \rangle$ schneiden einander entweder in einem Punkt der Form $(x_1, x_2, 1)$ oder in einem Punkt der Form $(1, x_2, 0)$. Letzteres gilt genau dann, wenn $a_1 = a_2 =: a$ erfüllt ist. In diesem Fall inzidieren beide Geraden mit dem Punkt $(1, -a, 0)$.
Im ersten Fall muss das Gleichungssystem

$$x_1 \circ a_1 + x_2 + b_1 = 0 \quad \text{und} \quad x_1 \circ a_2 + x_2 + b_2 = 0$$

für $a_1 \neq a_2$ lösbar sein. Dies ist genau dann der Fall, wenn die Gleichung

$$x_1 \circ a_1 - x_1 \circ a_2 = b_2 - b_1 \tag{C}$$

eine eindeutige Lösung x_1 besitzt. Da in F das linke Distributivgesetz nicht gilt, muss man verschiedene Fälle unterscheiden, je nachdem, ob a_1 bzw. a_2 ein Quadrat in F ist.
Ist sowohl a_1 als auch a_2 ein Quadrat in F, so folgt aus (C)

$$x_1 \cdot a_1 - x_1 \cdot a_2 = b_2 - b_1,$$

also $x_1 \cdot (a_1 - a_2) = b_2 - b_1$ und somit

$$x_1 = (b_2 - b_1) \cdot (a_1 - a_2)^{-1}.$$

Falls a_1 und a_2 beide keine Quadrate in F sind, erhält man

$$\bar{x}_1 \cdot a_1 - \bar{x}_1 \cdot a_2 = b_2 - b_1$$

und es ergibt sich weiter

$$x_1 = \overline{(b_2 - b_1)(a_1 - a_2)^{-1}}.$$

Nun sei a_1 ein Quadrat, aber a_2 kein Quadrat in F. Es ist $a_1 = \epsilon_1 + \eta_1 i$ und $a_2 = \epsilon_2 + \eta_2 i$ mit $\epsilon_1, \epsilon_2, \eta_1, \eta_2 \in \{0, \pm 1\}$. Die Gleichung (C) hat genau dann eine eindeutige Lösung $x_1 = \xi + \omega i$ mit $\xi, \omega \in \{0, \pm 1\}$, wenn die Gleichung

$$x_1 \cdot a_1 - \bar{x}_1 \cdot a_2 = (\xi + \omega i)(\epsilon_1 + \eta_1 i) - (\xi - \omega i)(\epsilon_2 + \eta_2 i) = \varrho + \sigma i$$

eindeutig lösbar ist, wobei $b_2 - b_1 = \varrho + \sigma i$ mit $\varrho, \sigma \in \{0, \pm 1\}$. Dies ist äquivalent zur eindeutigen Lösbarkeit des Gleichungssystems

$$\begin{aligned}(\epsilon_1 - \epsilon_2) \cdot \xi + (\eta_2 - \eta_1) \cdot \omega &= \varrho \\ (\eta_1 - \eta_2) \cdot \xi + (\epsilon_1 - \epsilon_2) \cdot \omega &= \sigma.\end{aligned}$$

Die Determinante der Koeffizientenmatrix ist $(\epsilon_1 - \epsilon_2)^2 + (\eta_1 - \eta_2)^2$. Sie ist nicht null, weil $\langle a_1, 1, b_1 \rangle$ und $\langle a_2, 1, b_2 \rangle$ verschieden sind. Somit haben diese beiden Geraden genau einen Schnittpunkt.

Entsprechend behandelt man den Fall, dass a_1 kein Quadrat, aber a_2 ein Quadrat in F ist.

2. Fall: Der Schnittpunkt $(x_1, x_2, 1)$ einer Geraden vom Typ $\langle a_1, 1, b_1 \rangle$ und einer Geraden der Form $\langle 1, 0, b_2 \rangle$ muss die Gleichungen

$$\begin{aligned}x_1 \circ a_1 + x_2 + b_1 &= 0 \\ x_1 + b_2 &= 0\end{aligned}$$

erfüllen. Somit ist $x_1 = -b_2$, woraus $x_2 = -b_1 + b_2 \circ a_1$ folgt. Daher ist der Schnittpunkt $(-b_2, -b_1 + b_2 \circ a_1, 1)$.

3. Fall: Die Gerade $\langle a, 1, b \rangle$ und $\langle 0, 0, 1 \rangle$ haben den gemeinsamen Punkt $(1, -a, 0)$.

4. Fall: Für den Schnittpunkt (x_1, x_2, x_3) zweier verschiedener Geraden der Form $\langle 1, 0, b_1 \rangle$ und $\langle 1, 0, b_2 \rangle$ muss gelten

$$x_1 + x_3 \circ b_1 = 0 = x_1 + x_3 \circ b_2;$$

wegen $b_1 \neq b_2$ kommt nur ein Punkt der Form $(x_1, x_2, 0)$ in Frage, also ist $x_1 = 0$ nach obiger Gleichung, und der Schnittpunkt ist $(0, 1, 0)$.

5. Fall: Die Gerade $\langle 0, 0, 1 \rangle$ und eine Gerade der Form $\langle 1, 0, b \rangle$ schneiden sich ebenfalls im Punkt $(0, 1, 0)$.

Damit ist **(PE2)** gezeigt.

Insgesamt sind also die Axiome **(PE1)** und **(PE2)** nachgewiesen, und Π ist in der Tat eine projektive Ebene der Ordnung 9.

B.3.2 Vollständige Vierecke in Π

In Π sind die Diagonalpunkte des vollständigen Vierecks $\mathcal{W}$ mit den Ecken

$$(1,\ 0,\ 0),\ (0\ ,1,\ 0), (0,\ \ 0,\ 1),\ (1,\ 1,\ 1)$$

die von den Ecken von $\mathcal{W}$ verschiedenen Schnittpunkte je zweier der Geraden

$$\langle 0,0,1\rangle,\ \langle 1,0,0\rangle,\ \langle 0,1,0\rangle,\ \langle 0,1,-1\rangle,\ \langle 1,0,-1\rangle,\ \langle -1,1,0\rangle.$$

Daher sind $(1,\ 0,\ 1), (-1,\ 1,\ 0), (0,\ -1,\ 1)$ diese Diagonalpunkte. Sie liegen nicht auf einer Geraden.
In Π existieren aber auch vollständige Vierecke, deren Diagonalpunkte auf einer Geraden liegen. Man betrachte die Punkte

$$(0,\ 0,\ 1),\quad (0,\ 1,\ 0),\quad (1,\ -1,\ 1),\quad (a-1,\ 0,\ 1),$$

wobei $a = \epsilon + \eta i$ aus F mit $\eta \neq 0$ ist. Diese vier Punkte bilden die Ecken eines vollständigen Vierecks $\mathcal{V}$.
Die Verbindungsgerade $\langle 1,\ 0,\ 0\rangle$ von $(0,\ 0,\ 1)$ und $(0,\ 1,\ 0)$ enthält den Punkt $(0,\ a,\ 1)$.
Die Verbindungsgerade $\langle 1,\ 1,\ 0\rangle$ von $(0,\ 0,\ 1)$ und $(1,\ -1,\ 1)$ enthält den Punkt $(a-1,\ 1-a,\ 1)$.
Die Verbindungsgerade $\langle 0,\ 1,\ 0\rangle$ von $(0,\ 0,\ 1)$ und $(a-1,\ 0,\ 1)$ enthält den Punkt $(1,\ 0,\ 1)$.
Die Verbindungsgerade $\langle 1,\ 0,\ -1\rangle$ von $(0,\ 1,\ 0)$ und $(1,\ -1,\ 1)$ enthält den Punkt $(1,\ 0,\ 1)$.
Die Verbindungsgerade $\langle 1,\ 0,\ 1-a\rangle$ von $(0,\ 1,\ 0)$ und $(a-1,\ 0,\ 1)$ enthält den Punkt $(a-1,\ 1-a,\ 1)$.

Die Verbindungsgerade von $(1,\ -1,\ 1)$ und $(a-1,\ 0,\ 1)$ ist $\langle a+1,\ 1,\ -a\rangle$, denn wegen (B.2) und (B.3) gilt

$$(a-1)\circ(a+1)-a = a\circ(a+1)-(a+1)-a = -(a+1)\circ a+a-1 = -a\circ a-a+a-1 = 0$$

Die Gerade $\langle a+1,\ 1,\ -a\rangle$ enthält den Punkt $(0,\ a,\ 1)$.
Es folgt, dass die Punkte

$$(0,\ a,\ 1),\ (a-1,\ 1-a,\ 1), (1,\ 0.\ 1)$$

die Diagonalpunkte von $\mathcal{V}$ sind. Sie liegen alle auf der Geraden $\langle a,\ 1,\ -a\rangle$, denn wegen der Beziehung (B.2) gilt $(a-1)\circ a + (1-a) - a = -1 - a + 1 + a = 0$. Daher hat man den folgenden

Satz B.3.1

In der projektiven Ebene Π existieren sowohl vollständige Vierecke, deren Diagonalpunkte auf einer Geraden liegen, als auch vollständige Vierecke, deren Diagonalpunkte nicht auf einer Geraden liegen.

Mit Lemma B.1.1 folgt daraus:

Satz B.3.2

Die projektive Ebene Π ist zu keiner Ebene $P_2(K)$ über einem Körper K isomorph.

Mit Maple kann man leicht eine Inzidenzmatrix von Π berechnen. Das Resultat ist im Folgenden angegeben. Der besseren Lesbarkeit halber ist dabei 1 (bzw. 0) durch einen ausgefüllten (bzw. nicht ausgefüllten) Kreis ersetzt. Man erinnere sich daran, dass die Zeilen (bzw. Spalten) den Punkten (bzw. Geraden) von Π entsprechen, und finde damit vollständige Vierecke mit kollinearen (bzw. nicht kollinearen) Diagonalpunkten in der Matrix.

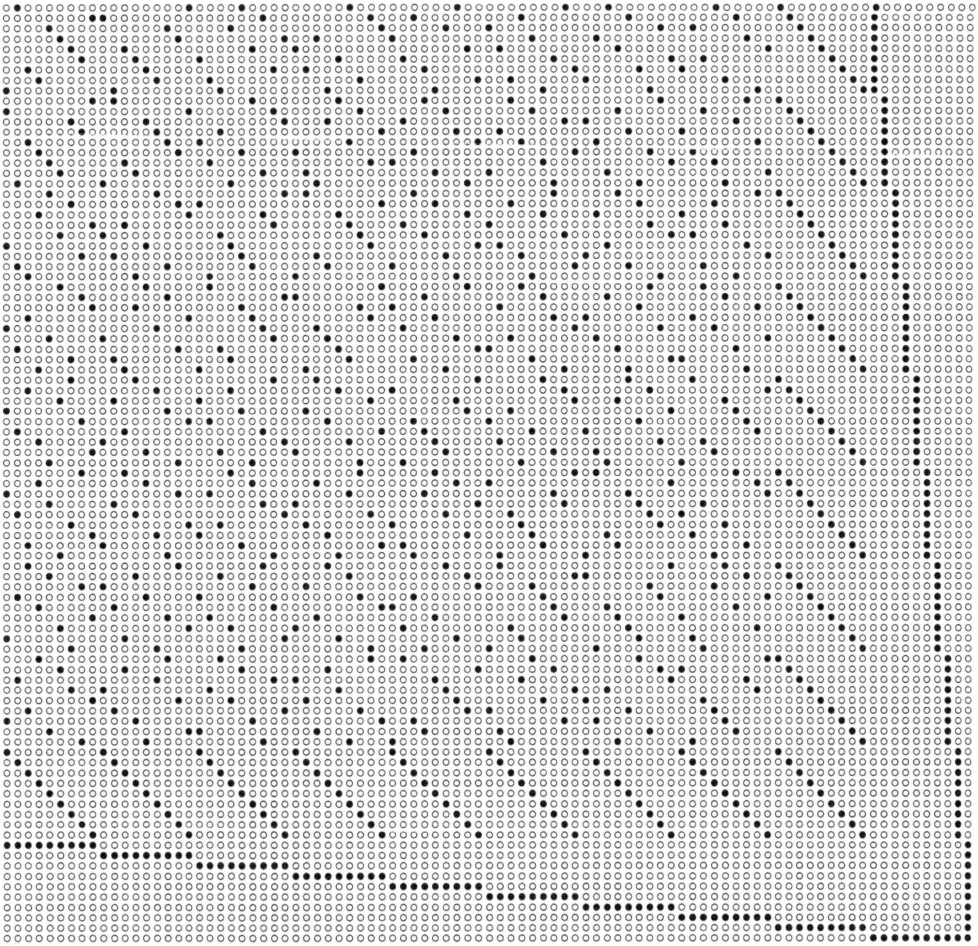

C Beispielrechnungen zu den behandelten Algorithmen

Dieser letzte Teil des Buches enthält ausführliche Beispielrechnungen zu den früher behandelten Algorithmen. Die Beispiele sind (mit einer Ausnahme) so gewählt, dass sie von Hand durchgerechnet werden können, um sich mit den Algorithmen vertraut zu machen. Natürlich kann man sich von den Beispielen auch leiten lassen, die zur Lösung benötigten Maple-Befehle herauszufinden oder die Algorithmen selbst zu implementieren.

C.1 Lösungen eines Gleichungssystems in reduzierter Treppenform

Wir betrachten das Beispiel eines Gleichungssystems (vgl. 2.2) über $\mathbb{Q}$ mit der folgenden erweiterten Koeffizientenmatrix (vgl. 2.3):

$$\begin{pmatrix} 0 & \mathbf{1} & 0 & 1 & 2 & 0 & 3 & b_1 \\ 0 & 0 & \mathbf{1} & 4 & 5 & 0 & 6 & b_2 \\ 0 & 0 & 0 & 0 & 0 & \mathbf{1} & 7 & b_3 \\ 0 & 0 & 0 & 0 & 0 & 0 & 0 & b_4 \end{pmatrix}.$$

Man beachte, dass die Koeffizientenmatrix

$$\begin{pmatrix} 0 & \mathbf{1} & 0 & 1 & 2 & 0 & 3 \\ 0 & 0 & \mathbf{1} & 4 & 5 & 0 & 6 \\ 0 & 0 & 0 & 0 & 0 & \mathbf{1} & 7 \\ 0 & 0 & 0 & 0 & 0 & 0 & 0 \end{pmatrix}$$

in reduzierter Treppenform ist. Die essentiellen Spalten der Koeffizientenmatrix sind die 2., 3. und 6. Spalte; die nicht essentiellen Spalten der Koeffizientenmatrix sind die 1., 4., 5. und 7. Spalte. Somit sind x_2, x_3 und x_6 die essentiellen Unbekannten und x_1, x_4, x_5 und x_7 die freien Unbekannten. Nach Satz 3.2.1 ist das zugehörige Gleichungssystem genau dann lösbar, wenn $b_4 = 0$ ist. In diesem Fall können wir für die freien Unbekannten beliebige Werte $u_1, u_4, u_5,$ und u_7 aus unserem Körper K einsetzen, und es gibt genau eine Lösung $(x_1, x_2, x_3, x_4, x_5, x_6, x_7)$ mit $x_1 = u_1, x_4 = u_4, x_5 = u_5,$ und $x_7 = u_7$, nämlich $x_2 = b_1 - u_4 - 2u_5 - 3u_7, x_3 = b_2 - 4u_4 - 5u_5 - 6u_7$ und $x_6 = b_3 - 7u_7$. Mit anderen Worten: Die Lösungsmenge ist

$$\{(u_1, b_1 - u_4 - 2u_5 - 3u_7, b_2 - 4u_4 - 5u_5 - 6u_7, u_4, u_5, b_3 - 7u_7, u_7)^t \,|\, u_1, u_4, u_5, u_7 \in K\} =$$

$$\{\begin{pmatrix} 0 \\ b_1 \\ b_2 \\ 0 \\ 0 \\ b_3 \\ 0 \end{pmatrix} + u_1 \begin{pmatrix} 1 \\ 0 \\ 0 \\ 0 \\ 0 \\ 0 \\ 0 \end{pmatrix} + u_4 \begin{pmatrix} 0 \\ -1 \\ -4 \\ 1 \\ 0 \\ 0 \\ 0 \end{pmatrix} + u_5 \begin{pmatrix} 0 \\ -2 \\ -5 \\ 0 \\ 1 \\ 0 \\ 0 \end{pmatrix} + u_7 \begin{pmatrix} 0 \\ -3 \\ -6 \\ 0 \\ 0 \\ -7 \\ 1 \end{pmatrix} \,|\, u_1, u_4, u_5, u_7 \in K\}.$$

C.2 Transformation einer Matrix auf reduzierte Treppenform

Wir betrachten jetzt das Beispiel eines Gleichungssystem mit der folgenden erweiterten Koeffizientenmatrix über $\mathbb{Q}$:

$$\begin{pmatrix} 0 & 0 & 3 & 12 & 15 & -6 & -24 & -12 \\ 0 & \frac{1}{2} & -1 & -\frac{7}{2} & -4 & \frac{7}{2} & 20 & 9 \\ 0 & 1 & -\frac{3}{2} & -5 & -\frac{11}{2} & 8 & 50 & 22 \\ 0 & -1 & 0 & -1 & -2 & -2 & -17 & -7 \end{pmatrix}.$$

Unser Ziel ist es, mit Hilfe des Gauß'schen Algorithmus die Matrix in reduzierte Treppenform zu bringen. Da die 1. Spalte eine Nullspalte ist, müssen wir diese weglassen und nur noch die Matrix betrachten, die in der 1. Zeile und der 2. Spalte anfängt. Die 2. Spalte ist keine Nullspalte, aber der 1. Eintrag dieser Spalte ist null. Deshalb vertauschen wir die 1. Zeile mit der 2. Zeile; anschließend multiplizieren wir die 2. Zeile der Matrix mit 2, damit der Eintrag an der Stelle (1, 2) zu **1** wird; wir erhalten

$$\begin{pmatrix} 0 & \frac{1}{2} & -1 & -\frac{7}{2} & -4 & \frac{7}{2} & 20 & 9 \\ 0 & 0 & 3 & 12 & 15 & -6 & -24 & -12 \\ 0 & 1 & -\frac{3}{2} & -5 & -\frac{11}{2} & 8 & 50 & 22 \\ 0 & -1 & 0 & -1 & -2 & -2 & -17 & -7 \end{pmatrix} \text{ bzw. } \begin{pmatrix} 0 & \mathbf{1} & -2 & -7 & -8 & 7 & 40 & 18 \\ 0 & 0 & 3 & 12 & 15 & -6 & -24 & -12 \\ 0 & 1 & -\frac{3}{2} & -5 & -\frac{11}{2} & 8 & 50 & 22 \\ 0 & -1 & 0 & -1 & -2 & -2 & -17 & -7 \end{pmatrix}.$$

Um unterhalb der führenden **1** an der Stelle (1, 2) Nullen zu produzieren, subtrahieren wir die 1. Zeile von der 3. Zeile und addieren danach die 1. Zeile zur 4. Zeile und erhalten so

$$\begin{pmatrix} 0 & \mathbf{1} & -2 & -7 & -8 & 7 & 40 & 18 \\ 0 & 0 & 3 & 12 & 15 & -6 & -24 & -12 \\ 0 & 0 & \frac{1}{2} & 2 & \frac{5}{2} & 1 & 10 & 4 \\ 0 & -1 & 0 & -1 & -2 & -2 & -17 & -7 \end{pmatrix} \text{ bzw. } \begin{pmatrix} 0 & \mathbf{1} & -2 & -7 & -8 & 7 & 40 & 18 \\ 0 & 0 & 3 & 12 & 15 & -6 & -24 & -12 \\ 0 & 0 & \frac{1}{2} & 2 & \frac{5}{2} & 1 & 10 & 4 \\ 0 & 0 & -2 & -8 & -10 & 5 & 23 & 11 \end{pmatrix}.$$

Wir betrachten nun die untere 3×6-Matrix, die in der 2. Zeile und der 3. Spalte anfängt. Da das Element in der linken oberen Ecke dieser Untermatrix von 0 verschieden ist, multiplizieren wir die 2. Zeile der Gesamtmatrix mit $\frac{1}{3}$ und erhalten

$$\begin{pmatrix} 0 & \mathbf{1} & -2 & -7 & -8 & 7 & 40 & 18 \\ 0 & 0 & \mathbf{1} & 4 & 5 & -2 & -8 & -4 \\ 0 & 0 & \frac{1}{2} & 2 & \frac{5}{2} & 1 & 10 & 4 \\ 0 & 0 & -2 & -8 & -10 & 5 & 23 & 11 \end{pmatrix}.$$

Nun subtrahieren wir das $\frac{1}{2}$-fache der 2. Zeile von der 3. Zeile und daraufhin addieren wir das 2-fache der 2. Zeile zur 4. Zeile und erhalten die Matrix

$$\begin{pmatrix} 0 & \mathbf{1} & -2 & -7 & -8 & 7 & 40 & 18 \\ 0 & 0 & \mathbf{1} & 4 & 5 & -2 & -8 & -4 \\ 0 & 0 & 0 & 0 & 0 & 2 & 14 & 6 \\ 0 & 0 & -2 & -8 & -10 & 5 & 23 & 11 \end{pmatrix} \text{ bzw. } \begin{pmatrix} 0 & \mathbf{1} & -2 & -7 & -8 & 7 & 40 & 18 \\ 0 & 0 & \mathbf{1} & 4 & 5 & -2 & -8 & -4 \\ 0 & 0 & 0 & 0 & 0 & 2 & 14 & 6 \\ 0 & 0 & 0 & 0 & 0 & 1 & 7 & 3 \end{pmatrix}.$$

Wir müssen nun die 2×5-Untermatrix betrachten, die in der 3. Zeile und der 4. Spalte anfängt. Da das Element in der linken oberen Ecke dieser Untermatrix sowie alle anderen Elemente in dieser Spalte 0 sind, gehen wir eine Spalte nach rechts, das heißt, wir betrachten die 2×4-Untermatrix, die in der 3. Zeile und der 5. Spalte anfängt. Wiederum ist die komplette Spalte dieser Untermatrix eine Nullspalte, so dass wir die 2×3-Untermatrix betrachten, die in der 3. Zeile und der 6. Spalte anfängt. Da das Element in der linken oberen Ecke dieser Untermatrix von 0 verschieden ist, multiplizieren wir die 3. Zeile der Gesamtmatrix mit $\frac{1}{2}$ und anschließend subtrahieren wir die 3. Zeile der gesamten Matrix von der 4. Zeile der gesamten Matrix, und erhalten demzufolge die Matrizen

$$\begin{pmatrix} 0 & \mathbf{1} & -2 & -7 & -8 & 7 & 40 & 18 \\ 0 & 0 & \mathbf{1} & 4 & 5 & -2 & -8 & -4 \\ 0 & 0 & 0 & 0 & 0 & \mathbf{1} & 7 & 3 \\ 0 & 0 & 0 & 0 & 0 & 1 & 7 & 3 \end{pmatrix} \text{ bzw. } \begin{pmatrix} 0 & \mathbf{1} & -2 & -7 & -8 & 7 & 40 & 18 \\ 0 & 0 & \mathbf{1} & 4 & 5 & -2 & -8 & -4 \\ 0 & 0 & 0 & 0 & 0 & \mathbf{1} & 7 & 3 \\ 0 & 0 & 0 & 0 & 0 & 0 & 0 & 0 \end{pmatrix}.$$

Diese Matrix ist nun in Treppenform. Durch Addition des 2-fachen der 2. Zeile zur 1. Zeile und anschließende Subtraktion des 3-fachen der 3. Zeile von der 1. Zeile und Addition des 2-fachen der 3. Zeile zur 2. Zeile ergibt sich dann

$$\begin{pmatrix} 0 & \mathbf{1} & 0 & 1 & 2 & 3 & 24 & 10 \\ 0 & 0 & \mathbf{1} & 4 & 5 & -2 & -8 & -4 \\ 0 & 0 & 0 & 0 & 0 & \mathbf{1} & 7 & 3 \\ 0 & 0 & 0 & 0 & 0 & 0 & 0 & 0 \end{pmatrix} \text{ bzw. } \begin{pmatrix} 0 & \mathbf{1} & 0 & 1 & 2 & 0 & 3 & 1 \\ 0 & 0 & \mathbf{1} & 4 & 5 & 0 & 6 & 2 \\ 0 & 0 & 0 & 0 & 0 & \mathbf{1} & 7 & 3 \\ 0 & 0 & 0 & 0 & 0 & 0 & 0 & 0 \end{pmatrix}.$$

Die resultierende Matrix ist wie in C.1, also ist die Lösungsmenge des zugehörigen Gleichungssystems wie dort berechnet.

C.3 Berechnung der inversen Matrix

Beispiel C.3.1

Wir wollen die inverse Matrix von $A := \begin{pmatrix} 0 & 3 & -2 & 3 \\ 2 & 1 & 4 & 8 \\ 3 & 3 & 5 & 14 \\ 1 & 0 & 2 & 3 \end{pmatrix}$ über $\mathbb{Q}$ berechnen und beginnen dazu (vgl. 4.4.3) mit der Matrix $\left(\begin{array}{cccc|cccc} 0 & 3 & -2 & 3 & \mathbf{1} & 0 & 0 & 0 \\ 2 & 1 & 4 & 8 & 0 & \mathbf{1} & 0 & 0 \\ 3 & 3 & 5 & 14 & 0 & 0 & \mathbf{1} & 0 \\ 1 & 0 & 2 & 3 & 0 & 0 & 0 & \mathbf{1} \end{array}\right)$, die wir auf reduzierte Treppenform bringen müssen. Da die 1. Spalte keine Nullspalte ist, aber der Eintrag an der Stelle (1, 1) gleich null ist, müssen wir die 1. Zeile mit einer anderen Zeile vertauschen. Wir vertauschen also die 1. Zeile mit der 4. Zeile; dies erscheint uns rechnerisch am einfachsten, da wir dann anschließend keine Division der 1. Zeile durch 2 bzw. 3 durchführen müssen. Anschließend subtrahieren wir das 2-fache der 1. Zeile von der 2. Zeile und das 3-fache der 1. Zeile von der 3. Zeile und erhalten so

$$\left(\begin{array}{cccc|cccc} \mathbf{1} & 0 & 2 & 3 & 0 & 0 & 0 & 1 \\ 2 & 1 & 4 & 8 & 0 & 1 & 0 & 0 \\ 3 & 3 & 5 & 14 & 0 & 0 & 1 & 0 \\ 0 & 3 & -2 & 3 & 1 & 0 & 0 & 0 \end{array}\right) \text{bzw.} \left(\begin{array}{cccc|cccc} \mathbf{1} & 0 & 2 & 3 & 0 & 0 & 0 & 1 \\ 0 & \mathbf{1} & 0 & 2 & 0 & 1 & 0 & -2 \\ 0 & 3 & -1 & 5 & 0 & 0 & 1 & -3 \\ 0 & 3 & -2 & 3 & 1 & 0 & 0 & 0 \end{array}\right).$$

Dann produzieren wir Nullen mit Hilfe der **1** an der Position (2, 2) und erhalten

$$\left(\begin{array}{cccc|cccc} \mathbf{1} & 0 & 2 & 3 & 0 & 0 & 0 & 1 \\ 0 & \mathbf{1} & 0 & 2 & 0 & 1 & 0 & -2 \\ 0 & 0 & -1 & -1 & 0 & -3 & 1 & 3 \\ 0 & 0 & -2 & -3 & 1 & -3 & 0 & 6 \end{array}\right). \tag{C.1}$$

Wir multiplizieren die 3. Zeile mit -1 und produzieren Nullen unterhalb und oberhalb der Position (3, 3) und im nächsten Schritt multiplizieren wir die 4. Zeile mit -1 und produzieren Nullen oberhalb der Stelle (4, 4) und erhalten so

$$\left(\begin{array}{cccc|cccc} \mathbf{1} & 0 & 0 & 1 & 0 & -6 & 2 & 7 \\ 0 & \mathbf{1} & 0 & 2 & 0 & 1 & 0 & -2 \\ 0 & 0 & \mathbf{1} & 1 & 0 & 3 & -1 & -3 \\ 0 & 0 & 0 & -1 & 1 & 3 & -2 & 0 \end{array}\right) \text{bzw.} \left(\begin{array}{cccc|cccc} \mathbf{1} & 0 & 0 & 0 & 1 & -3 & 0 & 7 \\ 0 & \mathbf{1} & 0 & 0 & 2 & 7 & -4 & -2 \\ 0 & 0 & \mathbf{1} & 0 & 1 & 6 & -3 & -3 \\ 0 & 0 & 0 & \mathbf{1} & -1 & -3 & 2 & 0 \end{array}\right).$$

Die inverse Matrix ist demzufolge $\begin{pmatrix} 1 & -3 & 0 & 7 \\ 2 & 7 & -4 & -2 \\ 1 & 6 & -3 & -3 \\ -1 & -3 & 2 & 0 \end{pmatrix}$.

Beispiel C.3.2

Wir wollen uns nun noch an einem Beispiel anschauen, wie der Algorithmus verläuft, wenn die Matrix *nicht* invertierbar ist. Wir versuchen, die inverse Matrix von $\begin{pmatrix} 0 & 3 & -2 & 4 \\ 2 & 1 & 4 & 8 \\ 3 & 3 & 5 & 14 \\ 1 & 0 & 2 & 3 \end{pmatrix}$ zu berechnen. Man beachte, dass sich diese Matrix von der aus Beispiel C.3.1 nur an der Stelle $(1, 4)$ unterscheidet. Wir bilden die analoge erweiterte Matrix, führen die gleiche Vertauschung durch und produzieren auf die gleiche Weise wie vorher den 1. Einheitsvektor in der 1. Spalte und erhalten

$$\left(\begin{array}{cccc|cccc} \mathbf{1} & 0 & 2 & 3 & 0 & 0 & 0 & 1 \\ 2 & 1 & 4 & 8 & 0 & 1 & 0 & 0 \\ 3 & 3 & 5 & 14 & 0 & 0 & 1 & 0 \\ 0 & 3 & -2 & 4 & 1 & 0 & 0 & 0 \end{array}\right) \text{bzw.} \left(\begin{array}{cccc|cccc} \mathbf{1} & 0 & 2 & 3 & 0 & 0 & 0 & 1 \\ 0 & \mathbf{1} & 0 & 2 & 0 & 1 & 0 & -2 \\ 0 & 3 & -1 & 5 & 0 & 0 & 1 & -3 \\ 0 & 3 & -2 & 4 & 1 & 0 & 0 & 0 \end{array}\right).$$

Wiederum subtrahieren wir das 3-fache der 2. Zeile von der 3. und 4. Zeile und erhalten

$$\left(\begin{array}{cccc|cccc} \mathbf{1} & 0 & 2 & 3 & 0 & 0 & 0 & 1 \\ 0 & \mathbf{1} & 0 & 2 & 0 & 1 & 0 & -2 \\ 0 & 0 & -1 & -1 & 0 & -3 & 1 & 3 \\ 0 & 0 & -2 & -2 & 1 & -3 & 0 & 6 \end{array}\right).$$

Wir multiplizieren die 3. Zeile mit -1 und produzieren Nullen unterhalb der Position (3, 3) und es ergibt sich die Matrix

$$\left(\begin{array}{cccc|cccc} \mathbf{1} & 0 & 2 & 3 & 0 & 0 & 0 & 1 \\ 0 & \mathbf{1} & 0 & 2 & 0 & 1 & 0 & -2 \\ 0 & 0 & \mathbf{1} & 1 & 0 & 3 & -1 & -3 \\ 0 & 0 & 0 & 0 & 1 & 3 & -2 & 0 \end{array}\right).$$

Da die letzte Zeile der vorderen Teils der Matrix eine Nullzeile ist, können wir den vorderen Teil der Matrix nicht mehr auf die Einheitsmatrix transformieren. Also ist die ursprünglich gegebene Matrix nicht invertierbar.

C.4 Berechnung der Determinante einer Matrix

Wir betrachten das gleiche Beispiel wie in C.3.1. Wir führen die gleichen Zeilenumformungen durch wie in diesem Beispiel, allerdings nur auf der 4×4-Matrix. Wir erhalten demzufolge wieder den linken Teil der Matrix aus C.1; die Vertauschung der 1. mit der 4. Zeile multipliziert die Determinante mit -1; die übrigen durchgeführten Zeilenumformungen verändern die Determinante der Matrix A nicht; somit erhalten wir:

$$\det(A) = -\det \begin{pmatrix} 1 & 0 & 2 & 3 \\ 0 & 1 & 0 & 2 \\ 0 & 0 & -1 & -1 \\ 0 & 0 & -2 & -3 \end{pmatrix}.$$

Nun multiplizieren wir die 3. Zeile der Matrix mit -1 und es ergibt sich

$$\det(A) = \det\begin{pmatrix} 1 & 0 & 2 & 3 \\ 0 & 1 & 0 & 2 \\ 0 & 0 & 1 & 1 \\ 0 & 0 & -2 & -3 \end{pmatrix}.$$

Nun addieren wir das 2-fache der 3. Zeile zur 4. Zeile; diese Zeilenumformung ändert den Wert der Determinante nicht, so dass

$$\det(A) = \det\begin{pmatrix} 1 & 0 & 2 & 3 \\ 0 & 1 & 0 & 2 \\ 0 & 0 & 1 & 1 \\ 0 & 0 & 0 & -1 \end{pmatrix}.$$

Da die letzte Matrix eine obere Dreiecksmatrix ist, ist deren Determinante nach Beispiel 2 in 9.4.2 gerade $1 \cdot 1 \cdot 1 \cdot (-1) = -1$. Also folgt auch $\det(A) = -1$.

Wir können aber

$$\det(A) = \det\begin{pmatrix} 1 & 0 & 2 & 3 \\ 0 & 1 & 0 & 2 \\ 0 & 0 & -1 & -1 \\ 0 & 0 & -2 & -3 \end{pmatrix}$$

auch nach dem Beispiel in 9.5.2 ausrechnen. Es folgt

$$\det(A) = -\det\begin{pmatrix} 1 & 0 \\ 0 & 1 \end{pmatrix} \cdot \det\begin{pmatrix} -1 & -1 \\ -2 & -3 \end{pmatrix} = -1 \cdot ((-1)\cdot(-3) - (-1)\cdot(-2)) = -1.$$

Wir berechnen nochmals die gleiche Determinante, dieses Mal mit Hilfe der Laplace- Entwicklung (vgl. 9.5). Entwicklung nach der 1. Spalte ergibt

$$\det(A) = 0\cdot\det\begin{pmatrix} 1 & 4 & 8 \\ 3 & 5 & 14 \\ 0 & 2 & 3 \end{pmatrix} - 2\cdot\det\begin{pmatrix} 3 & -2 & 3 \\ 3 & 5 & 14 \\ 0 & 2 & 3 \end{pmatrix} + 3\cdot\det\begin{pmatrix} 3 & -2 & 3 \\ 1 & 4 & 8 \\ 0 & 2 & 3 \end{pmatrix} - 1\cdot\det\begin{pmatrix} 3 & -2 & 3 \\ 1 & 4 & 8 \\ 3 & 5 & 14 \end{pmatrix}.$$

Nun entwickeln wir alle 3×3-Determinanten nach der 3. Zeile und erhalten:

$$\det\begin{pmatrix} 3 & -2 & 3 \\ 3 & 5 & 14 \\ 0 & 2 & 3 \end{pmatrix} = 0\cdot\det\begin{pmatrix} -2 & 3 \\ 5 & 14 \end{pmatrix} - 2\cdot\det\begin{pmatrix} 3 & 3 \\ 3 & 14 \end{pmatrix} + 3\cdot\det\begin{pmatrix} 3 & -2 \\ 3 & 5 \end{pmatrix} =$$

$$-2\cdot(3\cdot 14 - 3\cdot 3) + 3\cdot(3\cdot 5 - (-2)\cdot 3) = -2\cdot(42-9) + 3\cdot(15+6) = -66 + 63 = -3,$$

$$\det\begin{pmatrix} 3 & -2 & 3 \\ 1 & 4 & 8 \\ 0 & 2 & 3 \end{pmatrix} = 0\cdot\det\begin{pmatrix} -2 & 3 \\ 4 & 8 \end{pmatrix} - 2\cdot\det\begin{pmatrix} 3 & 3 \\ 1 & 8 \end{pmatrix} + 3\cdot\det\begin{pmatrix} 3 & -2 \\ 1 & 4 \end{pmatrix} =$$

$$-2\cdot(3\cdot 8 - 3\cdot 1) + 3\cdot(3\cdot 4 - (-2)\cdot 1) = -2\cdot(24-3) + 3\cdot(12+2) = -42 + 42 = 0,$$

$$\det\begin{pmatrix} 3 & -2 & 3 \\ 1 & 4 & 8 \\ 3 & 5 & 14 \end{pmatrix} = 3\cdot\det\begin{pmatrix} -2 & 3 \\ 4 & 8 \end{pmatrix} - 5\cdot\det\begin{pmatrix} 3 & 3 \\ 1 & 8 \end{pmatrix} + 14\cdot\det\begin{pmatrix} 3 & -2 \\ 1 & 4 \end{pmatrix} =$$

$$3\cdot((-2)\cdot 8 - 3\cdot 4) - 5\cdot(3\cdot 8 - 3\cdot 1) + 14\cdot(3\cdot 4 - (-2)\cdot 1) =$$
$$3\cdot(-16-12) - 5\cdot(24-3) + 14\cdot(12+2) = -84 - 105 + 196 = 7.$$

Somit erhalten wir $\det(A) = -2\cdot(-3) + 3\cdot 0 - 1\cdot 7 = -1$.

C.5 Polynominterpolation

Gesucht wird ein Polynom

$$f = \alpha_0 + \alpha_1 X + \ldots + \alpha_8 X^8$$

in $\mathbb{Q}[X]$ vom Grad ≤ 8, so dass gilt

$$f(-5) = -4,\ f(-4) = 3,\ f(-3) = -1,\ f(-2) = 4,$$

$$f(1) = -4,\ f(2) = -2,\ f(3) = -3,\ f(4) = -1,\ f(5) = 1.$$

Geometrisch bedeutet dies, dass der Graph des gesuchten Polynoms durch die folgenden 9 Punkte geht:

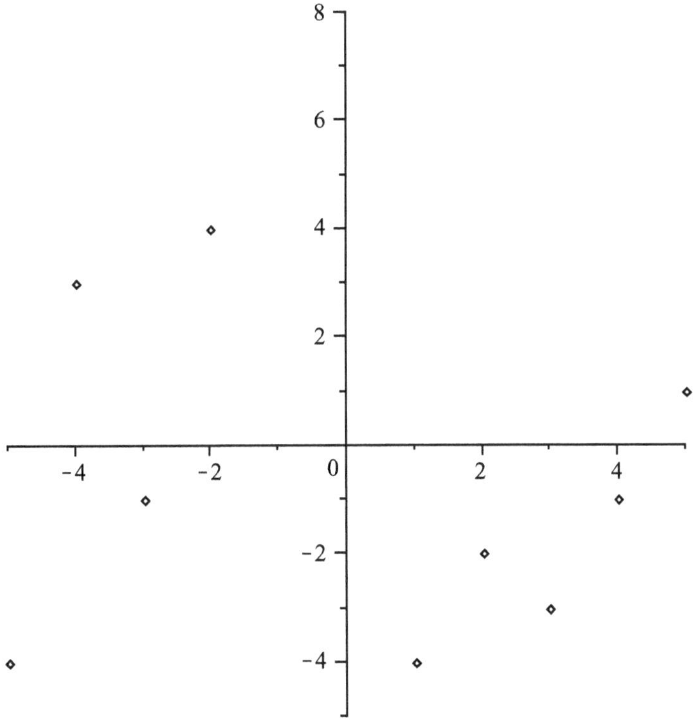

Hieraus ergeben sich die Gleichungen

$$\alpha_0 - 5\alpha_1 + 5^2\alpha_2 - 5^3\alpha_3 + 5^4\alpha_4 - 5^5\alpha_5 + 5^6\alpha_6 - 5^7\alpha_7 + 5^8\alpha_8 = -4,$$

$$\alpha_0 - 4\alpha_1 + 4^2\alpha_2 - 4^3\alpha_3 + 4^4\alpha_4 - 4^5\alpha_5 + 4^6\alpha_6 - 4^7\alpha_7 + 4^8\alpha_8 = 3,$$

$$\alpha_0 - 3\alpha_1 + 3^2\alpha_2 - 3^3\alpha_3 + 3^4\alpha_4 - 3^5\alpha_5 + 3^6\alpha_6 - 3^7\alpha_7 + 3^8\alpha_8 = -1,$$

$$\alpha_0 - 2\alpha_1 + 2^2\alpha_2 - 2^3\alpha_3 + 2^4\alpha_4 - 2^5\alpha_5 + 2^6\alpha_6 - 2^7\alpha_7 + 2^8\alpha_8 = 4,$$

$$\begin{aligned}
\alpha_0 + 1\alpha_1 + 1^2\alpha_2 + 1^3\alpha_3 + 1^4\alpha_4 + 1^5\alpha_5 + 1^6\alpha_6 + 1^7\alpha_7 + 1^8\alpha_8 &= -4,\\
\alpha_0 + 2\alpha_1 + 2^2\alpha_2 + 2^3\alpha_3 + 2^4\alpha_4 + 2^5\alpha_5 + 2^6\alpha_6 + 2^7\alpha_7 + 2^8\alpha_8 &= -2,\\
\alpha_0 + 3\alpha_1 + 3^2\alpha_2 + 3^3\alpha_3 + 3^4\alpha_4 + 3^5\alpha_5 + 3^6\alpha_6 + 3^7\alpha_7 + 3^8\alpha_8 &= -3,\\
\alpha_0 + 4\alpha_1 + 4^2\alpha_2 + 4^3\alpha_3 + 4^4\alpha_4 + 4^5\alpha_5 + 4^6\alpha_6 + 4^7\alpha_7 + 4^8\alpha_8 &= -1,\\
\alpha_0 + 5\alpha_1 + 5^2\alpha_2 + 5^3\alpha_3 + 5^4\alpha_4 + 5^5\alpha_5 + 5^6\alpha_6 + 5^7\alpha_7 + 5^8\alpha_8 &= 1.
\end{aligned}$$

Dies ist ein Gleichungssystem mit 9 Gleichungen und 9 Unbekannten, die zugehörige Matrix hat nach (9.13) die Determinante

$$\begin{gathered}
(5-4)(5-3)(5-2)(5-1)(5+2)(5+3)(5+4)(5+5)\cdot\\
(4-3)(4-2)(4-1)(4+2)(4+3)(4+4)(4+5)\cdot\\
(3-2)(3-1)(3+2)(3+3)(5+4)(5+5)\cdot\\
(2-1)(2+2)(2+3)(2+4)(2+5)\cdot\\
(1+2)(1+3)(1+4)(1+5)\cdot\\
(-2+3)(-2+4)(-2+5)\cdot\\
(-3+4)(-3+5)\cdot\\
(-4+5) =\\
2^6 \cdot 3^5 \cdot 4^3 \cdot 5^3 \cdot 6^3 \cdot 7^4 \cdot 8^3 \cdot 9^2 \cdot 10 = 26759446470328320000
\end{gathered}$$

(Beachte: Transponieren ändert die Determinante einer Matrix nicht.)

Die Lösung dieses Gleichungssystems wäre von Hand sehr mühsam. Der Maple-Befehl **f := PolynomialInterpolation([–5, –4, –3, –2, 1, 2, 3, 4, 5], [–4, 3, –1, 4, –4, –2, –3, –1, 1], x);** erledigt das Aufstellen und Lösen des Gleichungssystems und liefert als Output das folgende Polynom:

$$-\frac{64}{21}-\frac{169}{42}X+\frac{43061}{15120}X^2+\frac{6493}{7560}X^3-\frac{7453}{12096}X^4-\frac{379}{6048}X^5+\frac{649}{15120}X^6+\frac{43}{30240}X^7-\frac{11}{12096}X^8.$$

Mit dem Befehl **plot(f, x = –6 .. 6, y = –8 .. 8);** können wir den Graphen zeichnen lassen und sehen, dass er tatsächlich durch die gegebenen 9 Punkte geht:

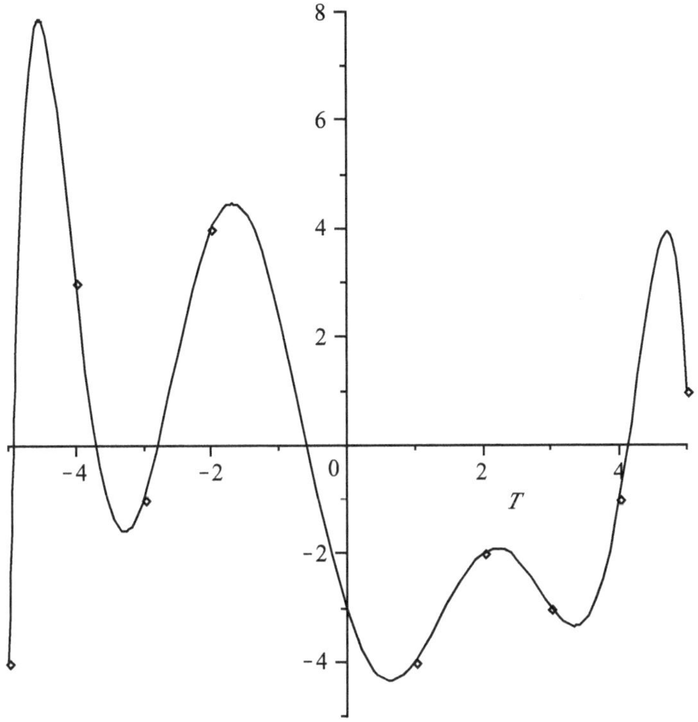

C.6 Cramer'sche Regel

Wir wollen nun mit Hilfe der Cramer'schen Regel (vgl. 9.12) das Gleichungssystem

$$A \cdot \boldsymbol{x} = \boldsymbol{e}_1$$

über $\mathbb{Q}$ lösen, wobei $A := \begin{pmatrix} 0 & 3 & -2 & 3 \\ 2 & 1 & 4 & 8 \\ 3 & 3 & 5 & 14 \\ 1 & 0 & 2 & 3 \end{pmatrix}$ wieder die Matrix aus C.3.1 ist. In C.4 haben wir gesehen, dass $\det(A) = -1$. Nach (9.12) gilt

$$x_1 = \det(A)^{-1} \begin{vmatrix} 1 & 3 & -2 & 3 \\ 0 & 1 & 4 & 8 \\ 0 & 3 & 5 & 14 \\ 0 & 0 & 2 & 3 \end{vmatrix}, \quad x_2 = \det(A)^{-1} \begin{vmatrix} 0 & 1 & -2 & 3 \\ 2 & 0 & 4 & 8 \\ 3 & 0 & 5 & 14 \\ 1 & 0 & 2 & 3 \end{vmatrix}$$

$$x_3 = \det(A)^{-1} \begin{vmatrix} 0 & 3 & 1 & 3 \\ 2 & 1 & 0 & 8 \\ 3 & 3 & 0 & 14 \\ 1 & 0 & 0 & 3 \end{vmatrix} \quad \text{und} \quad x_4 = \det(A)^{-1} \begin{vmatrix} 0 & 3 & -2 & 1 \\ 2 & 1 & 4 & 0 \\ 3 & 3 & 5 & 0 \\ 1 & 0 & 2 & 0 \end{vmatrix}.$$

Es folgt

$$x_1 = \frac{1}{-1}\begin{vmatrix} 1 & 4 & 8 \\ 3 & 5 & 14 \\ 0 & 2 & 3 \end{vmatrix} = -\begin{vmatrix} 1 & 4 & 8 \\ 0 & -7 & -10 \\ 0 & 2 & 3 \end{vmatrix} = -((-7)\cdot 3 - (-10)\cdot 2) = 1,$$

$$x_2 = -(-1)\cdot\begin{vmatrix} 2 & 4 & 8 \\ 3 & 5 & 14 \\ 1 & 2 & 3 \end{vmatrix} = \begin{vmatrix} 0 & 0 & 2 \\ 3 & 5 & 14 \\ 1 & 2 & 3 \end{vmatrix} = 2(3\cdot 2 - 5\cdot 1) = 2$$

$$x_3 = -\begin{vmatrix} 2 & 1 & 8 \\ 3 & 3 & 14 \\ 1 & 0 & 3 \end{vmatrix} = -\begin{vmatrix} 2 & 1 & 8 \\ -3 & 0 & -10 \\ 1 & 0 & 3 \end{vmatrix} = ((-3)\cdot 3 - (-10)\cdot 1) = -9 + 10 = 1.$$

$$x_4 = -(-1)\cdot\begin{vmatrix} 2 & 1 & 4 \\ 3 & 3 & 5 \\ 1 & 0 & 2 \end{vmatrix} = \begin{vmatrix} 2 & 1 & 4 \\ -3 & 0 & -7 \\ 1 & 0 & 2 \end{vmatrix} = -((-3)\cdot 2 - (-7)\cdot 1)1$$

Wir sehen, dass trotz der sehr einfach gehaltenen rechten Seite des Gleichungssystems der Rechenaufwand ziemlich hoch ist. Da wir für die Berechnung der inversen Matrix genauso viele Gleichungssysteme lösen müssen wie die Matrix Zeilen hat, ist der Aufwand für deren Berechnung mit Hilfe der Cramer'schen Regel sehr groß, und das, obwohl die Beschreibung der Inversen so kompakt ist.

C.7 Berechnung der Eigenwerte einer Matrix

Beispiel C.7.1

Wir berechnen zunächst das charakteristische Polynom $\chi_A(X)$ der Matrix

$$A = \begin{pmatrix} 16 & 0 & -36 & 54 \\ -12 & 1 & 27 & -45 \\ 3 & 0 & -8 & 9 \\ -3 & 0 & 6 & -11 \end{pmatrix}.$$

Gemäß Satz 10.2.8 sind dessen Nullstellen die Eigenwerte von A und dieses Polynom lässt sich berechnen als

$$(-1)^4 \cdot \det(A - XE_4) = \det\begin{pmatrix} 16-X & 0 & -36 & 54 \\ -12 & 1-X & 27 & -45 \\ 3 & 0 & -8-X & 9 \\ -3 & 0 & 6 & -11-X \end{pmatrix}.$$

Entwicklung nach der 2. Spalte dieser Matrix liefert

$$\chi_A(X) = (1-X)\cdot\det\begin{pmatrix} 16-X & -36 & 54 \\ 3 & -8-X & 9 \\ -3 & 6 & -11-X \end{pmatrix}.$$

Addition der 2. Zeile zur 3. Zeile ergibt

$$\chi_A(X) = (1-X)\cdot\det\begin{pmatrix} 16-X & -36 & 54 \\ 3 & -8-X & 9 \\ 0 & -2-X & -2-X \end{pmatrix}.$$

Nach Satz 9.4.3 ist die Determinante invariant unter Transponieren; also ändert auch die Subtraktion der 3. Spalte von der 2. Spalte die Determinante nicht. Im weiteren Verlauf der Rechnung addieren wir das 5-fache der 1. Spalte zur 2. Spalte und subtrahieren das 5-fache der 2. Zeile von der 1. Zeile. Es folgt

$$\chi_A(X) = (1-X)\cdot\det\begin{pmatrix} 16-X & -90 & 54 \\ 3 & -17-X & 9 \\ 0 & 0 & -2-X \end{pmatrix} =$$

$$(1-X)\cdot(-2-X)\cdot\det\begin{pmatrix} 16-X & -90 \\ 3 & -17-X \end{pmatrix} =$$

$$(1-X)\cdot(-2-X)\cdot\det\begin{pmatrix} 16-X & -10-5X \\ 3 & -2-X \end{pmatrix} =$$

$$(1-X)\cdot(-2-X)\cdot\det\begin{pmatrix} 1-X & 0 \\ 3 & -2-X \end{pmatrix} = (X-1)^2\cdot(X+2)^2.$$

Wir haben also die doppelten Eigenwerte 1 und -2.

Beispiel C.7.2

Wir wollen noch ein weiteres Beispiel durchrechnen. Dieses Mal berechnen wir das charakteristische Polynom $\chi_A(X)$ der Matrix

$$A = \begin{pmatrix} 4 & 12 & 0 & -18 \\ -6 & -5 & 9 & -9 \\ 1 & 2 & -2 & -3 \\ -1 & -2 & 0 & 1 \end{pmatrix}, \quad \text{also}$$

$$\chi_A(X) = (-1)^4\cdot\det(A - XE_4) = \det\begin{pmatrix} 4-X & 12 & 0 & -18 \\ -6 & -5-X & 9 & -9 \\ 1 & 2 & -2-X & -3 \\ -1 & -2 & 0 & 1-X \end{pmatrix}$$

Addition der 3. Zeile zur 4. Zeile ergibt

$$\chi_A(X) = \det\begin{pmatrix} 4-X & 12 & 0 & -18 \\ -6 & -5-X & 9 & -9 \\ 1 & 2 & -2-X & -3 \\ 0 & 0 & -2-X & -2-X \end{pmatrix}$$

Wie schon im Beispiel C.7.1 ausgenutzt, ändert die Subtraktion der 4. Spalte von der 3. Spalte die Determinante nicht. Somit folgt

$$\chi_A(X) = \det\begin{pmatrix} 4-X & 12 & 18 & -18 \\ -6 & -5-X & 18 & -9 \\ 1 & 2 & 1-X & -3 \\ 0 & 0 & 0 & -2-X \end{pmatrix} =$$

$$(-2-X)\cdot\det\begin{pmatrix} 4-X & 12 & 18 \\ -6 & -5-X & 18 \\ 1 & 2 & 1-X \end{pmatrix}.$$

Subtrahieren wir das 6-fache der 3. Zeile von der 1. Zeile und addieren anschließend das 6-fache der 1. Spalte zur 3. Spalte, dann folgt

$$\chi_A(X) = (-2-X)\cdot\det\begin{pmatrix} -2-X & 0 & 12+6X \\ -6 & -5-X & 18 \\ 1 & 2 & 1-X \end{pmatrix} =$$

$$(-2-X)\cdot\det\begin{pmatrix} -2-X & 0 & 0 \\ -6 & -5-X & -18 \\ 1 & 2 & 7-X \end{pmatrix} =$$

$$(-2-X)^2\cdot\det\begin{pmatrix} -5-X & -18 \\ 2 & 7-X \end{pmatrix} =$$

$$(X+2)^2\cdot((-5-X)\cdot(7-X)-(-18)\cdot 2) = (X+2)^2\cdot(X^2-2X-35+36) =$$

$$(X+2)^2\cdot(X^2-2X+1) = (X+2)^2\cdot(X-1)^2.$$

Wir haben also wie in Beispiel C.7.1 die doppelten Eigenwerte 1 und -2.

C.8 Berechnung der Eigenräume einer Matrix

In diesem Abschnitt berechnen wir die Eigenräume der beiden Matrizen aus C.7.1 und C.7.2.

Beispiel C.8.1

Wir berechnen die Eigenräume der Matrix $A = \begin{pmatrix} 16 & 0 & -36 & 54 \\ -12 & 1 & 27 & -45 \\ 3 & 0 & -8 & 9 \\ -3 & 0 & 6 & -11 \end{pmatrix}$ aus C.7.1. Wir wissen bereits, dass 1 und -2 die einzigen Eigenwerte von A sind. Wir müssen also die homogenen Gleichungssysteme $(A - 1\cdot E_4)\,\boldsymbol{v} = 0$ und $(A + 2\cdot E_4)\,\boldsymbol{v} = 0$ lösen. Wie schon in C.2 illustriert, müssen wir dazu die erweiterten Koeffizientenmatrizen mittels Zeilenumformungen auf reduzierte Treppenform bringen; da die letzte Spalte der erweiterten

Koeffizientenmatrizen eine Nullspalte ist, bleibt das auch während der gesamten Rechnungen so, so dass wir die letzte Spalte direkt weglassen. Es gilt:

$$(A - 1 \cdot E_4) = \begin{pmatrix} 15 & 0 & -36 & 54 \\ -12 & 0 & 27 & -45 \\ 3 & 0 & -9 & 9 \\ -3 & 0 & 6 & -12 \end{pmatrix}.$$

Vertauschung der 1. und 4. Zeile, Division der 1. Zeile durch -3, anschließendes Ausräumen der 1. Spalte mit Hilfe der 1. Zeile, Division der 2. Zeile durch 3 und anschließendes Ausräumen der 3. Spalte mit Hilfe der 2. Zeile ergibt die Matrizen

$$\begin{pmatrix} 1 & 0 & -2 & 4 \\ 0 & 0 & 3 & 3 \\ 0 & 0 & -3 & -3 \\ 0 & 0 & -6 & -6 \end{pmatrix} \text{ bzw. } \begin{pmatrix} 1 & 0 & 0 & 6 \\ 0 & 0 & 1 & 1 \\ 0 & 0 & 0 & 0 \\ 0 & 0 & 0 & 0 \end{pmatrix}.$$

Die Lösungsmenge dieses homogenen Gleichungssystems ist also

$$\{(-6 \cdot u_4, 1 \cdot u_2, -1 \cdot u_4, 1 \cdot u_4)^t | u_2, u_4 \in \mathbb{Q}\} =$$

$$\{u_2 \cdot (0, 1, 0, 0)^t + u_4 \cdot (-6, 0, -1, 1)^t | u_2, u_4 \in \mathbb{Q}\}.$$

Die Rechnung für den Eigenwert -2 führen wir ähnlich durch:

$$(A + 2 \cdot E_4) = \begin{pmatrix} 18 & 0 & -36 & 54 \\ -12 & 3 & 27 & -45 \\ 3 & 0 & -6 & 9 \\ -3 & 0 & 6 & -9 \end{pmatrix}.$$

Division der 1. Zeile durch 18, anschließendes Ausräumen der 1. Spalte mit Hilfe der 1. Zeile und Division der 2. Zeile durch 3 ergibt die Matrizen

$$\begin{pmatrix} 1 & 0 & -2 & 3 \\ 0 & 3 & 3 & -9 \\ 0 & 0 & 0 & 0 \\ 0 & 0 & 0 & 0 \end{pmatrix} \text{ bzw. } \begin{pmatrix} 1 & 0 & -2 & 3 \\ 0 & 1 & 1 & -3 \\ 0 & 0 & 0 & 0 \\ 0 & 0 & 0 & 0 \end{pmatrix}$$

Die Lösungsmenge des zweiten homogenen Gleichungssystems ist also

$$\{(2 \cdot u_3 - 3 \cdot u_4, -1 \cdot u_3 + 3 \cdot u_4, 1 \cdot u_3, 1 \cdot u_4)^t | u_3, u_4 \in \mathbb{Q}\} =$$

$$\{u_3 \cdot (2, -1, 1, 0)^t + u_4 \cdot (-3, 3, 0, 1)^t | u_3, u_4 \in \mathbb{Q}\}.$$

Folglich ist $\{(0, 1, 0, 0)^t, (-6, 0, -1, 1)^t\}$ eine Basis des Eigenraums $V_1(A)$ und $\{(2, -1, 1, 0)^t, (-3, 3, 0, 1)^t\}$ eine Basis des Eigenraums $V_{-2}(A)$.

Beispiel C.8.2

Wir berechnen die Eigenräume der Matrix $A = \begin{pmatrix} 4 & 12 & 0 & -18 \\ -6 & -5 & 9 & -9 \\ 1 & 2 & -2 & -3 \\ -1 & -2 & 0 & 1 \end{pmatrix}$ aus C.7.2. Wie schon in C.8.1 wissen wir bereits, dass 1 und -2 die einzigen Eigenwerte von A sind; wir müssen also die homogenen Gleichungssysteme $(A - 1 \cdot E_4)\, \boldsymbol{v} = 0$ und $(A + 2 \cdot E_4)\, \boldsymbol{v} = 0$ lösen. Es gilt

$$(A - 1 \cdot E_4) = \begin{pmatrix} 3 & 12 & 0 & -18 \\ -6 & -6 & 9 & -9 \\ 1 & 2 & -3 & -3 \\ -1 & -2 & 0 & 0 \end{pmatrix}.$$

Vertauschung der 1. und 4. Zeile, Multiplikation der 1. Zeile mit -1 und anschließendes Ausräumen der 1. Spalte mit Hilfe der 1. Zeile ergibt die Matrix

$$\begin{pmatrix} 1 & 2 & 0 & 0 \\ 0 & 6 & 9 & -9 \\ 0 & 0 & -3 & -3 \\ 0 & 6 & 0 & -18 \end{pmatrix}.$$

Wir subtrahieren die 2. Zeile von der 4. Zeile, und dividieren anschließend die 3. Zeile durch -3, und addieren das 9-fache der 3. Zeile zur 2. Zeile und zur 4. Zeile; dann dividieren wir die 2. Zeile durch 6 und subtrahieren das 2-fache der 2. Zeile von der 1. Zeile und erhalten so nacheinander

$$\begin{pmatrix} 1 & 2 & 0 & 0 \\ 0 & 6 & 9 & -9 \\ 0 & 0 & -3 & -3 \\ 0 & 0 & -9 & -9 \end{pmatrix}, \begin{pmatrix} 1 & 2 & 0 & 0 \\ 0 & 6 & 0 & -18 \\ 0 & 0 & 1 & 1 \\ 0 & 0 & 0 & 0 \end{pmatrix} \text{ bzw. } \begin{pmatrix} 1 & 0 & 0 & 6 \\ 0 & 1 & 0 & -3 \\ 0 & 0 & 1 & 1 \\ 0 & 0 & 0 & 0 \end{pmatrix}.$$

Die Lösungsmenge dieses homogenen Gleichungssystems ist also

$$\{(-6 \cdot u_4, 3 \cdot u_4, -1 \cdot u_4, 1 \cdot u_4)^t | u_4 \in \mathbb{Q}\} = \{u_4 \cdot (-6, 3, -1, 1)^t | u_4 \in \mathbb{Q}\}.$$

Zur Berechnung des Eigenraums zum Eigenwert -2 müssen wir $(A + 2 \cdot E_4) = \begin{pmatrix} 6 & 12 & 0 & -18 \\ -6 & -3 & 9 & -9 \\ 1 & 2 & 0 & -3 \\ -1 & -2 & 0 & 3 \end{pmatrix}$ auf reduzierte Treppenform bringen. Vertauschung der 1. und 3. Zeile und anschließendes Ausräumen der 1. Spalte mittels der 1. Zeile, Division der 2. Zeile durch 9 und Subtraktion des 2-fachen der 2. Zeile von der 1. Zeile ergibt nacheinander die Matrizen

$$\begin{pmatrix} 1 & 2 & 0 & -3 \\ 0 & 9 & 9 & -27 \\ 0 & 0 & 0 & 0 \\ 0 & 0 & 0 & 0 \end{pmatrix}, \begin{pmatrix} 1 & 2 & 0 & -3 \\ 0 & 1 & 1 & -3 \\ 0 & 0 & 0 & 0 \\ 0 & 0 & 0 & 0 \end{pmatrix} \text{ bzw. } \begin{pmatrix} 1 & 0 & -2 & 3 \\ 0 & 1 & 1 & -3 \\ 0 & 0 & 0 & 0 \\ 0 & 0 & 0 & 0 \end{pmatrix}.$$

Die Lösungsmenge des zweiten homogenen Gleichungssystems ist also

$$\{(2 \cdot u_3 - 3 \cdot u_4, -1 \cdot u_3 + 3 \cdot u_4, 1 \cdot u_3, 1 \cdot u_4)^t | u_3, u_4 \in \mathbb{Q}\} =$$

$$\{u_3 \cdot (2, -1, 1, 0)^t + u_4 \cdot (-3, 3, 0, 1)^t | u_3, u_4 \in \mathbb{Q}\}.$$

Somit ist $(-6, 3, -1, 1)^t$ eine Basis des Eigenraums $V_1(A)$ und $\{(2, -1, 1, 0)^t, (-3, 3, 0, 1)^t\}$ ist eine Basis des Eigenraums $V_{-2}(A)$.

C.9 Diagonalisierung einer Matrix

Beispiel C.9.1

Wir betrachten wieder die Matrix $A = \begin{pmatrix} 16 & 0 & -36 & 54 \\ -12 & 1 & 27 & -45 \\ 3 & 0 & -8 & 9 \\ -3 & 0 & 6 & -11 \end{pmatrix}$ aus C.7.1. Wie wir in C.7.1 gesehen haben, hat A die beiden doppelten Eigenwerte 1 und -2. Nach C.8.1 ist $\{(0, 1, 0, 0)^t, (-6, 0, -1, 1)^t\}$ eine Basis von $V_1(A)$ und $\{(2, -1, 1, 0)^t, (-3, 3, 0, 1)^t\}$ eine Basis von $V_{-2}(A)$. Wir schreiben die 4 Basisvektoren in eine Matrix T, also

$$T = \begin{pmatrix} 0 & -6 & 2 & -3 \\ 1 & 0 & -1 & 3 \\ 0 & -1 & 1 & 0 \\ 0 & 1 & 0 & 1 \end{pmatrix}.$$

Dann gilt

$$A \cdot T = \begin{pmatrix} 0 & -6 & -4 & 6 \\ 1 & 0 & 2 & -6 \\ 0 & -1 & -2 & 0 \\ 0 & 1 & 0 & -2 \end{pmatrix},$$

denn die Spalten von T sind ja gerade Eigenvektoren zu den Eigenwerten 1 bzw. -2. Berechnen wir nun zum Beispiel die 3. Spalte von $T^{-1} \cdot (A \cdot T)$, dann muss man T^{-1} mit der 3. Spalte von $A \cdot T$ multiplizieren. Da die 3. Spalte von $A \cdot T$ und von T sich nur um den Faktor -2 unterscheiden, unterscheiden sich die 3. Spalte von $T^{-1} \cdot (A \cdot T)$ und von $T^{-1} \cdot T$ auch nur um den Faktor -2. Somit folgt

$$T^{-1} \cdot (A \cdot T) = \begin{pmatrix} 1 & 0 & 0 & 0 \\ 0 & 1 & 0 & 0 \\ 0 & 0 & -2 & 0 \\ 0 & 0 & 0 & -2 \end{pmatrix}.$$

Beispiel C.9.2

Betrachten wir nun die Matrix A aus Beispiel C.7.2, die ebenfalls die doppelten Eigenwerte 1 und -2 besitzt; wir haben in Beispiel C.8.2 die Eigenräume von A berechnet und herausgefunden, dass $\dim V_1(A) + \dim V_{-2}(A) = 1 + 2 < 4$ ist. Nach Satz 10.2.6(5) folgt, dass A nicht diagonalisierbar ist.

C.10 Berechnung der Jordan'schen Normalform einer Matrix

Beispiel C.10.1

Wenn wir wieder die Matrix A aus Beispiel C.7.1 betrachten, dann haben wir in C.9.1 bereits die Jordan'sche Normalform der Matrix A ausgerechnet, denn eine Diagonalmatrix ist in Jordan'scher Normalform, und alle Jordankästchen haben die Größe 1.

Beispiel C.10.2

Betrachten wir also wieder die Matrix $A = \begin{pmatrix} 4 & 12 & 0 & -18 \\ -6 & -5 & 9 & -9 \\ 1 & 2 & -2 & -3 \\ -1 & -2 & 0 & 1 \end{pmatrix}$ aus Beispiel C.7.2. In C.8.2 haben wir festgestellt, dass $\dim V_1(A) = 1$ und $\dim V_{-2}(A) = 2$. Folglich gibt es 1 Jordankästchen zum Eigenwert 1 und 2 Jordankästchen zum Eigenwert -2. Da das charakteristische Polynom die doppelte Nullstelle 1 hat, kann das Jordankästchen zum Eigenwert 1 nicht die Größe 1 haben. Da A eine 4×4 Matrix ist, muss es also die Größe 2 haben. Die Jordan'sche Normalform ist also

$$\begin{pmatrix} 1 & 1 & 0 & 0 \\ 0 & 1 & 0 & 0 \\ 0 & 0 & -2 & 0 \\ 0 & 0 & 0 & -2 \end{pmatrix}.$$

Wir wollen jetzt auch noch die Transformationsmatrix T berechnen. Dazu benötigen den verallgemeinerten Eigenraum zum Eigenwert 1. Da 1 ein doppelter Eigenwert ist, ist der verallgemeinerte Eigenraum zum Eigenwert 1 der Kern der Matrix

$$(A - 1 \cdot E_4)^2 = \begin{pmatrix} -45 & 0 & 108 & -162 \\ 36 & 0 & -81 & 135 \\ -9 & 0 & 27 & -27 \\ 9 & 0 & -18 & 36 \end{pmatrix}$$

Vertauschung der 1. und 4. Zeile, Division der 1. Zeile durch 9, Ausräumen der 1. Spalte, Division der 2. Zeile durch -9 und Ausräumen der 3. Spalte ergibt die Matrizen

$$\begin{pmatrix} 1 & 0 & -2 & 4 \\ 0 & 0 & -9 & -9 \\ 0 & 0 & 9 & 9 \\ 0 & 0 & 18 & 18 \end{pmatrix} \text{ und } \begin{pmatrix} 1 & 0 & 0 & 6 \\ 0 & 0 & 1 & 1 \\ 0 & 0 & 0 & 0 \\ 0 & 0 & 0 & 0 \end{pmatrix}.$$

Der verallgemeinerte Eigenraum ist also

$$U_1(A) = \{(-6 \cdot u_4, 1 \cdot u_2, -1 \cdot u_4, 1 \cdot u_4)^t | u_2, u_4 \in \mathbb{Q}\} =$$

$$\{u_2 \cdot (0, 1, 0, 0)^t + u_4 \cdot (-6, 0, -1, 1)^t | u_2, u_4 \in \mathbb{Q}\}.$$

In C.8.2 haben wir berechnet, dass

$$V_1(A) = \{(-6 \cdot u_4, 3 \cdot u_4, -1 \cdot u_4, 1 \cdot u_4)^t | u_4 \in \mathbb{Q}\} = \{u_4 \cdot (-6, 3, -1, 1)^t | u_4 \in \mathbb{Q}\}.$$

Da $(A - 1 \cdot E_4)^2\, \boldsymbol{v} = 0$ für alle $\boldsymbol{v} \in V_4(\mathbb{Q})$ gilt, folgt $(A - 1 \cdot E_4) \cdot ((A - 1 \cdot E_4)\, \boldsymbol{v}) = 0$, also $((A - 1 \cdot E_4)\, \boldsymbol{v}) \in V_1(A)$ für alle $\boldsymbol{v} \in V_4(\mathbb{Q})$. Somit $((A - 1 \cdot E_4)\, \boldsymbol{v}) \in V_1(A) \setminus \{0\}$ für alle $\boldsymbol{v} \in V_4(\mathbb{Q}) \setminus V_1(A)$. Setzen wir $\boldsymbol{v}_2 := (0, 1, 0, 0)^t$, dann gilt

$$\boldsymbol{v}_1 := (A - 1 \cdot E_4) \cdot \boldsymbol{v}_2 = (A - 1 \cdot E_4) \cdot (0, 1, 0, 0)^t = (12, -6, 2, -2)^t \in V_1(A),$$

$$\text{also } A \cdot \boldsymbol{v}_1 = 1 \cdot \boldsymbol{v}_1, \quad \text{und}$$

$$A \cdot \boldsymbol{v}_2 = \boldsymbol{v}_1 + 1 \cdot E_4 \cdot \boldsymbol{v}_2 = \boldsymbol{v}_1 + 1 \cdot \boldsymbol{v}_2.$$

Sind $\boldsymbol{v}_3$ und $\boldsymbol{v}_4$ noch linear unabhängige Eigenvektoren zum Eigenwert -2, also zum Beispiel $\boldsymbol{v}_3 = (2, -1, 1, 0)^t$ und $\boldsymbol{v}_4 = (-3, 3, 0, 1)^t$, dann hat die Matrix A bzgl. der Basis $\{\boldsymbol{v}_1, \boldsymbol{v}_2, \boldsymbol{v}_3, \boldsymbol{v}_4\}$ die Gestalt

$$\begin{pmatrix} 1 & 1 & 0 & 0 \\ 0 & 1 & 0 & 0 \\ 0 & 0 & -2 & 0 \\ 0 & 0 & 0 & -2 \end{pmatrix}.$$

Eine Transformationsmatrix ist also zum Beispiel

$$T = \begin{pmatrix} 12 & 0 & 2 & -3 \\ -6 & 1 & -1 & 3 \\ 2 & 0 & 1 & 0 \\ -2 & 0 & 0 & 1 \end{pmatrix}.$$

C.11 Systeme linearer Differentialgleichungen

Wir betrachten das folgende System linearer Differentialgleichungen erster Ordnung mit konstanten Koeffizienten über dem Körper $\mathbb{R}$ (vgl. 10.3):

$$\begin{aligned} y_1' &= 4 \cdot y_1 + 12 \cdot y_2 - 18 \cdot y_4 \\ y_2' &= -6 \cdot y_1 - 5 \cdot y_2 + 9 \cdot y_3 - 9 \cdot y_4 \\ y_3' &= 1 \cdot y_1 + 2 \cdot y_2 - 2 \cdot y_3 - 3 \cdot y_4 \\ y_4' &= -1 \cdot y_1 - 2 \cdot y_2 + 1 \cdot y_4 \end{aligned}$$

Dieses können wir auch

$$\boldsymbol{y}' = A\, \boldsymbol{y}$$

schreiben, wobei $\boldsymbol{y} = (y_1, y_2, y_3, y_4)^t$ der Vektor der Unbekannten ist, und A die bereits aus Beispiel C.7.2 bekannte Matrix $\begin{pmatrix} 4 & 12 & 0 & -18 \\ -6 & -5 & 9 & -9 \\ 1 & 2 & -2 & -3 \\ -1 & -2 & 0 & 1 \end{pmatrix}$. Sei T die Transformationsmatrix aus C.10.2. Wir setzen $(w_1, w_2, w_3, w_4)^t := \boldsymbol{w} := T^{-1}\, \boldsymbol{y}$.

Da Differenzieren linear ist, folgt

$$w' = T^{-1}\ y' = T^{-1}\ A\ y = T^{-1}\ A\ T\ w =$$

$$\begin{pmatrix} 1 & 1 & 0 & 0 \\ 0 & 1 & 0 & 0 \\ 0 & 0 & -2 & 0 \\ 0 & 0 & 0 & -2 \end{pmatrix} \cdot \begin{pmatrix} w_1 \\ w_2 \\ w_3 \\ w_4 \end{pmatrix} = \begin{pmatrix} w_1 + w_2 \\ w_2 \\ -2w_3 \\ -2w_4 \end{pmatrix}.$$

Die Lösung für w_2 ist gemäß dem 1. Fall in 10.1.3 $w_2(t) = C_2\ e^t$ mit einer Konstanten $C_2 \in \mathbb{R}$. Die Lösung für w_1 ist somit $w_1(t) = C_1\ e^t + C_2\ e^t$ mit einer weiteren Konstante $C_1 \in \mathbb{R}$. Ebenso sind die Lösungen $w_3(t) = C_3\ e^{-2t}$, $w_4(t) = C_4\ e^{-2t}$ mit Konstanten $C_3, C_4 \in \mathbb{R}$. Wir sind natürlich an den Lösungen y_1, y_2, y_3, y_4 interessiert; da $w = T^{-1}\ y$, folgt

$$y = T w = \begin{pmatrix} 12 & 0 & 2 & -3 \\ -6 & 1 & -1 & 3 \\ 2 & 0 & 1 & 0 \\ -2 & 0 & 0 & 1 \end{pmatrix} \begin{pmatrix} C_1\ e^t + C_2\ e^t \\ C_2\ e^t \\ C_3\ e^{-2t} \\ C_4\ e^{-2t} \end{pmatrix} =$$

$$\begin{pmatrix} 12C_1\ e^t + 12C_2\ e^t + 2C_3\ e^{-2t} - 3C_4\ e^{-2t} \\ -6C_1\ e^t - 5C_2\ e^t - C_3\ e^{-2t} + 3C_4\ e^{-2t} \\ 2C_1\ e^t + 2C_2\ e^t + C_3\ e^{-2t} \\ -2C_1\ e^t - 2C_2\ e^t + C_4\ e^{-2t} \end{pmatrix}.$$

C.12 Das Orthonormalisierungsverfahren von Gram-Schmidt

Beispiel C.12.1

Seien $u_1 := (1, 1, 1, 1)$, $u_2 := (1, 1, 0, 0)$ und $u_3 := (5, 3, -3, -5) \in V_4(\mathbb{Q})$. Wir setzen $v_1 := \frac{1}{||u_1||}\ u_1 = \frac{1}{2} u_1$. Dann gilt $||v_1|| = 1$. Nach dem Beweis von Satz 12.2.3 müssen wir den folgenden Vektor berechnen:

$$\begin{array}{cccc} u_2 & - & \langle v_1,\ u_2\rangle & v_1 & = \\ (1,1,0,0) & - & \langle \frac{1}{2}(1,1,1,1),\ (1,1,0,0)\rangle & \frac{1}{2}(1,1,1,1) & = \\ (1,1,0,0) & - & \frac{1}{2}\langle (1,1,1,1),\ (1,1,0,0)\rangle & \frac{1}{2}(1,1,1,1) & = \\ (1,1,0,0) & - & \frac{1}{2}\cdot 2 & \frac{1}{2}(1,1,1,1) & = \\ \frac{1}{2}(1,1,-1,-1). & & & & \end{array}$$

Da dieser Vektor die Länge 1 hat, setzen wir $v_2 := \frac{1}{2}(1, 1, -1, -1)$.

Analog berechnen wir nun

$$\begin{array}{llll}
u_3 & - & \langle v_1,\ u_3\rangle & v_1 \\
 & - & \langle v_2,\ u_3\rangle & v_2 \quad = \\
(5,3,-3,-5) & - & \langle \frac{1}{2}(1,1,1,1),\ (5,3,-3,-5)\rangle & \frac{1}{2}(1,1,1,1) \\
 & - & \langle \frac{1}{2}(1,1,-1,-1),\ (5,3,-3,-5)\rangle & \frac{1}{2}(1,1,-1,-1) = \\
(5,3,-3,-5) & - & \frac{1}{2}\langle (1,1,1,1),\ (5,3,-3,-5)\rangle & \frac{1}{2}(1,1,1,1) \\
 & - & \frac{1}{2}\langle (1,1,-1,-1),\ (5,3,-3,-5)\rangle & \frac{1}{2}(1,1,-1,-1) = \\
(5,3,-3,-5) & - & \frac{1}{2}\cdot 0 & \frac{1}{2}(1,1,1,1) \\
 & - & \frac{1}{2}\cdot 16 & \frac{1}{2}(1,1,-1,-1) = \\
(1,-1,1,-1). & & &
\end{array}$$

Da dieser Vektor die Länge 2 hat, setzen wir $v_3 := \frac{1}{2}(1,-1,1,-1)$.

Beispiel C.12.2

Seien $u_1 := (1,1,1,1,1)$, $u_2 := (-2,-1,0,1,2)$ und $u_3 := (4,1,0,1,4) \in V_5(\mathbb{Q})$. Wir setzen $v_1 := \frac{1}{||u_1||}\, u_1 = \frac{1}{\sqrt{5}} u_1$. Dann gilt $||v_1|| = 1$.

Nach dem Beweis von Satz 12.2.3 müssen wir den folgenden Vektor berechnen:

$$\begin{array}{llll}
u_2 & - & \langle v_1,\ u_2\rangle & v_1 \quad = \\
(-2,-1,0,1,2) & - & \langle \frac{1}{\sqrt{5}}(1,1,1,1,1),\ (-2,-1,0,1,2)\rangle & \frac{1}{\sqrt{5}}(1,1,1,1,1) = \\
(-2,-1,0,1,2) & - & \frac{1}{\sqrt{5}}\langle (1,1,1,1,1),\ (-2,-1,0,1,2)\rangle & \frac{1}{\sqrt{5}}(1,1,1,1,1) = \\
(-2,-1,0,1,2). & & &
\end{array}$$

Da dieser Vektor die Länge $\sqrt{10}$ hat, setzen wir $v_2 := \frac{1}{\sqrt{10}}(-2,-1,0,1,2)$.

Analog berechnen wir nun

$$\begin{array}{llll}
u_3 & - & \langle v_1,\ u_3\rangle & v_1 \\
 & - & \langle v_2,\ u_3\rangle & v_2 \quad = \\
(4,1,0,1,4) & - & \langle \frac{1}{\sqrt{5}}(1,1,1,1,1),\ (4,1,0,1,4)\rangle & \frac{1}{\sqrt{5}}(1,1,1,1,1) \\
 & - & \langle \frac{1}{\sqrt{10}}(-2,-1,0,1,2),\ (4,1,0,1,4)\rangle & \frac{1}{\sqrt{10}}(-2,-1,0,1,2) = \\
(4,1,0,1,4) & - & \frac{1}{\sqrt{5}}\langle (1,1,1,1,1),\ (4,1,0,1,4)\rangle & \frac{1}{\sqrt{5}}(1,1,1,1,1) \\
 & - & \frac{1}{\sqrt{10}}\langle (-2,-1,0,1,2),\ (4,1,0,1,4)\rangle & \frac{1}{\sqrt{10}}(-2,-1,0,1,2) = \\
(4,1,0,1,4) & - & \frac{1}{\sqrt{5}}\cdot 10 & \frac{1}{\sqrt{5}}(1,1,1,1,1) \quad = \\
(2,-1,-2,-1,2). & & &
\end{array}$$

Wir setzen also $v_3 := \frac{1}{||(2,-1,-2,-1,2)||}(2,-1,-2,-1,2) = \frac{1}{\sqrt{14}}(2,-1,-2,-1,2)$.

C.13 Berechnung einer Matrix-Faktorisierung

Beispiel C.13.1

Sei $A := \begin{pmatrix} 1 & 1 & 5 \\ 1 & 1 & 3 \\ 1 & 0 & -3 \\ 1 & 0 & -5 \end{pmatrix}$. Wir wollen die Faktorisierung dieser Matrix gemäß Satz 12.3.5 berechnen. Wie im Beweis von Satz 12.3.5 bedeutet die Berechnung dieser Faktorisierung die Durchführung des Orthonormalisierungsverfahren von Gram-Schmidt mit den Spaltenvektoren der Matrix A, also mit den Vektoren u_1, u_2, u_3 aus C.12.1. Dort haben wir ausgerechnet, dass $\boldsymbol{v}_1 = \frac{1}{2}\boldsymbol{u}_1$, $\boldsymbol{v}_2 = u_2 - v_1$, und $\boldsymbol{v}_3 = \frac{1}{2} \cdot (u_3 - 8 \cdot v_2)$ eine Orthonormalbasis des von $\{u_1, u_2, u_3\}$ erzeugten Unterraums sind. Es folgt

$$
\begin{pmatrix} 1 & 1 & 5 \\ 1 & 1 & 3 \\ 1 & 0 & -3 \\ 1 & 0 & -5 \end{pmatrix} \cdot \begin{pmatrix} \frac{1}{2} & 0 & 0 \\ 0 & 1 & 0 \\ 0 & 0 & 1 \end{pmatrix} = \begin{pmatrix} \frac{1}{2} & 1 & 5 \\ \frac{1}{2} & 1 & 3 \\ \frac{1}{2} & 0 & -3 \\ \frac{1}{2} & 0 & -5 \end{pmatrix}
$$

$$
\begin{pmatrix} \frac{1}{2} & 1 & 5 \\ \frac{1}{2} & 1 & 3 \\ \frac{1}{2} & 0 & -3 \\ \frac{1}{2} & 0 & -5 \end{pmatrix} \cdot \begin{pmatrix} 1 & -1 & 0 \\ 0 & 1 & 0 \\ 0 & 0 & 1 \end{pmatrix} = \begin{pmatrix} \frac{1}{2} & \frac{1}{2} & 5 \\ \frac{1}{2} & \frac{1}{2} & 3 \\ \frac{1}{2} & -\frac{1}{2} & -3 \\ \frac{1}{2} & -\frac{1}{2} & -5 \end{pmatrix}
$$

$$
\begin{pmatrix} \frac{1}{2} & \frac{1}{2} & 5 \\ \frac{1}{2} & \frac{1}{2} & 3 \\ \frac{1}{2} & -\frac{1}{2} & -3 \\ \frac{1}{2} & -\frac{1}{2} & -5 \end{pmatrix} \cdot \begin{pmatrix} 1 & 0 & 0 \\ 0 & 1 & -8 \\ 0 & 0 & 1 \end{pmatrix} \cdot \begin{pmatrix} 1 & 0 & 0 \\ 0 & 1 & 0 \\ 0 & 0 & \frac{1}{2} \end{pmatrix} = \begin{pmatrix} \frac{1}{2} & \frac{1}{2} & \frac{1}{2} \\ \frac{1}{2} & \frac{1}{2} & -\frac{1}{2} \\ \frac{1}{2} & -\frac{1}{2} & \frac{1}{2} \\ \frac{1}{2} & -\frac{1}{2} & -\frac{1}{2} \end{pmatrix}
$$

Hieraus ergibt sich

$$
\begin{aligned}
A &= \begin{pmatrix} 1 & 1 & 5 \\ 1 & 1 & 3 \\ 1 & 0 & -3 \\ 1 & 0 & -5 \end{pmatrix} \\
&= \begin{pmatrix} \frac{1}{2} & 1 & 5 \\ \frac{1}{2} & 1 & 3 \\ \frac{1}{2} & 0 & -3 \\ \frac{1}{2} & 0 & -5 \end{pmatrix} \cdot \begin{pmatrix} \frac{1}{2} & 0 & 0 \\ 0 & 1 & 0 \\ 0 & 0 & 1 \end{pmatrix}^{-1} \\
&= \begin{pmatrix} \frac{1}{2} & \frac{1}{2} & 5 \\ \frac{1}{2} & \frac{1}{2} & 3 \\ \frac{1}{2} & -\frac{1}{2} & -3 \\ \frac{1}{2} & -\frac{1}{2} & -5 \end{pmatrix} \cdot \begin{pmatrix} 1 & -1 & 0 \\ 0 & 1 & 0 \\ 0 & 0 & 1 \end{pmatrix}^{-1} \cdot \begin{pmatrix} 2 & 0 & 0 \\ 0 & 1 & 0 \\ 0 & 0 & 1 \end{pmatrix}
\end{aligned}
$$

$$= \begin{pmatrix} \frac{1}{2} & \frac{1}{2} & \frac{1}{2} \\ \frac{1}{2} & \frac{1}{2} & -\frac{1}{2} \\ \frac{1}{2} & -\frac{1}{2} & \frac{1}{2} \\ \frac{1}{2} & -\frac{1}{2} & -\frac{1}{2} \end{pmatrix} \cdot \begin{pmatrix} 1 & 0 & 0 \\ 0 & 1 & 0 \\ 0 & 0 & 2 \end{pmatrix} \cdot \begin{pmatrix} 1 & 0 & 0 \\ 0 & 1 & 8 \\ 0 & 0 & 1 \end{pmatrix} \cdot \begin{pmatrix} 1 & 1 & 0 \\ 0 & 1 & 0 \\ 0 & 0 & 1 \end{pmatrix} \cdot \begin{pmatrix} 2 & 0 & 0 \\ 0 & 1 & 0 \\ 0 & 0 & 1 \end{pmatrix}$$

$$= \begin{pmatrix} \frac{1}{2} & \frac{1}{2} & \frac{1}{2} \\ \frac{1}{2} & \frac{1}{2} & -\frac{1}{2} \\ \frac{1}{2} & -\frac{1}{2} & \frac{1}{2} \\ \frac{1}{2} & -\frac{1}{2} & -\frac{1}{2} \end{pmatrix} \cdot \begin{pmatrix} 1 & 0 & 0 \\ 0 & 1 & 0 \\ 0 & 0 & 2 \end{pmatrix} \cdot \begin{pmatrix} 1 & 1 & 0 \\ 0 & 1 & 8 \\ 0 & 0 & 1 \end{pmatrix} \cdot \begin{pmatrix} 2 & 0 & 0 \\ 0 & 1 & 0 \\ 0 & 0 & 1 \end{pmatrix}$$

$$= \begin{pmatrix} \frac{1}{2} & \frac{1}{2} & \frac{1}{2} \\ \frac{1}{2} & \frac{1}{2} & -\frac{1}{2} \\ \frac{1}{2} & -\frac{1}{2} & \frac{1}{2} \\ \frac{1}{2} & -\frac{1}{2} & -\frac{1}{2} \end{pmatrix} \cdot \begin{pmatrix} 2 & 1 & 0 \\ 0 & 1 & 8 \\ 0 & 0 & 2 \end{pmatrix}$$

Für $P = \begin{pmatrix} \frac{1}{2} & \frac{1}{2} & \frac{1}{2} \\ \frac{1}{2} & \frac{1}{2} & -\frac{1}{2} \\ \frac{1}{2} & -\frac{1}{2} & \frac{1}{2} \\ \frac{1}{2} & -\frac{1}{2} & -\frac{1}{2} \end{pmatrix}$ und $T = \begin{pmatrix} 2 & 1 & 0 \\ 0 & 1 & 8 \\ 0 & 0 & 2 \end{pmatrix}$ erhalten wir also die gewünschte Matrixfaktorisierung $A = PT$, wobei die Spalten von P ein ON-System bilden und T eine obere Dreiecksmatrix mit positiven Diagonaleinträgen ist.

Beispiel C.13.2

Sei $A := \begin{pmatrix} 1 & -2 & 4 \\ 1 & -1 & 1 \\ 1 & 0 & 0 \\ 1 & 1 & 1 \\ 1 & 2 & 4 \end{pmatrix}$. Wir wollen die Faktorisierung dieser Matrix gemäß Satz 12.3.5 berechnen. Wie im Beweis von Satz 12.3.5 bedeutet die Berechnung dieser Faktorisierung die Durchführung des Orthonormalisierungsverfahren von Gram-Schmidt mit den Spaltenvektoren der Matrix A, also mit den Vektoren u_1, u_2, u_3 aus C.12.2. Dort haben wir ausgerechnet, dass $\boldsymbol{v}_1 = \frac{1}{\sqrt{5}}\boldsymbol{u}_1$, $\boldsymbol{v}_2 = \frac{1}{\sqrt{10}}\boldsymbol{u}_2$, und $\boldsymbol{v}_3 = \frac{1}{\sqrt{14}}(\boldsymbol{u}_3 - \frac{10}{\sqrt{5}}\boldsymbol{v}_1)$ eine Orthonormalbasis des von $\{u_1, u_2, u_3\}$ erzeugten Unterraums sind. Es folgt

$$\begin{pmatrix} 1 & -2 & 4 \\ 1 & -1 & 1 \\ 1 & 0 & 0 \\ 1 & 1 & 1 \\ 1 & 2 & 4 \end{pmatrix} \cdot \begin{pmatrix} \frac{1}{\sqrt{5}} & 0 & 0 \\ 0 & 1 & 0 \\ 0 & 0 & 1 \end{pmatrix} = \begin{pmatrix} \frac{1}{\sqrt{5}} & -2 & 4 \\ \frac{1}{\sqrt{5}} & -1 & 1 \\ \frac{1}{\sqrt{5}} & 0 & 0 \\ \frac{1}{\sqrt{5}} & 1 & 1 \\ \frac{1}{\sqrt{5}} & 2 & 4 \end{pmatrix}$$

$$\begin{pmatrix} \frac{1}{\sqrt{5}} & -2 & 4 \\ \frac{1}{\sqrt{5}} & -1 & 1 \\ \frac{1}{\sqrt{5}} & 0 & 0 \\ \frac{1}{\sqrt{5}} & 1 & 1 \\ \frac{1}{\sqrt{5}} & 2 & 4 \end{pmatrix} \cdot \begin{pmatrix} 1 & 0 & 0 \\ 0 & \frac{1}{\sqrt{10}} & 0 \\ 0 & 0 & 1 \end{pmatrix} = \begin{pmatrix} \frac{1}{\sqrt{5}} & -2 \cdot \frac{1}{\sqrt{10}} & 4 \\ \frac{1}{\sqrt{5}} & -1 \cdot \frac{1}{\sqrt{10}} & 1 \\ \frac{1}{\sqrt{5}} & 0 & 0 \\ \frac{1}{\sqrt{5}} & 1 \cdot \frac{1}{\sqrt{10}} & 1 \\ \frac{1}{\sqrt{5}} & 2 \cdot \frac{1}{\sqrt{10}} & 4 \end{pmatrix}$$

$$\begin{pmatrix} \frac{1}{\sqrt{5}} & -2 \cdot \frac{1}{\sqrt{10}} & 4 \\ \frac{1}{\sqrt{5}} & -1 \cdot \frac{1}{\sqrt{10}} & 1 \\ \frac{1}{\sqrt{5}} & 0 & 0 \\ \frac{1}{\sqrt{5}} & 1 \cdot \frac{1}{\sqrt{10}} & 1 \\ \frac{1}{\sqrt{5}} & 2 \cdot \frac{1}{\sqrt{10}} & 4 \end{pmatrix} \cdot \begin{pmatrix} 1 & 0 & -\frac{10}{\sqrt{5}} \\ 0 & 1 & 0 \\ 0 & 0 & 1 \end{pmatrix} \cdot \begin{pmatrix} 1 & 0 & 0 \\ 0 & 1 & 0 \\ 0 & 0 & \frac{1}{\sqrt{14}} \end{pmatrix} = \begin{pmatrix} \frac{1}{\sqrt{5}} & -2 \cdot \frac{1}{\sqrt{10}} & 2 \cdot \frac{1}{\sqrt{14}} \\ \frac{1}{\sqrt{5}} & -1 \cdot \frac{1}{\sqrt{10}} & -1 \cdot \frac{1}{\sqrt{14}} \\ \frac{1}{\sqrt{5}} & 0 & -2 \cdot \frac{1}{\sqrt{14}} \\ \frac{1}{\sqrt{5}} & 1 \cdot \frac{1}{\sqrt{10}} & -1 \cdot \frac{1}{\sqrt{14}} \\ \frac{1}{\sqrt{5}} & 2 \cdot \frac{1}{\sqrt{10}} & 2 \cdot \frac{1}{\sqrt{14}} \end{pmatrix}$$

Hieraus ergibt sich

$$A = \begin{pmatrix} 1 & -2 & 4 \\ 1 & -1 & 1 \\ 1 & 0 & 0 \\ 1 & 1 & 1 \\ 1 & 2 & 4 \end{pmatrix}$$

$$= \begin{pmatrix} \frac{1}{\sqrt{5}} & -2 & 4 \\ \frac{1}{\sqrt{5}} & -1 & 1 \\ \frac{1}{\sqrt{5}} & 0 & 0 \\ \frac{1}{\sqrt{5}} & 1 & 1 \\ \frac{1}{\sqrt{5}} & 2 & 4 \end{pmatrix} \cdot \begin{pmatrix} \sqrt{5} & 0 & 0 \\ 0 & 1 & 0 \\ 0 & 0 & 1 \end{pmatrix}$$

$$= \begin{pmatrix} \frac{1}{\sqrt{5}} & -2\cdot\frac{1}{\sqrt{10}} & 4 \\ \frac{1}{\sqrt{5}} & -1\cdot\frac{1}{\sqrt{10}} & 1 \\ \frac{1}{\sqrt{5}} & 0 & 0 \\ \frac{1}{\sqrt{5}} & 1\cdot\frac{1}{\sqrt{10}} & 1 \\ \frac{1}{\sqrt{5}} & 2\cdot\frac{1}{\sqrt{10}} & 4 \end{pmatrix} \cdot \begin{pmatrix} 1 & 0 & 0 \\ 0 & \sqrt{10} & 0 \\ 0 & 0 & 1 \end{pmatrix} \cdot \begin{pmatrix} \sqrt{5} & 0 & 0 \\ 0 & 1 & 0 \\ 0 & 0 & 1 \end{pmatrix}$$

$$= \begin{pmatrix} \frac{1}{\sqrt{5}} & -2\cdot\frac{1}{\sqrt{10}} & 2\cdot\frac{1}{\sqrt{14}} \\ \frac{1}{\sqrt{5}} & -1\cdot\frac{1}{\sqrt{10}} & -1\cdot\frac{1}{\sqrt{14}} \\ \frac{1}{\sqrt{5}} & 0 & -2\cdot\frac{1}{\sqrt{14}} \\ \frac{1}{\sqrt{5}} & 1\cdot\frac{1}{\sqrt{10}} & -1\cdot\frac{1}{\sqrt{14}} \\ \frac{1}{\sqrt{5}} & 2\cdot\frac{1}{\sqrt{10}} & 2\cdot\frac{1}{\sqrt{14}} \end{pmatrix} \cdot \begin{pmatrix} 1 & 0 & 0 \\ 0 & 1 & 0 \\ 0 & 0 & \sqrt{14} \end{pmatrix} \cdot \begin{pmatrix} 1 & 0 & -\frac{10}{\sqrt{5}} \\ 0 & 1 & 0 \\ 0 & 0 & 1 \end{pmatrix}^{-1} \cdot \begin{pmatrix} \sqrt{5} & 0 & 0 \\ 0 & \sqrt{10} & 0 \\ 0 & 0 & 1 \end{pmatrix}$$

Wir erhalten

$$A = \begin{pmatrix} \frac{1}{\sqrt{5}} & -2\cdot\frac{1}{\sqrt{10}} & 2\cdot\frac{1}{\sqrt{14}} \\ \frac{1}{\sqrt{5}} & -1\cdot\frac{1}{\sqrt{10}} & -1\cdot\frac{1}{\sqrt{14}} \\ \frac{1}{\sqrt{5}} & 0 & -2\cdot\frac{1}{\sqrt{14}} \\ \frac{1}{\sqrt{5}} & 1\cdot\frac{1}{\sqrt{10}} & -1\cdot\frac{1}{\sqrt{14}} \\ \frac{1}{\sqrt{5}} & 2\cdot\frac{1}{\sqrt{10}} & 2\cdot\frac{1}{\sqrt{14}} \end{pmatrix} \cdot \begin{pmatrix} 1 & 0 & 0 \\ 0 & 1 & 0 \\ 0 & 0 & \sqrt{14} \end{pmatrix} \cdot \begin{pmatrix} 1 & 0 & \frac{10}{\sqrt{5}} \\ 0 & 1 & 0 \\ 0 & 0 & 1 \end{pmatrix} \cdot \begin{pmatrix} \sqrt{5} & 0 & 0 \\ 0 & \sqrt{10} & 0 \\ 0 & 0 & 1 \end{pmatrix}$$

$$= \begin{pmatrix} \frac{1}{\sqrt{5}} & -2\cdot\frac{1}{\sqrt{10}} & 2\cdot\frac{1}{\sqrt{14}} \\ \frac{1}{\sqrt{5}} & -1\cdot\frac{1}{\sqrt{10}} & -1\cdot\frac{1}{\sqrt{14}} \\ \frac{1}{\sqrt{5}} & 0 & -2\cdot\frac{1}{\sqrt{14}} \\ \frac{1}{\sqrt{5}} & 1\cdot\frac{1}{\sqrt{10}} & -1\cdot\frac{1}{\sqrt{14}} \\ \frac{1}{\sqrt{5}} & 2\cdot\frac{1}{\sqrt{10}} & 2\cdot\frac{1}{\sqrt{14}} \end{pmatrix} \cdot \begin{pmatrix} 1 & 0 & \frac{10}{\sqrt{5}} \\ 0 & 1 & 0 \\ 0 & 0 & \sqrt{14} \end{pmatrix} \cdot \begin{pmatrix} \sqrt{5} & 0 & 0 \\ 0 & \sqrt{10} & 0 \\ 0 & 0 & 1 \end{pmatrix}$$

$$= \begin{pmatrix} \frac{1}{\sqrt{5}} & -2\cdot\frac{1}{\sqrt{10}} & 2\cdot\frac{1}{\sqrt{14}} \\ \frac{1}{\sqrt{5}} & -1\cdot\frac{1}{\sqrt{10}} & -1\cdot\frac{1}{\sqrt{14}} \\ \frac{1}{\sqrt{5}} & 0 & -2\cdot\frac{1}{\sqrt{14}} \\ \frac{1}{\sqrt{5}} & 1\cdot\frac{1}{\sqrt{10}} & -1\cdot\frac{1}{\sqrt{14}} \\ \frac{1}{\sqrt{5}} & 2\cdot\frac{1}{\sqrt{10}} & 2\cdot\frac{1}{\sqrt{14}} \end{pmatrix} \cdot \begin{pmatrix} \sqrt{5} & 0 & 2\sqrt{5} \\ 0 & \sqrt{10} & 0 \\ 0 & 0 & \sqrt{14} \end{pmatrix}$$

Für $P = \begin{pmatrix} \frac{1}{\sqrt{5}} & -2\cdot\frac{1}{\sqrt{10}} & 2\cdot\frac{1}{\sqrt{14}} \\ \frac{1}{\sqrt{5}} & -1\cdot\frac{1}{\sqrt{10}} & -1\cdot\frac{1}{\sqrt{14}} \\ \frac{1}{\sqrt{5}} & 0 & -2\cdot\frac{1}{\sqrt{14}} \\ \frac{1}{\sqrt{5}} & 1\cdot\frac{1}{\sqrt{10}} & -1\cdot\frac{1}{\sqrt{14}} \\ \frac{1}{\sqrt{5}} & 2\cdot\frac{1}{\sqrt{10}} & 2\cdot\frac{1}{\sqrt{14}} \end{pmatrix}$ und $T = \begin{pmatrix} \sqrt{5} & 0 & 2\sqrt{5} \\ 0 & \sqrt{10} & 0 \\ 0 & 0 & \sqrt{14} \end{pmatrix}$ erhalten wir also die gewünschte Matrixfaktorisierung $A = PT$, wobei die Spalten von P ein ON-System bilden und T eine obere Dreiecksmatrix mit positiven Diagonaleinträgen ist.

C.14 Beste Näherungslösung eines Gleichungssystems

Beispiel C.14.1

Wir wollen die beste Näherungslösung des Gleichungssystems $A\,\boldsymbol{x} = \boldsymbol{b}$ berechnen, wobei $A := \begin{pmatrix} 1 & 1 & 5 \\ 1 & 1 & 3 \\ 1 & 0 & -3 \\ 1 & 0 & -5 \end{pmatrix}$ die Matrix aus C.13.1 ist. Nach (12.19) gilt für die beste Näherungslösung $\boldsymbol{x}_0 : T\,\boldsymbol{x}_0 = P^t\,\boldsymbol{b}$, wobei $T = \begin{pmatrix} 2 & 1 & 0 \\ 0 & 1 & 8 \\ 0 & 0 & 2 \end{pmatrix}$ und $P = \frac{1}{2}\begin{pmatrix} 1 & 1 & 1 \\ 1 & 1 & -1 \\ 1 & -1 & 1 \\ 1 & -1 & -1 \end{pmatrix}$ die in C.13.1 berechneten Matrizen sind mit $A = PT$.

Es gilt $T^{-1} = \begin{pmatrix} \frac{1}{2} & -\frac{1}{2} & 2 \\ 0 & 1 & -4 \\ 0 & 0 & \frac{1}{2} \end{pmatrix}$ und $T^{-1}P^t = \begin{pmatrix} 1 & -1 & \frac{3}{2} & -\frac{1}{2} \\ -\frac{3}{2} & \frac{5}{2} & -\frac{5}{2} & \frac{3}{2} \\ \frac{1}{4} & -\frac{1}{4} & \frac{1}{4} & -\frac{1}{4} \end{pmatrix}$.

Ist $\boldsymbol{b}$ konkret gegeben, dann empfiehlt es sich aus rechentechnischen Gründen $P^t\,\boldsymbol{b}$ zunächst auszurechnen: Sei also zum Beispiel $\boldsymbol{b} = (1, 2, 3, 4)^t$. Dann gilt

$$P^t\,\boldsymbol{b} = \frac{1}{2}\begin{pmatrix} 1 & 1 & 1 & 1 \\ 1 & 1 & -1 & -1 \\ 1 & -1 & 1 & -1 \end{pmatrix}\begin{pmatrix} 1 \\ 2 \\ 3 \\ 4 \end{pmatrix} = \begin{pmatrix} 5 \\ -2 \\ -1 \end{pmatrix}.$$

Für die beste Näherungslösung $(x_1, x_2, x_3)^t \in V_3(\mathbb{Q})$ folgt dann

$$2\,x_3 = -1, \quad x_2 = -2 - 8\,x_3 \;\text{ und }\; 2\,x_1 = 5 - x_2, \;\text{ so dass}$$

$$x_3 = -\frac{1}{2}, \quad x_2 = 2 \;\text{ und }\; x_1 = \frac{3}{2}.$$

Beispiel C.14.2

$f \;=\; \alpha_0 \;+\; \alpha_1 X \;+\; \alpha_2 X^2$ in $\mathbb{Q}[X]$ vom Grad ≤ 2, so dass gilt

$$f(-2) = b_1,\, f(-1) = b_2,\, f(0) = b_3,\, f(1) = b_4,\, f(2) = b_5.$$

Da dieses Gleichungssystem im Allgemeinen keine Lösung hat, sind wir daran interessiert, α_0, α_1 und α_2 so zu bestimmen, dass

$$(f(-2) - b_1)^2 + (f(-1) - b_2)^2 + (f(0) - b_3)^2 + (f(1) - b_4)^2 + (f(1) - b_5)^2$$

minimal wird. Dies bedeutet, dass wir die beste Näherungslösung des Systems $A\begin{pmatrix}\alpha_0\\ \alpha_1\\ \alpha_2\end{pmatrix} = \begin{pmatrix}b_1\\ b_2\\ b_3\\ b_4\\ b_5\end{pmatrix}$ berechnen müssen, wobei $A := \begin{pmatrix}1 & -2 & 4\\ 1 & -1 & 1\\ 1 & 0 & 0\\ 1 & 1 & 1\\ 1 & 2 & 4\end{pmatrix}$ die Matrix aus C.13.2 ist. Nach (12.19) gilt für die beste Näherungslösung $\begin{pmatrix}\alpha_0\\ \alpha_1\\ \alpha_2\end{pmatrix}$:

$$T\begin{pmatrix}\alpha_0\\ \alpha_1\\ \alpha_2\end{pmatrix} = P^t\begin{pmatrix}b_1\\ b_2\\ b_3\\ b_4\\ b_5\end{pmatrix}$$

wobei $T = \begin{pmatrix}\sqrt{5} & 0 & 2\sqrt{5}\\ 0 & \sqrt{10} & 0\\ 0 & 0 & \sqrt{14}\end{pmatrix}$ und $P = \begin{pmatrix}\frac{1}{\sqrt{5}} & -2\cdot\frac{1}{\sqrt{10}} & 2\cdot\frac{1}{\sqrt{14}}\\ \frac{1}{\sqrt{5}} & -1\cdot\frac{1}{\sqrt{10}} & -1\cdot\frac{1}{\sqrt{14}}\\ \frac{1}{\sqrt{5}} & 0 & -2\cdot\frac{1}{\sqrt{14}}\\ \frac{1}{\sqrt{5}} & 1\cdot\frac{1}{\sqrt{10}} & -1\cdot\frac{1}{\sqrt{14}}\\ \frac{1}{\sqrt{5}} & 2\cdot\frac{1}{\sqrt{10}} & 2\cdot\frac{1}{\sqrt{14}}\end{pmatrix}$

die in C.13.2 berechneten Matrizen sind mit $A = PT$. Es gilt

$$\begin{aligned}
P^t\begin{pmatrix}b_1\\ b_2\\ b_3\\ b_4\\ b_5\end{pmatrix} &= \begin{pmatrix}\frac{1}{\sqrt{5}} & \frac{1}{\sqrt{5}} & \frac{1}{\sqrt{5}} & \frac{1}{\sqrt{5}} & \frac{1}{\sqrt{5}}\\ -2\cdot\frac{1}{\sqrt{10}} & -1\cdot\frac{1}{\sqrt{10}} & 0 & 1\cdot\frac{1}{\sqrt{10}} & 2\cdot\frac{1}{\sqrt{10}}\\ 2\cdot\frac{1}{\sqrt{14}} & -1\cdot\frac{1}{\sqrt{14}} & -2\cdot\frac{1}{\sqrt{14}} & -1\cdot\frac{1}{\sqrt{14}} & 2\cdot\frac{1}{\sqrt{14}}\end{pmatrix}\begin{pmatrix}b_1\\ b_2\\ b_3\\ b_4\\ b_5\end{pmatrix}\\
&= \begin{pmatrix}\frac{1}{\sqrt{5}}b_1 + \frac{1}{\sqrt{5}}b_2 + \frac{1}{\sqrt{5}}b_3 + \frac{1}{\sqrt{5}}b_4 + \frac{1}{\sqrt{5}}b_5\\ -2\cdot\frac{1}{\sqrt{10}}b_1 - 1\cdot\frac{1}{\sqrt{10}}b_2 + 0\cdot b_3 + 1\cdot\frac{1}{\sqrt{10}}b_4 + 2\cdot\frac{1}{\sqrt{10}}b_5\\ 2\cdot\frac{1}{\sqrt{14}}b_1 - 1\cdot\frac{1}{\sqrt{14}}b_2 - 2\cdot\frac{1}{\sqrt{14}}b_3 - 1\cdot\frac{1}{\sqrt{14}}b_4 + 2\cdot\frac{1}{\sqrt{14}}b_5\end{pmatrix}
\end{aligned}$$

Es ergibt sich

$$\begin{aligned}
\alpha_2 &= \frac{1}{\sqrt{14}}(2\cdot\frac{1}{\sqrt{14}}b_1 - 1\cdot\frac{1}{\sqrt{14}}b_2 - 2\cdot\frac{1}{\sqrt{14}}b_3 - 1\cdot\frac{1}{\sqrt{14}}b_4 + 2\cdot\frac{1}{\sqrt{14}}b_5)\\
&= \frac{2}{14}b_1 - \frac{1}{14}b_2 - \frac{2}{14}b_3 - \frac{1}{14}b_4 + \frac{2}{14}b_5,\\
\alpha_1 &= \frac{1}{\sqrt{10}}(-2\cdot\frac{1}{\sqrt{10}}b_1 - 1\cdot\frac{1}{\sqrt{10}}b_2 + 0\cdot b_3 + 1\cdot\frac{1}{\sqrt{10}}b_4 + 2\cdot\frac{1}{\sqrt{10}}b_5)\\
&= -\frac{2}{10}b_1 - \frac{1}{10}b_2 + \frac{1}{10}b_4 + \frac{2}{10}b_5,\\
\alpha_0 &= \frac{1}{\sqrt{5}}(\frac{1}{\sqrt{5}}b_1 + \frac{1}{\sqrt{5}}b_2 + \frac{1}{\sqrt{5}}b_3 + \frac{1}{\sqrt{5}}b_4 + \frac{1}{\sqrt{5}}b_5 - 2\sqrt{5}\alpha_2)\\
&= \frac{1}{5}b_1 + \frac{1}{5}b_2 + \frac{1}{5}b_3 + \frac{1}{5}b_4 + \frac{1}{5}b_5 - 2\alpha_2\\
&= -\frac{6}{70}b_1 + \frac{19}{70}b_2 + \frac{24}{70}b_3 + \frac{19}{70}b_4 - \frac{6}{70}b_5.
\end{aligned}$$

C.15 Quadratische Gleichungen in mehreren Variablen

Wir betrachten die quadratische Gleichung $4x_1^2 + \frac{1}{2}x_2^2 + \frac{3}{2}x_3^2 - 2x_1x_2 + 6x_1x_3 - x_2x_3 = 0$ Setzt man $B := \begin{pmatrix} 4 & -1 & 3 \\ -1 & \frac{1}{2} & -\frac{1}{2} \\ 3 & -\frac{1}{2} & \frac{3}{2} \end{pmatrix}$, so kann man die obige Gleichung auch schreiben als $(x_1, x_2, x_3) \cdot B \cdot (x_1, x_2, x_3)^t = 0$. Gemäß Bemerkung 13.2.9 müssen wir zunächst eine Matrix $T \in GL_n(\mathbb{R})$ berechnen, so dass $T^t BT = \operatorname{diag}(1, \ldots, 1, -1, \ldots, -1)$ ist. Nach Satz 13.2.7 müssen wir dazu eine Orthogonalbasis der symmetrischen Bilinearform berechnen, die durch B gegeben ist. Da $\langle e_1, e_1\rangle = 4$, setzen wir $v_1 := \frac{1}{2}e_1$ und erhalten somit $\langle v_1, v_1\rangle = 1$. Wir berechnen wieder

$$\begin{array}{lllllll} e_2 - \langle v_1, e_2\rangle & v_1 = & e_2 & - \langle \frac{1}{2}e_1, e_2\rangle & & v_1 & = \\ e_2 - \frac{1}{2}\langle e_1, e_2\rangle & v_1 = & e_2 & - \frac{1}{2} \cdot (-1) & & v_1 & = \\ e_2 + \quad \frac{1}{2} & v_1 = & (0,1,0) + & \frac{1}{2} & \cdot & \frac{1}{2}(1,0,0) & = (\frac{1}{4}, 1, 0). \end{array}$$

Da

$$\begin{array}{lllll} \langle (\frac{1}{4}, 1, 0), (\frac{1}{4}, 1, 0)\rangle = \langle \frac{1}{4}e_1 + e_2, \frac{1}{4}e_1 + e_2\rangle = & & & & \\ \langle \frac{1}{4}e_1, \frac{1}{4}e_1\rangle & + & 2 \cdot \langle \frac{1}{4}e_1, e_2\rangle & + \langle e_2, e_2\rangle & = \\ \frac{1}{16}\langle e_1, e_1\rangle & + & \frac{1}{2} \cdot \langle e_1, e_2\rangle & + \langle e_2, e_2\rangle & = \\ \frac{4}{16} & + & \frac{1}{2} \cdot (-1) & + \quad \frac{1}{2} & = \frac{1}{4} \end{array}$$

ist, setzen wir $v_2 := 2 \cdot (\frac{1}{4}, 1, 0) = (\frac{1}{2}, 2, 0)$. Wir berechnen weiter

$$\begin{array}{llllll} e_3 & - \langle v_1, e_3\rangle & v_1 & - & \langle v_2, e_3\rangle & v_2 \quad = \\ e_3 & - \langle \frac{1}{2}e_1, e_3\rangle & v_1 & - & \langle (\frac{1}{2}e_1 + 2e_2), e_3\rangle & v_2 \quad = \\ e_3 & - \frac{1}{2}\langle e_1, e_3\rangle & v_1 & - & \left(\frac{1}{2}\langle e_1, e_3\rangle + 2\langle e_2, e_3\rangle\right) & v_2 \quad = \\ e_3 & - \quad \frac{1}{2} \cdot 3 & v_1 & - & \left(\frac{1}{2} \cdot 3 + 2 \cdot (-\frac{1}{2})\right) & v_2 \quad = \\ e_3 & - \quad \frac{3}{2} & v_1 & - & \frac{1}{2} & v_2 \quad = \\ (0,0,1) & - \quad \frac{3}{2} & (\frac{1}{2}, 0, 0) & - & \frac{1}{2} & (\frac{1}{2}, 2, 0) = \\ (0,0,1) & - & (\frac{3}{4}, 0, 0) & - & & (\frac{1}{4}, 1, 0) = (-1, -1, 1). \end{array}$$

$$\begin{array}{rll} \langle (-1,-1,1), (-1,-1,1)\rangle = & \langle -e_1 - e_2 + e_3, -e_1 - e_2 + e_3\rangle & \\ = & \langle -e_1, -e_1\rangle + \langle -e_2, -e_2\rangle + \langle e_3, e_3\rangle + & \\ & 2 \cdot \langle -e_1, -e_2\rangle + 2 \cdot \langle -e_1, e_3\rangle + 2 \cdot \langle -e_2, e_3\rangle & \\ = & 4 + 2 \cdot (-1) - 2 \cdot 3 + \frac{1}{2} - 2 \cdot (-\frac{1}{2}) + \frac{3}{2} & = -1. \end{array}$$

Mit $v_3 := (-1, -1, 1)$ ist $\{v_1, v_2, v_3\}$ eine Orthonormalbasis. Wir setzen also

$$T := \begin{pmatrix} \frac{1}{2} & \frac{1}{2} & -1 \\ 0 & 2 & -1 \\ 0 & 0 & 1 \end{pmatrix},$$

und erhalten $T^t BT = \operatorname{diag}(1, 1, -1)$.

Mit $y := T^{-1}x = \begin{pmatrix} 2 & -\frac{1}{2} & \frac{3}{2} \\ 0 & \frac{1}{2} & \frac{1}{2} \\ 0 & 0 & 1 \end{pmatrix} \begin{pmatrix} x_1 \\ x_2 \\ x_3 \end{pmatrix} = \begin{pmatrix} 2x_1 - \frac{1}{2}x_2 + \frac{3}{2}x_3 \\ \frac{1}{2}x_2 + \frac{1}{2}x_3 \\ x_3 \end{pmatrix}$ folgt dann, dass die ursprüngliche Gleichung

$$4x_1^2 + \frac{1}{2}x_2^2 + \frac{3}{2}x_3^2 - 2x_1x_2 + 6x_1x_3 - x_2x_3 = 0$$

äquivalent zu der Gleichung

$$y_1^2 + y_2^2 - y_3^2 = 0$$

bzw.

$$\left(2x_1 - \frac{1}{2}x_2 + \frac{3}{2}x_3\right)^2 + \left(\frac{1}{2}x_2 + \frac{1}{2}\right)^2 - x_3^2 = 0$$

ist.

In geometrischer Sprache kann man das Ergebnis so ausdrücken: Wir haben die Projektivität berechnet, welche die Quadrik

$$4x_1^2 + \frac{1}{2}x_2^2 + \frac{3}{2}x_3^2 - 2x_1x_2 + 6x_1x_3 - x_2x_3 = 0$$

auf die Standard-Quadrik $y_1^2 + y_2^2 - y_3^2 = 0$ abbildet.

C.16 Diagonalisierung symmetrischer Matrizen mittels orthogonaler Matrizen

Wir betrachten die symmetrische Matrix $A = \begin{pmatrix} -2 & 6 & 0 & 0 \\ 6 & -2 & 0 & 0 \\ 0 & 0 & -2 & 6 \\ 0 & 0 & 6 & -2 \end{pmatrix}$. Das charakteristische Polynom ist

$$((-X-2)^2 - 36)^2 = (X^2 + 4X + 4 - 36)^2 = (X^2 + 4X - 32)^2 =$$
$$((X-4)(X+8))^2 = (X-4)^2(X+8)^2.$$

Wir müssen also die homogenen Gleichungssysteme

$$(A - 4 \cdot E_4)\, v = 0 \text{ und } (A + 8 \cdot E_4)\, v = 0$$

lösen.

$\{(1,1,0,0)^t, (0,0,1,1)^t\}$ ist eine Basis des Kerns von $(A - 4 \cdot E_4) = \begin{pmatrix} -6 & 6 & 0 & 0 \\ 6 & -6 & 0 & 0 \\ 0 & 0 & -6 & 6 \\ 0 & 0 & 6 & -6 \end{pmatrix}$, und $\{(-1,1,0,0)^t, (0,0,-1,1)^t\}$ ist eine Basis des Kerns von $(A+8\cdot E_4) = \begin{pmatrix} 6&6&0&0\\ 6&6&0&0\\ 0&0&6&6\\ 0&0&6&6 \end{pmatrix}$.

Das Orthonormalisierungsverfahren von Gram-Schmidt liefert als Basis des Kerns von $(A-4\cdot E_4)$ dann $\{(\frac{1}{\sqrt{2}}, \frac{1}{\sqrt{2}}, 0, 0)^t, (0, 0, \frac{1}{\sqrt{2}}, \frac{1}{\sqrt{2}})^t\}$ und $\{(-\frac{1}{\sqrt{2}}, \frac{1}{\sqrt{2}}, 0, 0)^t, (0, 0, -\frac{1}{\sqrt{2}}, \frac{1}{\sqrt{2}})^t\}$ als Basis des Kerns von $(A+8\cdot E_4)$. Also ist $P = \begin{pmatrix} \frac{1}{\sqrt{2}} & 0 & -\frac{1}{\sqrt{2}} & 0\\ \frac{1}{\sqrt{2}} & 0 & \frac{1}{\sqrt{2}} & 0\\ 0 & \frac{1}{\sqrt{2}} & 0 & -\frac{1}{\sqrt{2}}\\ 0 & \frac{1}{\sqrt{2}} & 0 & \frac{1}{\sqrt{2}} \end{pmatrix}$ eine orthogonale Transformationsmatrix und es gilt $P^{-1}AP = P^tAP = \begin{pmatrix} -4&0&0&0\\ 0&-4&0&0\\ 0&0&8&0\\ 0&0&0&8 \end{pmatrix}$.

Index